手把手教你学预算

房屋建筑工程

尚晓峰　主编

中国铁道出版社

2013年·北京

内容提要

本书以实际需求出发，以面广、实用、精练、方便查阅为原则，以最新现行国家标准和行业标准为主要依据编写，是能反映当代建筑工程工程量清单计量计价的书籍。第一部分是工程计量，其主要内容包括：土石方工程，地基处理与边坡支护工程，桩基工程，砌筑工程，混凝土及钢筋混凝土工程，金属结构工程，木结构，厂库房大门、特种门，屋面及防水工程，保温、隔热、防腐工程，楼地面装饰工程，墙、柱面装饰与隔断、幕墙工程。第二部分是工程计价，其主要内容包括：建筑工程造价构成、建设工程计价方法及计价依据。第三部分的主要内容是工程计价清单综合计算实例。

本书可作为工程预算管理人员和计量计价人员的实际工作指导书，也可以作为大中专院校和培训机构相关专业师生的参考书。

图书在版编目(CIP)数据

房屋建筑工程/尚晓峰主编．—北京：中国铁道出版社，2013.10

(手把手教你学预算)

ISBN 978-7-113-17115-5

Ⅰ.①房…　Ⅱ.①尚…　Ⅲ.①房屋—建筑工程—建筑预算定额

Ⅳ.①TU723.3

中国版本图书馆 CIP 数据核字(2013)第 181169 号

书　　名：手把手教你学预算 **房屋建筑工程**

作　　者：尚晓峰

策划编辑：江新锡　陈小刚

责任编辑：王　健　　**电话**：010-51873065

封面设计：郑春鹏

责任校对：龚长江

责任印制：郭向伟

出版发行：中国铁道出版社(100054，北京市西城区右安门西街 8 号)

网　　址：http://www.tdpress.com

印　　刷：北京海淀五色花印刷厂

版　　次：2013 年 10 月第 1 版　2013 年 10 月第 1 次印刷

开　　本：787 mm×1 092 mm　1/16　印张：16　字数：396 千

书　　号：ISBN 978-7-113-17115-5

定　　价：39.00 元

前　言

2012年12月25日，中华人民共和国住房和城乡建设部发布了国家标准《建设工程工程量清单计价规范》(GB 50500—2013)和《房屋建筑与装饰工程工程量计算规范》(GB 50854—2013)、《仿古建筑工程工程量计算规范》(GB 50855—2013)、《通用安装工程工程量计算规范》(GB 50856—2013)、《市政工程工程量计算规范》(GB 50857—2013)、《园林绿化工程工程量计算规范》(GB 50858—2013)、《矿山工程工程量计算规范》(GB 50859—2013)、《构筑物工程工程量计算规范》(GB 50860—2013)、《城市轨道交通工程工程量计算规范》(GB 50861—2013)、《爆破工程工程量计算规范》(GB 50862—2013)等9本计量规范(简称"13规范")，此套规范替代《建设工程工程量清单计价规范》(GB 50500—2008)(简称"08规范")，并于2013年7月1日开始实施。

"13规范"与"08规范"相比，主要有以下几点变化。

(1)为了方便管理和使用，"13规范"将"计价规范"与"计量规范"分列，由原来的一本变成了现在的十本。

(2)相关法律等的变化，需要修改计价规范。例如《中华人民共和国社会保险法》的实施；《中华人民共和国建筑法》关于实行工伤保险，鼓励企业为从事危险作业的职工办理意外伤害保险的修订；国家发展改革委、财政部关于取消工程定额测定费的规定等。

(3)"08规范"中一些不成熟条文经过实践，有的已经形成共识，如计价风险分担、物价波动的价格指数调整、招标控制价的投诉处理等，需要进入计价规范正文，增大执行效力。

(4)有的专业分类不明确，需要重新定义划分，"13规范"增补"城市轨道交通"、"爆破工程"等专业。

(5)随着科技的发展，为了满足计量、计价的需要，应增补新技术、新工艺、新材料的项目，同时，应删除技术规范已经淘汰的项目。

(6)对于个别定义的重新规定和划分。例如钢筋工程有关"搭接"的计算规定。

为了推动"13规范"的实施，帮助造价工作人员尽快了解和掌握新内容，提高实际操作水平，我们特别组织了有着丰富教学经验的专家、学者以及从事造价工作的造价工程师依据"13规范"编写了《手把手教你学预算》系列丛书。

本丛书分为:《安装工程》;《房屋建筑工程》;《装饰装修工程》;《市政工程》;《园林工程》。

本丛书主要从工程量计算和工程计价两方面来叙述，内容紧跟“13规范”，注重与实际相结合，以例题的形式将工程量计算等相关内容进行了系统的阐述。具有很强的针对性，便于读者有目标的学习。

本丛书的编写人员主要有尚晓峰、李利鸿、赵洪斌、张新华、孙占红、李志刚、宋迎迎、张正南、武旭日、王林海、赵洁、叶梁梁、张凌、乔芳芳、张婧芳、李仲杰、李芳芳、王文慧等。

由于水平有限，加之编写时间仓促，书中的疏漏在所难免，敬请广大读者指正。

编　者

2013年6月

目　　录

第一部分　工程计量

第二部分 工程计价

第三部分 综合计算实例

第一部分　工程计量

第一章　土石方工程

第一节　土方工程

一、清单工程量计算规则(表 1-1-1)

表 1-1-1　土方工程工程量计算规则

项目编码	项目名称	项目特征	计量单位	工程量计算规则	工程内容
010101001	平整场地	1.土壤类别 2.弃土运距 3.取土运距	m^2	按设计图示尺寸以建筑物首层建筑面积计算	1.土方挖填 2.场地找平 3.运输
010101002	挖一般土方	1.土壤类别 2.挖土深度 3.弃土运距	m^3	按设计图示尺寸以体积计算	1.排地表水 2.土方开挖 3.围护(挡土板)及拆除 4.基底钎探 5.运输
010101003	挖沟槽土方			按设计图示尺寸以基础垫层底面积乘以挖土深度计算	
010101004	挖基坑土方				
010101005	冻土开挖	1.冻土厚度 2.弃土运距		按设计图示尺寸开挖面积乘厚度以体积计算	1.爆破 2.开挖 3.清理 4.运输
010101006	挖淤泥、流砂	1.挖掘深度 2.弃淤泥、流砂距离		按设计图示位置、界限以体积计算	1.开挖 2.运输
010101007	管沟土方	1.土壤类别 2.管外径 3.挖沟深度 4.回填要求	1.m 2.m^3	1.以米计量，按设计图示以管道中心线长度计算 2.以立方米计量，按设计图示管底垫	1.排地表水 2.土方开挖 3.围护(挡土板)、支撑 4.运输 5.回填

续上表

项目编码	项目名称	项目特征	计量单位	工程量计算规则	工程内容
010101007	管沟土方	1. 土壤类别 2. 管外径 3. 挖沟深度 4. 回填要求	1. m 2. m^3	层面积乘以挖土深度计算；无管底垫层按管外径的水平投影面积乘以挖土深度计算。不扣除各类井的长度，井的土方并入	1. 排地表水 2. 土方开挖 3. 围护（挡土板）、支撑 4. 运输 5. 回填

二、清单工程量计算

计算实例 1 平整场地

例 1 某建筑物底层平面示意图，如图 1-1-1 所示，土壤类别为三类土，弃土运距 120 m，计算该建筑物平整场地的工程量。

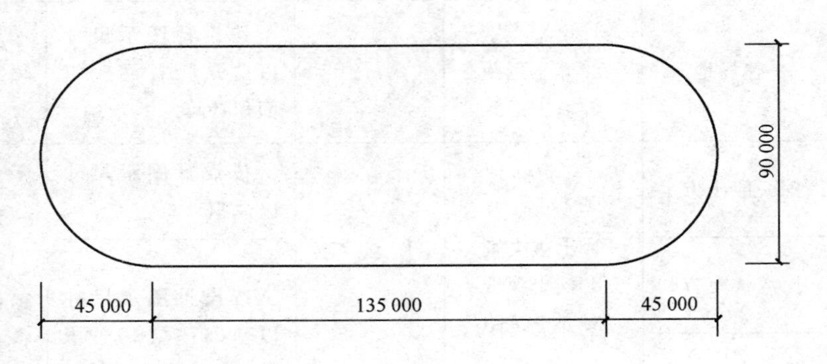

图 1-1-1 某建筑物底层平面示意图(单位：mm)

工程量计算过程及结果

平整场地的工程量$=135\times90+\frac{1}{2}\times3.14\times45^2\times2$

$=18\ 508.50\ m^2$

例 2 某建筑物底层平面示意图，如图 1-1-2 所示，土壤类别为三类土，计算该建筑物平整场地的工程量。

工程量计算过程及结果

平整场地的工程量$=(31+0.24)\times(17.5+0.24)+(7.2+0.24)\times8.5\times2$

$=680.68\ m^2$

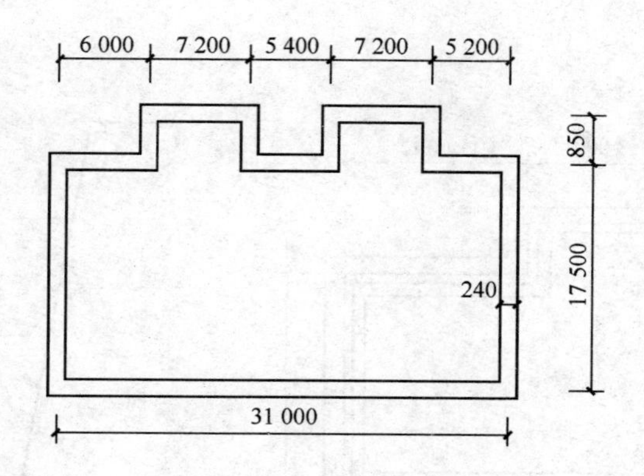

图 1-1-2　某建筑物底层平面示意图(单位:mm)

计算实例 2　挖基础土方

例 1　某建筑物方形地坑开挖放坡示意如图 1-1-3 所示，工作面宽度 150 mm，土壤类别为三类土，计算挖基础土方的工程量。

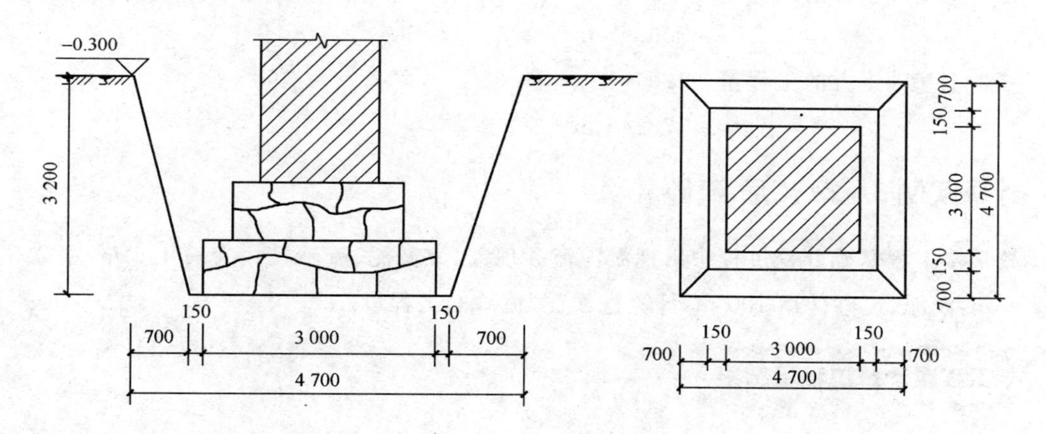

图 1-1-3　方形地坑开挖放坡示意图(单位:mm)

工程量计算过程及结果

挖基础土方的工程量＝3.0×3.0×3.2＝28.80 m^3

例 2　某工程基础平面、剖面图，如图 1-1-4 所示，计算挖基础土方的工程量。

工程量计算过程及结果

地槽中心线 $L_{中}$＝(11＋8＋11＋0.25×2＋3＋12.5＋0.25×2)×2－0.37×4

＝91.52 m

四类土基础土方的工程量＝1.5×2.2×91.52

＝302.02 m^3

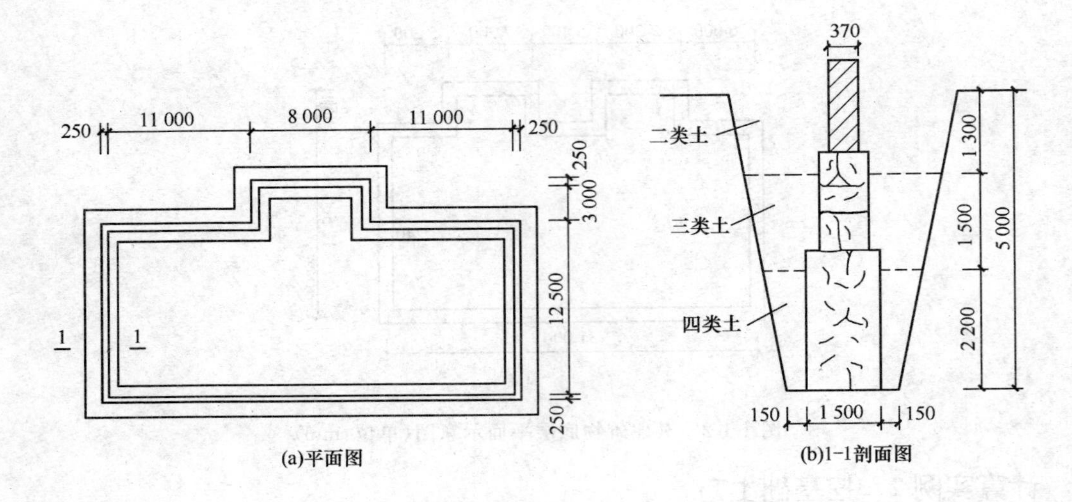

图 1-1-4　某地槽平面、剖面图(单位:mm)

三类土基础土方的工程量＝1.5×1.5×91.52

＝205.92 m^3

二类土基础土方的工程量＝1.5×1.3×91.52

＝178.46 m^3

计算实例 3　挖淤泥、流砂

教学楼工程基础开挖过程中出现淤泥流砂现象，该淤泥、流砂尺寸为长 4.5 m，宽 2.5 m，深 2.2 m，淤泥、流砂外运 100 m，计算挖淤泥、流砂的工程量。

工程量计算过程及结果

挖淤泥、流沙的工程量＝4.5×2.5×2.2

＝24.75 m^3

计算实例 4　管沟土方

教学楼工程混凝土排水管中心线长度为 35.25 m，土质为：二类土，管外径为 ϕ450，挖土平均深度为 0.75 m，弃土运距为 4.5 km，分层夯填，计算人工挖管沟土方的工程量。(以米计量，按设计图示以管道中心线长度计算)

工程量计算过程及结果

管沟土方的工程量＝35.25 m

第二节　石方工程

一、清单工程量计算规则(表 1-1-2)

表 1-1-2　石方工程工程量计算规则

项目编码	项目名称	项目特征	计量单位	工程量计算规则	工程内容
010102001	挖一般石方	1. 岩石类别 2. 开凿深度 3. 弃渣运距	m^3	按设计图示尺寸以体积计算	1. 排地表水 2. 凿石 3. 运输
010102002	挖沟槽石方			按设计图示尺寸沟槽底面积乘以挖石深度以体积计算	
010102003	挖基坑石方			按设计图示尺寸基坑底面积乘以挖石深度以体积计算	
010102004	挖管沟石方	1. 岩石类别 2. 管外径 3. 挖沟深度	1. m 2. m^3	1. 以米计量，按设计图示以管道中心线长度计算 2. 以立方米计量，按设计图示截面积乘以长度计算	1. 排地表水 2. 凿石 3. 回填 4. 运输

二、清单工程量计算

计算实例 1　挖沟槽石方

某沟槽施工现场为坚硬岩石，外墙沟槽开挖，长度为 10 m，深 1.5 m，宽 1.8 m，计算沟槽开挖工程量。

工程量计算过程及结果

沟槽开挖工程量＝10×1.5×1.8＝27 m^3

计算实例 2　挖管沟石方

某管沟施工现场为坚硬岩石，管沟深 1.3 m，全长 13 m，计算挖管沟石方的清单工程量。(以米计量，按设计图示以管道中心线长度计算)

工程量计算过程及结果

挖管沟石方的清单工程量＝13 m

第三节 回 填

一、清单工程量计算规则(表 1-1-3)

表 1-1-3 回填工程量计算规则

项目编码	项目名称	项目特征	计量单位	工程量计算规则	工程内容
010103001	回填方	1. 密实度要求 2. 填方材料品种 3. 填方粒径要求 4. 填方来源、运距	m^3	按设计图示尺寸以体积计算 1. 场地回填:回填面积乘平均回填厚度 2. 室内回填:主墙间面积乘回填厚度,不扣除间隔墙 3. 基础回填:按挖方清单项目工程量减去自然地坪以下埋设的基础体积(包括基础垫层及其他构筑物)	1. 运输 2. 回填 3. 压实
010103002	余方弃置	1. 废弃料品种 2. 运距		按挖方清单项目工程量减利用回填方体积(正数)计算	余方点装料运输至弃置点

二、清单工程量计算

计算实例 1 回填方

某工程的沟槽,矩形截面,长为 50 m,宽为 2 m,平均深度为 3 m,无检查井。槽内铺设 ϕ500 钢筋混凝土平口管,管壁厚 0.1 m,管下混凝土基座体积为 24.25 m^3,基座下碎石垫层体积为 10 m^3,计算该沟槽回填土压实(机械回填;10 t 压路机碾压,密实度为 97%)的工程量。

工程量计算过程及结果

沟槽体积=$50\times2\times3=300.00\ m^3$

ϕ 500 管子外形体积=$3.14\times\left(\frac{0.5+0.1\times2}{2}\right)^2\times50=19.23\ m^3$

填土压实土方的工程量=$300.00-19.23-24.25-10=246.52\ m^3$

计算实例 2 余方弃置

某地基工程，已知挖土 3 252 m^3，其中可利用 1 822 m^3，填土 3 252 m^3，现场挖填平衡，计算确定余土外运工程量。

工程量计算过程及结果

余方弃置的工程量＝3 252－1 822＝1 430 m^3（自然方）

第二章　地基处理与边坡支护工程

第一节　地基处理

一、清单工程量计算规则(表 1-2-1)

表 1-2-1　地基处理工程量计算规则

项目编码	项目名称	项目特征	计量单位	工程量计算规则	工程内容
010201001	换填垫层	1.材料种类及配比 2.压实系数 3.掺加剂品种	m^3	按设计图示尺寸以体积计算	1.分层铺填 2.碾压、振密或夯实 3.材料运输
010201002	铺设土工合成材料	1.部位 2.品种 3.规格	m^2	按设计图示尺寸以面积计算	1.挖填锚固沟 2.铺设 3.固定 4.运输
010201003	预压地基	1.排水竖井种类、断面尺寸、排列方式、间距、深度 2.预压方法 3.预压荷载、时间 4.砂垫层厚度		按设计图示处理范围以面积计算	1.设置排水竖井、盲沟、滤水管 2.铺设砂垫层、密封膜 3.堆载、卸载或抽气设备安拆、抽真空 4.材料运输
010201004	强夯地基	1.夯击能量 2.夯击遍数 3.夯击点布置形式、间距 4.地耐力要求 5.夯填材料种类			1.铺设夯填材料 2.强夯 3.夯填材料运输
010201005	振冲密实(不填料)	1.地层情况 2.振密深度 3.孔距			1.振冲加密 2.泥浆运输
010201006	振冲桩(填料)	1.地层情况 2.空桩长度、桩长 3.桩径 4.填充材料种类	1.m 2.m^3	1.以米计量,按设计图示尺寸以桩长计算 2.以立方米计量,按设计桩截面乘以桩长以体积计算	1.振冲成孔、填料、振实 2.材料运输 3.泥浆运输

续上表

项目编码	项目名称	项目特征	计量单位	工程量计算规则	工程内容
010201007	砂石桩	1. 地层情况 2. 空桩长度、桩长 3. 桩径 4. 成孔方法 5. 材料种类、级配	1. m 2. m^3	1. 以米计量，按设计图示尺寸以桩长（包括桩尖）计算 2. 以立方米计量，按设计桩截面乘以桩长（包括桩尖）以体积计算	1. 成孔 2. 填充、振实 3. 材料运输
010201008	水泥粉煤灰碎石桩	1. 地层情况 2. 空桩长度、桩长 3. 桩径 4. 成孔方法 5. 混合料强度等级	m	按设计图示尺寸以桩长（包括桩尖）计算	1. 成孔 2. 混合料制作、灌注、养护 3. 材料运输
010201009	深层搅拌桩	1. 地层情况 2. 空桩长度、桩长 3. 桩截面尺寸 4. 水泥强度等级、掺量		按设计图示尺寸以桩长计算	1. 预搅下钻、水泥浆制作、喷浆搅拌提升成桩 2. 材料运输
010201010	粉喷桩	1. 地层情况 2. 空桩长度、桩长 3. 桩径 4. 粉体种类、掺量 5. 水泥强度等级、石灰粉要求			1. 预搅下钻、喷粉搅拌提升成桩 2. 材料运输
010201011	夯实水泥土桩	1. 地层情况 2. 空桩长度、桩长 3. 桩径 4. 成孔方法 5. 水泥强度等级 6. 混合料配比		按设计图示尺寸以桩长（包括桩尖）计算	1. 成孔、夯底 2. 水泥土拌合、填料、夯实 3. 材料运输
010201012	高压喷射注浆桩	1. 地层情况 2. 空桩长度、桩长 3. 桩截面 4. 注浆类型、方法 5. 水泥强度等级		按设计图示尺寸以桩长计算	1. 成孔 2. 水泥浆制作、高压喷射注浆 3. 材料运输
010201013	石灰桩	1. 地层情况 2. 空桩长度、桩长 3. 桩径 4. 成孔方法 5. 掺和料种类、配合比		按设计图示尺寸以桩长（包括桩尖）计算	1. 成孔 2. 混合料制作、运输、夯填

续上表

项目编码	项目名称	项目特征	计量单位	工程量计算规则	工程内容
010201014	灰土(土)挤密桩	1.地层情况 2.空桩长度、桩长 3.桩径 4.成孔方法 5.灰土级配	m	按设计图示尺寸以桩长(包括桩尖)计算	1.成孔 2.灰土拌和、运输、填充、夯实
010201015	桩锤冲扩桩	1.地层情况 2.空钻深度、注浆深度 3.注浆间距 4.浆液种类及配比 5.注浆方法 6.水泥强度等级		按设计图示尺寸以桩长计算	1.安、拔套管 2.冲孔、填料、夯实 3.桩体材料制作、运输
010201016	注浆地基	1.地层情况 2.空钻深度、注浆深度 3.注浆间距 4.浆液种类及配比 5.注浆方法 6.水泥强度等级	1. m 2. m^3	1.以米计量,按设计图示尺寸以钻孔深度计算 2.以立方米计量,按设计图示尺寸以加固体积计算	1.成孔 2.注浆导管制作、安装 3.浆液制作、压浆 4.材料运输
010201017	褥垫层	1.厚度 2.材料品种及比例	1. m^2 2. m^3	1.以平方米计量,按设计图示尺寸以铺设面积计算 2.以立方米计量,按设计图示尺寸以体积计算	材料拌合、运输、铺设、压实

二、清单工程量计算

计算实例 1　粉喷桩

某工程采用喷粉桩施工,如图 1-2-1 所示,共有 20 个这样的喷粉桩,计算喷粉桩的工程量。

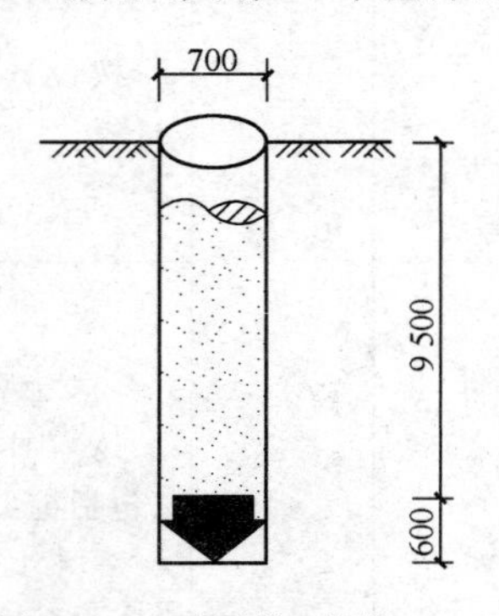

图 1-2-1　喷粉桩(单位:mm)

工程量计算过程及结果

喷粉桩的工程量＝(9.5＋0.6)×20＝202.00 m

计算实例 2　灰土(土)挤密桩

某基础工程采用冲击沉管挤密灌注粉煤灰混凝土短桩，处理湿陷性黄土地基，如图 1-2-2 所示，共有该短桩 990 根，计算灰土挤密桩的工程量。

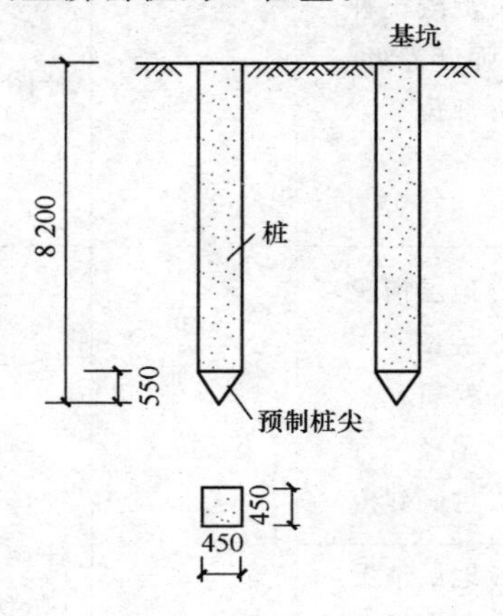

图 1-2-2　灌注桩断面示意图(单位：mm)

工程量计算过程及结果

灰土挤密桩的工程量＝8.2×990＝8 118.00 m

第二节　基坑与边坡支护

一、清单工程量计算规则(表 1-2-2)

表 1-2-2　基坑与边坡支护工程量计算规则

项目编码	项目名称	项目特征	计量单位	工程量计算规则	工程内容
010202001	地下连续墙	1. 地层情况 2. 导墙类型、截面 3. 墙体厚度 4. 成槽深度 5. 混凝土种类、强度等级 6. 接头形式	m^3	按设计图示墙中心线长乘以厚度乘以槽深以体积计算	1. 导墙挖填、制作、安装、拆除 2. 挖土成槽、固壁、清底置换 3. 混凝土制作、运输、灌注、养护 4. 接头处理 5. 土方、废泥浆外运 6. 打桩场地硬化及泥浆池、泥浆沟

续上表

项目编码	项目名称	项目特征	计量单位	工程量计算规则	工程内容
010202002	咬合灌注桩	1. 地层情况 2. 桩长 3. 桩径 4. 混凝土种类、强度等级 5. 部位	1. m 2. 根	1. 以米计量，按设计图示尺寸以桩长计算 2. 以根计量，按设计图示数量计算	1. 成孔、固壁 2. 混凝土制作、运输、灌注、养护 3. 套管压拔 4. 土方、废泥浆外运 5. 打桩场地硬化及泥浆池、泥浆沟
010202003	圆木桩	1. 地层情况 2. 桩长 3. 材质 4. 尾径 5. 桩倾斜度		1. 以米计量，按设计图示尺寸以桩长(包括桩尖)计算 2. 以根计量，按设计图示数量计算	1. 工作平台搭拆 2. 桩机移位 3. 桩靴安装 4. 沉桩
010202004	预制钢筋混凝土板桩	1. 地层情况 2. 送桩深度、桩长 3. 桩截面 4. 沉桩方法 5. 连接方式 6. 混凝土强度等级			1. 工作平台搭拆 2. 桩机移位 3. 沉桩 4. 板桩连接
010202005	型钢桩	1. 地层情况或部位 2. 送桩深度、桩长 3. 规格型号 4. 桩倾斜度 5. 防护材料种类 6. 是否拔出	1. t 2. 根	1. 以吨计量，按设计图示尺寸以质量计算 2. 以根计量，按设计图示数量计算	1. 工作平台搭拆 2. 桩机移位 3. 打(拔)桩 4. 接桩 5. 刷防护材料
010202006	钢板桩	1. 地层情况 2. 桩长 3. 板桩厚度	1. t 2. m^2	1. 以吨计量，按设计图示尺寸以质量计算 2. 以平方米计量，按设计图示墙中心线长乘以桩长以面积计算	1. 工作平台搭拆 2. 桩机移位 3. 打拔钢板桩

续上表

项目编码	项目名称	项目特征	计量单位	工程量计算规则	工程内容
010202007	锚杆（锚索）	1. 地层情况 2. 锚杆（索）类型、部位 3. 钻孔深度 4. 钻孔直径 5. 杆体材料品种、规格、数量 6. 预应力 7. 浆液种类、强度等级	1. m 2. 根	1. 以米计量，按设计图示尺寸以钻孔深度计算 2. 以根计量，按设计图示数量计算	1. 钻孔、浆液制作、运输、压浆 2. 锚杆（锚索）制作、安装 3. 张拉锚固 4. 锚杆（锚索）施工平台搭设、拆除
010202008	土钉	1. 地层情况 2. 钻孔深度 3. 钻孔直径 4. 置入方法 5. 杆体材料品种、规格、数量 6. 浆液种类、强度等级			1. 钻孔、浆液制作、运输、压浆 2. 土钉制作、安装 3. 土钉施工平台搭设、拆除
010202009	喷射混凝土、水泥砂浆	1. 部位 2. 厚度 3. 材料种类 4. 混凝土（砂浆）类别、强度等级	m^2	按设计图示尺寸以面积计算	1. 修整边坡 2. 混凝土（砂浆）制作、运输、喷射、养护 3. 钻排水孔、安装排水管 4. 喷射施工平台搭设、拆除
010202010	钢筋混凝土支撑	1. 部位 2. 混凝土种类 3. 混凝土强度等级	m^3	按设计图示尺寸以体积计算	1. 模板（支架或支撑）制作、安装、拆除、堆放、运输及清理模内杂物、刷隔离剂等 2. 混凝土制作、运输、浇筑、振捣、养护
010202011	钢支撑	1. 部位 2. 钢材品种、规格 3. 探伤要求	t	按设计图示尺寸以质量计算。不扣除孔眼质量，焊条、铆钉、螺栓等不另增加质量	1. 支撑、铁件制作（摊销、租赁） 2. 支撑、铁件安装 3. 探伤 4. 刷漆 5. 拆除 6. 运输

二、清单工程量计算

计算实例1　地下连续墙

某工程地基处理采用地下连续墙形式，如图1-2-3所示，墙体厚300 mm，埋深5.4 m，土壤类别为二类土，计算该地下连续墙工程量。

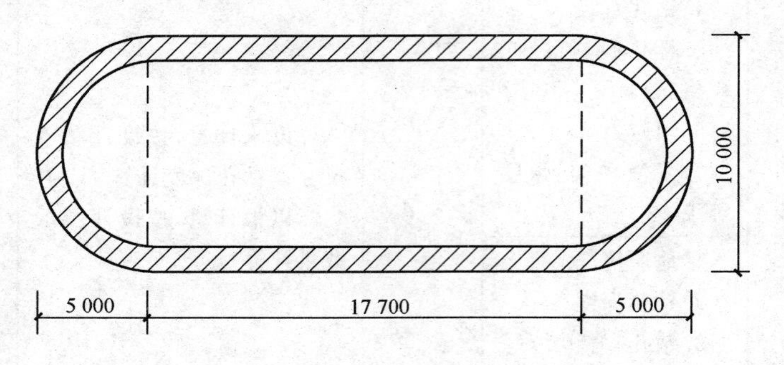

图1-2-3　地下连续墙平面图(单位:mm)

工程量计算过程及结果

地下连续墙的工程量$=\left[17.7\times2+\frac{1}{2}\times3.14\times(10-0.3)\times2\right]\times0.3\times5.4=106.69\ m^3$

计算实例2　圆木桩

某工程在施工时共使用两根圆木桩，其直径为80 mm，计算圆木桩的清单工程量。(以根计量，按设计图示数量计算)

工程量计算过程及结果

圆木桩的工程量=2 根

第三章　桩基工程

第一节　打桩

一、清单工程量计算规则(表 1-3-1)

表 1-3-1　打桩工程量计算规则

项目编码	项目名称	项目特征	计量单位	工程量计算规则	工程内容
010301001	预制钢筋混凝土方桩	1.地层情况 2.送桩深度、桩长 3.桩截面 4.桩倾斜度 5.沉桩方法 6.接桩方式 7.混凝土强度等级	1.m 2.m^3 3.根	1.以米计量,按设计图示尺寸以桩长(包括桩尖)计算 2.以立方米计量,按设计图示截面积乘以桩长(包括桩尖)以实体积计算 3.以根计量,按设计图示数量计算	1.工作平台搭拆 2.桩机竖拆、移位 3.沉桩 4.接桩 5.送桩
010301002	预制钢筋混凝土管桩	1.地层情况 2.送桩深度、桩长 3.桩外径、壁厚 4.桩倾斜度 5.沉桩方法 6.桩尖类型 7.混凝土强度等级 8.填充材料种类 9.防护材料种类			1.工作平台搭拆 2.桩机竖拆、移位 3.沉桩 4.接桩 5.送桩 6.桩尖制作安装 7.填充材料、刷防护材料
010301003	钢管桩	1.地层情况 2.送桩深度、桩长 3.材质 4.管径、壁厚 5.桩倾斜度 6.沉桩方法 7.填充材料种类 8.防护材料种类	1.t 2.根	1.以吨计量,按设计图示尺寸以质量计算 2.以根计量,按设计图示数量计算	1.工作平台搭拆 2.桩机竖拆、移位 3.沉桩 4.接桩 5.送桩 6.切割钢管、精割盖帽 7.管内取土 8.填充材料、刷防护材料

续上表

项目编码	项目名称	项目特征	计量单位	工程量计算规则	工程内容
010301004	截(凿)桩头	1. 桩类型 2. 桩头截面、高度 3. 混凝土强度等级 4. 有无钢筋	1. m^3 2. 根	1. 以立方米计量,按设计桩截面乘以桩头长度以体积计算 2. 以根计量,按设计图示数量计算	1. 截(切割)桩头 2. 凿平 3. 废料外运

二、清单工程量计算

计算实例 预制钢筋混凝土方桩

例 1 某预制钢筋混凝土桩,如图 1-3-1 所示,已知共有 24 根,土壤类别为三类土。计算该预制钢筋混凝土打桩工程量。[以米计量,按设计图示尺寸以桩长(包括桩尖)计算。]

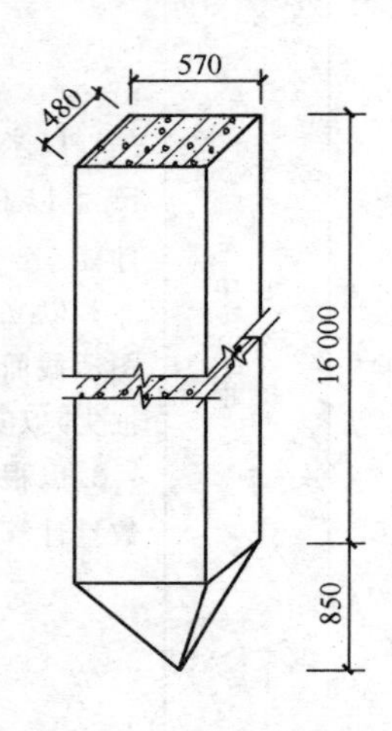

图 1-3-1 预制钢筋混凝土桩示意图(单位:mm)

工程量计算过程及结果

预制钢筋混凝土打桩的工程量=(0.85+16)×24=404.40 m

例 2 某单位工程采用钢筋混凝土方桩基础,如图 1-3-2 所示,土壤类别为三类土,用柴油打桩机打预制钢筋混凝土方桩 150 根,计算打方桩工程量。(以根计量,按设计图示数量计算)

工程量计算过程及结果

打方桩的工程量=150 根

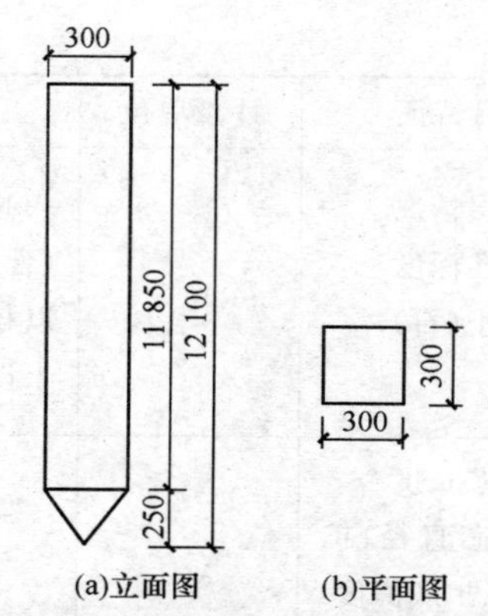

图 1-3-2　预制钢筋混凝土方桩示意图(单位:mm)

第二节　灌 注 桩

一、清单工程量计算规则(表 1-3-2)

表 1-3-2　灌注桩工程量计算规则

项目编码	项目名称	项目特征	计量单位	工程量计算规则	工程内容
010302001	泥浆护壁成孔灌注桩	1. 地层情况 2. 空桩长度、桩长 3. 桩径 4. 成孔方法 5. 护筒类型、长度 6. 混凝土种类、强度等级	1. m 2. m^3 3. 根	1. 以米计量,按设计图示尺寸以桩长(包括桩尖)计算 2. 以立方米计量,按不同截面在桩上范围内以体积计算 3. 以根计量,按设计图示数量计算	1. 护筒埋设 2. 成孔、固壁 3. 混凝土制作、运输、灌注、养护 4. 土方、废泥浆外运 5. 打桩场地硬化及泥浆池、泥浆沟
010302002	沉管灌注桩	1. 地层情况 2. 空桩长度、桩长 3. 复打长度 4. 桩径 5. 沉管方法 6. 桩尖类型 7. 混凝土种类、强度等级			1. 打(沉)拔钢管 2. 桩尖制作、安装 3. 混凝土制作、运输、灌注、养护
010302003	干作业成孔灌注桩	1. 地层情况 2. 空桩长度、桩长 3. 桩径 4. 扩孔直径、高度 5. 成孔方法 6. 混凝土种类、强度等级			1. 成孔、扩孔 2. 混凝土制作、运输、灌注、振捣、养护

续上表

项目编码	项目名称	项目特征	计量单位	工程量计算规则	工程内容
010302004	挖孔桩土(石)方	1. 地层情况 2. 挖孔深度 3. 弃土(石)运距	m^3	按设计图示尺寸(含护壁)截面积乘以挖孔深度以立方米计算	1. 排地表水 2. 挖土、凿石 3. 基底钎探 4. 运输
010302005	人工挖孔灌注桩	1. 桩芯长度 2. 桩芯直径、扩底直径、扩底高度 3. 护壁厚度、高度 4. 护壁混凝土种类、强度等级 5. 桩芯混凝土种类、强度等级	1. m^3 2. 根	1. 以立方米计量，按桩芯混凝土体积计算 2. 以根计量，按设计图示数量计算	1. 护壁制作 2. 混凝土制作、运输、灌注、振捣、养护
010302006	钻孔压浆桩	1. 地层情况 2. 空钻长度、桩长 3. 钻孔直径 4. 水泥强度等级	1. m 2. 根	1. 以米计量，按设计图示尺寸以桩长计算 2. 以根计量，按设计图示数量计算	钻孔、下注浆管、投放骨料、浆液制作、运输、压浆
010302007	灌注桩后压浆	1. 注浆导管材料、规格 2. 注浆导管长度 3. 单孔注浆量 4. 水泥强度等级	孔	按设计图示以注浆孔数计算	1. 注浆导管制作、安装 2. 浆液制作、运输、压浆

二、清单工程量计算

计算实例　泥浆护壁成孔灌注桩

某工程采用泥浆护壁成孔灌注桩 8 根，桩长 12 mm，计算泥浆护壁成孔灌注桩的工程量。[以米计量，按设计图示尺寸以桩长(包括桩尖)计算]

工程量计算过程及结果

泥浆护壁成孔灌注桩的工程量＝8×12＝96 m

第四章　砌筑工程

第一节　砖 砌 体

一、清单工程量计算规则(表 1-4-1)

表 1-4-1　砖砌体工程量计算规则

项目编码	项目名称	项目特征	计量单位	工程量计算规则	工程内容
010401001	砖基础	1. 砖品种、规格、强度等级 2. 基础类型 3. 砂浆强度等级 4. 防潮层材料种类	m^3	按设计图示尺寸以体积计算 包括附墙垛基础宽出部分体积,扣除地梁(圈梁)、构造柱所占体积,不扣除基础大放脚 T 形接头处的重叠部分及嵌入基础内的钢筋、铁件、管道、基础砂浆防潮层和单个面积≤0.3 m^2 的孔洞所占体积,靠墙暖气沟的挑檐不增加 基础长度:外墙按外墙中心线,内墙按内墙净长线计算	1. 砂浆制作、运输 2. 砌砖 3. 防潮层铺设 4. 材料运输
010401002	砖砌挖孔桩护壁	1. 砖品种、规格、强度等级 2. 砂浆强度等级		按设计图示尺寸以立方米计算	1. 砂浆制作、运输 2. 砌砖 3. 材料运输
010401003	实心砖墙	1. 砖品种、规格、强度等级 2. 墙体类型 3. 砂浆强度等级、配合比		按设计图示尺寸以体积计算 扣除门窗、洞口、嵌入墙内的钢筋混凝土柱、梁、圈梁、挑梁、过梁及凹进墙内的壁龛、管槽、暖气槽、消火栓箱所占体积,不扣除梁头、板头、檩头、垫木、木楞头、沿缘木、木砖、门窗走头、砖墙内加固钢筋、木筋、铁件、钢管及单个面积≤0.3 m^2 的孔洞所占的体积。凸出墙面的腰线、挑檐、压顶、窗台线、虎头砖、门窗套的体积亦不增加。凸出墙面的砖垛并入墙体体积内计算	1. 砂浆制作、运输 2. 砌砖 3. 刮缝 4. 砖压顶砌筑 5. 材料运输

续上表

项目编码	项目名称	项目特征	计量单位	工程量计算规则	工程内容
010401004	多孔砖墙	1. 砖品种、规格、强度等级 2. 墙体类型 3. 砂浆强度等级、配合比	m^3	1. 墙长度：外墙按中心线、内墙按净长计算 2. 墙高度： (1)外墙：斜（坡）屋面无檐口天棚者算至屋面板底；有屋架且室内外均有天棚者算至屋架下弦底另加 200 mm；无天棚者算至屋架下弦底另加 300 mm，出檐宽度超过 600 mm 时按实砌高度计算；与钢筋混凝土楼板隔层者算至板顶。平屋顶算至钢筋混凝土板底 (2)内墙：位于屋架下弦者，算至屋架下弦底；无屋架者算至天棚底另加 100 mm；有钢筋混凝土楼板隔层者算至楼板顶；有框架梁时算至梁底 (3)女儿墙：从屋面板上表面算至女儿墙顶面（如有混凝土压顶时算至压顶下表面） (4)内、外山墙：按其平均高度计算 3. 框架间墙：不分内外墙按墙体净尺寸以体积计算 4. 围墙：高度算至压顶上表面（如有混凝土压顶时算至压顶下表面），围墙柱并入围墙体积内	1. 砂浆制作、运输 2. 砌砖 3. 刮缝 4. 砖压顶砌筑 5. 材料运输
010401005	空心砖墙				
010401006	空斗墙			按设计图示尺寸以空斗墙外形体积计算。墙角、内外墙交接处、门窗洞口立边、窗台砖、屋檐处的实砌部分体积并入空斗墙体积内	
010401007	空花墙			按设计图示尺寸以空花部分外形体积计算，不扣除空洞部分体积	
010401008	填充墙	1. 砖品种、规格、强度等级 2. 墙体类型 3. 填充材料种类及厚度 4. 砂浆强度等级、配合比		按设计图示尺寸以填充墙外形体积计算	

续上表

项目编码	项目名称	项目特征	计量单位	工程量计算规则	工程内容
010401009	实心砖柱	1. 砖品种、规格、强度等级 2. 柱类型 3. 砂浆强度等级、配合比	m^3	按设计图示尺寸以体积计算。扣除混凝土及钢筋混凝土梁垫、梁头、板头所占体积	1. 砂浆制作、运输 2. 砌砖 3. 刮缝 4. 材料运输
010401010	多孔砖柱				
010401011	砖检查井	1. 井截面、深度 2. 砖品种、规格、强度等级 3. 垫层材料种类、厚度 4. 底板厚度 5. 井盖安装 6. 混凝土强度等级 7.砂浆强度等级 8. 防潮层材料种类	座	按设计图示数量计算	1. 砂浆制作、运输 2. 铺设垫层 3. 底板混凝土制作、运输、浇筑、振捣、养护 4. 砌砖 5. 刮缝 6. 井池底、壁抹灰 7. 抹防潮层 8. 材料运输
010401012	零星砌砖	1. 零星砌砖名称、部位 2. 砖品种、规格、强度等级 3. 砂浆强度等级、配合比	1. m^3 2. m^2 3. m 4. 个	1. 以立方米计量，按设计图示尺寸截面积乘以长度计算 2. 以平方米计量，按设计图示尺寸水平投影面积计算 3. 以米计量，按设计图示尺寸长度计算 4. 以个计量，按设计图示数量计算	1. 砂浆制作、运输 2. 砌砖 3. 刮缝 4. 材料运输
010401013	砖散水、地坪	1. 砖品种、规格、强度等级 2. 垫层材料种类、厚度 3. 散水、地坪厚度 4. 面层种类、厚度 5. 砂浆强度等级	m^2	按设计图示尺寸以面积计算	1. 土方挖、运、填 2. 地基找平、夯实 3. 铺设垫层 4. 砌砖散水、地坪 5. 抹砂浆面层

续上表

项目编码	项目名称	项目特征	计量单位	工程量计算规则	工程内容
010401014	砖地沟、明沟	1. 砖品种、规格、强度等级 2. 沟截面尺寸 3. 垫层材料种类、厚度 4. 混凝土强度等级 5. 砂浆强度等级	m	以米计量，按设计图示以中心线长度计算	1. 土方挖、运、填 2. 铺设垫层 3. 底板混凝土制作、运输、浇筑、振捣、养护 4. 砌砖 5. 刮缝、抹灰 6. 材料运输

二、清单工程量计算

计算实例1 砖基础

某工程外墙基础，如图1-4-1所示，其采用等高式砖基础，外墙中心线长120 m，砖基础深为1.8 m，计算等高式砖基础工程量。

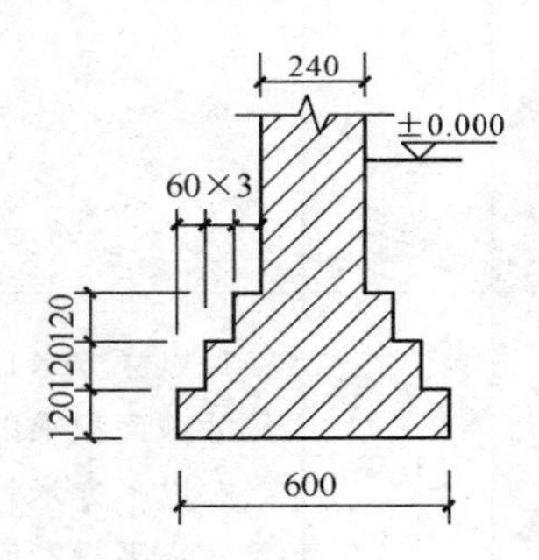

图1-4-1 等高式砖基础示意图(单位:mm)

工程量计算过程及结果

查折加高度和增加面积数据见表1-4-2，得折加高度为0.656，大放脚增加断面面积为0.157 5。

表1-4-2 标准砖等高式砖墙基大放脚折加高度表

放脚层数	折加高度(m)						增加断面积(m^2)
	1/2砖(0.115)	1砖(0.24)	$1\frac{1}{2}$砖(0.365)	2砖(0.49)	$2\frac{1}{2}$砖(0.615)	3砖(0.74)	
一	0.137	0.066	0.043	0.032	0.026	0.021	0.015 75
二	0.411	0.197	0.129	0.096	0.077	0.064	0.047 25

续上表

放脚层数	折加高度(m)						增加断面积(m^2)
	1/2砖(0.115)	1砖(0.24)	$1\frac{1}{2}$砖(0.365)	2砖(0.49)	$2\frac{1}{2}$砖(0.615)	3砖(0.74)	
三	0.822	0.394	0.259	0.193	0.154	0.128	0.094 5
四	1.369	0.656	0.432	0.321	0.259	0.213	0.157 5
五	2.054	0.984	0.647	0.482	0.384	0.319	0.236 3
六	2.876	1.378	0.906	0.675	0.538	0.447	0.330 8
七		1.838	1.208	0.900	0.717	0.596	0.441 0
八		2.363	1.553	1.157	0.922	0.766	0.567 0
九		2.953	1.942	1.447	1.153	0.958	0.708 8
十		3.609	2.373	1.768	1.409	1.171	0.866 3

注:1.本表按标准砖双面放脚,每层等高12.6 cm(二皮砖,二灰缝)砌出6.25 cm计算。

2.本表折加墙基高度的计算,以240 mm×115 mm×53 mm标准砖,1 cm灰缝及双面大放脚为准。

3. $折加高度(m)=\frac{放脚断面积(m^2)}{墙厚(m)}$

4.采用折加高度数字时,取两位小数,第三位以后四舍五入。采用增加断面数字时,取三位小数,第四位以后四舍五入。

砖基础的工程量=0.24×(1.8+0.394)×120=63.19 m^3

计算实例2 实心砖墙

某工程平面示意图,如图1-4-2所示,计算实心砖墙工程量。

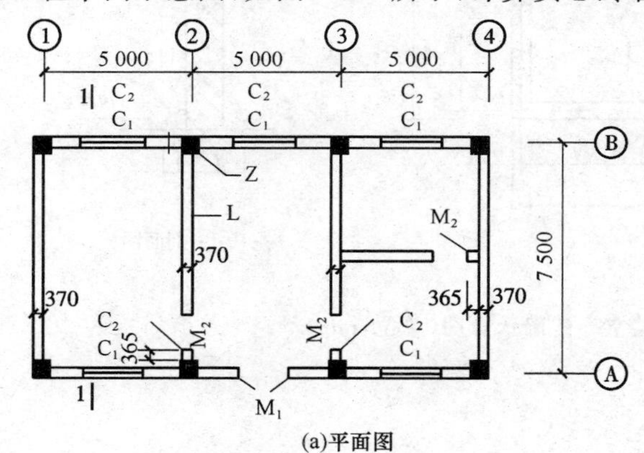

编号	尺寸
M_1	1 500×2 400
M_2	900×2 100
C_1	1 800×1 500
C_2	1 800×600
L	400×600
Z	400×400

(a)平面图

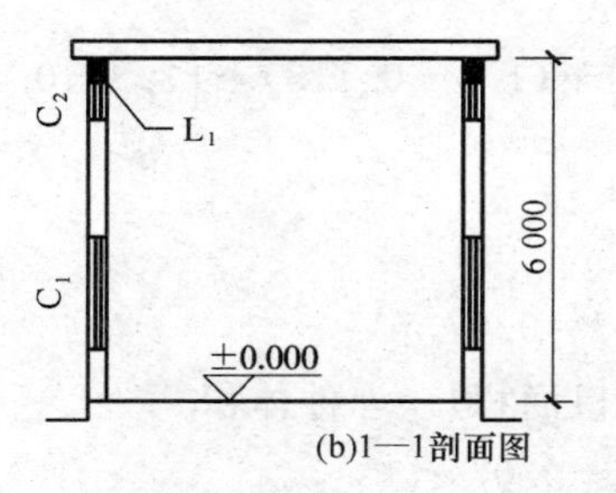

(b)1—1剖面图

图1-4-2 某工程示意图

工程量计算过程及结果

外墙的工程量＝(框架间净长×框架间净高－门高面积)×墙厚

＝[(5－0.4)×3×2×(6－0.6)＋(7.5－0.4)×2×(6－0.6)－1.5×2.4－1.8×1.5×5－1.8×0.6×5]×0.365

＝(149.04＋76.68－3.6－13.5－5.4)×0.365

＝74.18 m^3

内墙的工程量＝(框架间净长×框架间净高－门高面积)×墙厚

＝[(7.5－0.4)×2×(6－0.6)＋(5－0.365)×(6－0.6)－0.9×2.1×3]×0.365

＝(76.68＋25.03－5.67)×0.365

＝35.05 m^3

说明:通常所说的三七墙,真实墙厚为365 mm,在求墙体工程量时,用365 mm进行计算。

计算实例3 空心砖墙

某空心砖墙示意图,如图1-4-3所示。内墙厚为115 mm,内墙高为3 600 mm,房间所有门尺寸为1 200 mm×2 700 mm,且门上有过梁,过梁截面积为115 mm×120 mm,两边各超过门250 mm,计算空心砖墙工程量。

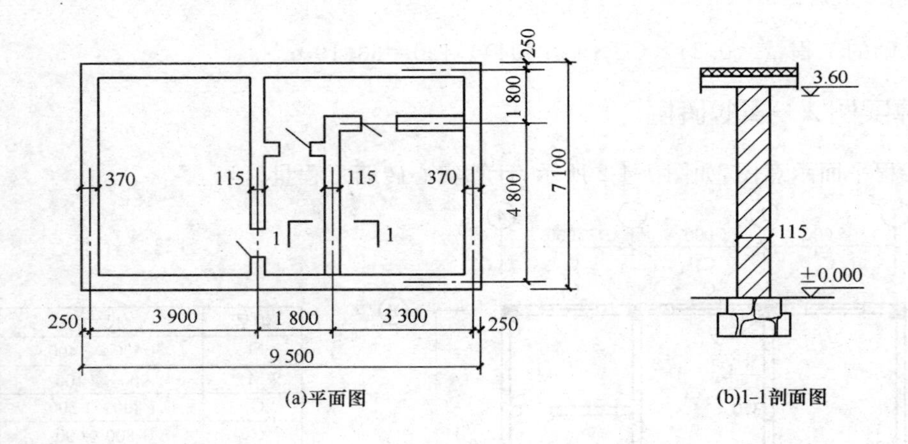

图1-4-3 某空心砖墙示意图(单位:mm)

工程量计算过程及结果

$$内墙长=(7.1-0.24)+\left(4.8-0.12-\frac{0.115}{2}\right)+(1.8-0.115)+\left(3.3-0.12+\frac{0.115}{2}\right)$$

$$=16.41\ m$$

门洞口面积＝1.2×2.7×3＝9.72 m^2

过梁体积＝0.115×0.12×(1.2＋0.25×2)×3＝0.07 m^3

砖墙的工程量＝墙厚×(墙高×墙长－门窗洞口面积)－埋件体积

＝0.115×(3.6×16.41－9.72)－0.07

＝5.61 m^3

计算实例 4　空斗墙

某一砖无眠空斗墙，如图 1-4-4 所示，计算该空斗墙工程量。

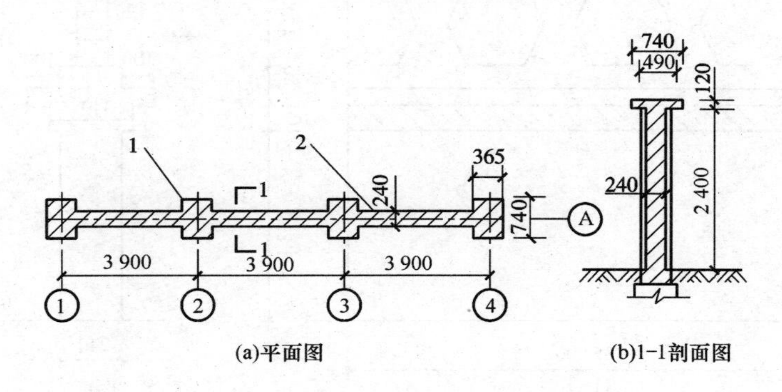

图 1-4-4　一砖无眠空斗墙平面图(单位:mm)

注:1—2×1 $\frac{1}{2}$ 砖墙;2——砖无眠空斗墙

工程量计算过程及结果

空斗墙的工程量＝墙身工程量＋砖压顶工程量

＝(3.9－0.365)×3×2.4×0.24＋(3.9－0.365)×3×0.12×0.49

＝6.73 m^3

计算实例 5　空花墙

例 1　某公园空花墙，如图 1-4-5 所示，已知混凝土镂空花格墙厚度为 120 mm，用 M2.5 水泥砂浆砌筑 300 mm×300 mm×120 mm 的混凝土镂空花格砌块，计算该空花墙的工程量。

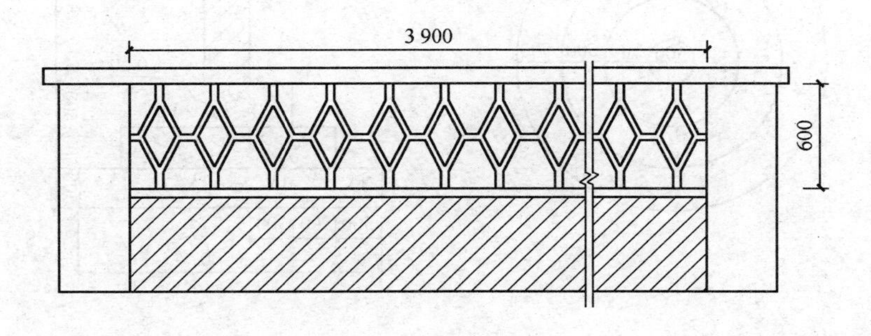

图 1-4-5　空花墙(单位:mm)

工程量计算过程及结果

空花墙的工程量＝0.6×3.9×0.12＝0.28 m^3

例 2　某学校外围墙为空花墙，如图 1-4-6 所示，计算该空花墙工程量。

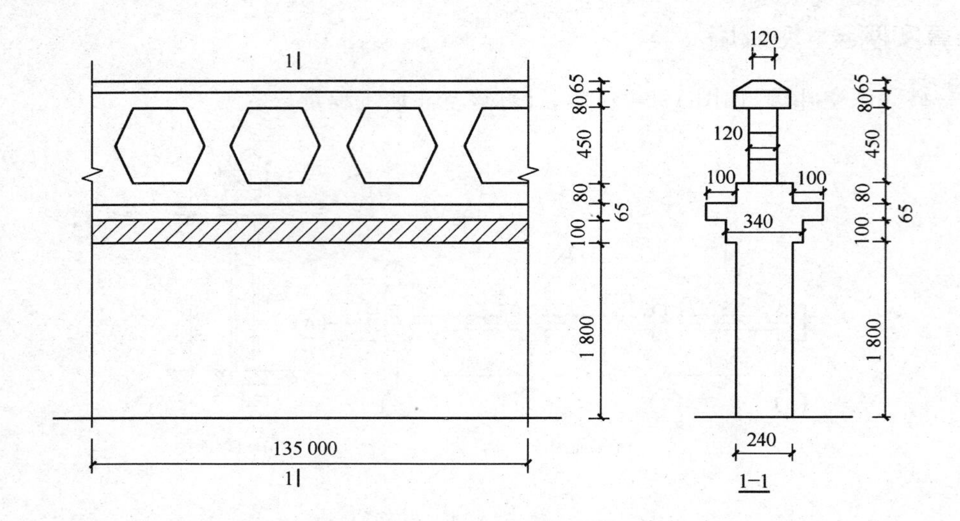

图 1-4-6　空花墙示意图(单位:mm)

工程量计算过程及结果

空花墙的工程量＝0.45×0.12×135＝7.29 m^3

计算实例 6　实心砖柱

某工厂采用实心砖柱,如图 1-4-7 所示,已知其需用 M2.5 混合砂浆砌实心砖柱 38 个,计算实心砖柱工程量。

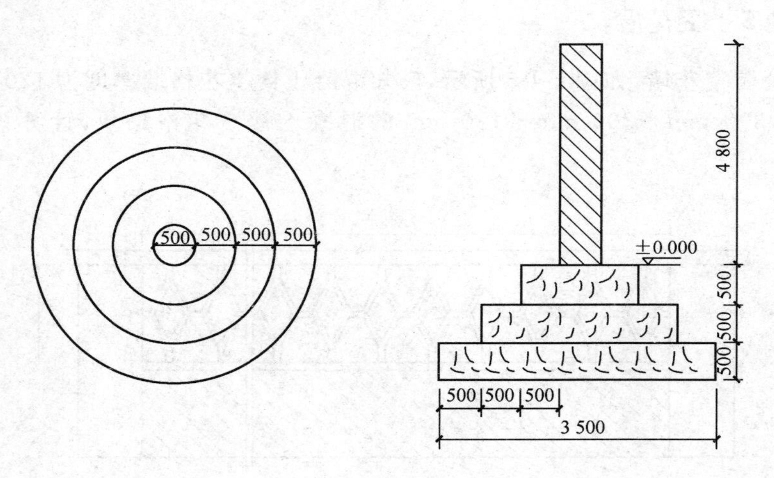

图 1-4-7　砖柱示意图(单位:mm)

工程量计算过程及结果

实心砖柱的工程量＝$3.14\times\left(\frac{0.5}{2}\right)^2\times4.8\times38=35.80\ m^3$

第二节　砌块砌体

一、清单工程量计算规则(表 1-4-3)

表 1-4-3　砌块砌体工程量计算规则

项目编码	项目名称	项目特征	计量单位	工程量计算规则	工程内容
010402001	砌块墙	1. 砌块品种、规格、强度等级 2. 墙体类型 3. 砂浆强度等级	m^3	按设计图示尺寸以体积计算 扣除门窗、洞口、嵌入墙内的钢筋混凝土柱、梁、圈梁、挑梁、过梁及凹进墙内的壁龛、管槽、暖气槽、消火栓箱所占体积,不扣除梁头、板头、檩头、垫木、木楞头、沿缘木、木砖、门窗走头、砌块墙内加固钢筋、木筋、铁件、钢管及单个面积≤0.3 m^2的孔洞所占的体积。凸出墙面的腰线、挑檐、压顶、窗台线、虎头砖、门窗套的体积亦不增加。凸出墙面的砖垛并入墙体体积内计算 1.墙长度:外墙按中心线、内墙按净长计算 2.墙高度: (1)外墙:斜(坡)屋面无檐口天棚者算至屋面板底;有屋架且室内外均有天棚者算至屋架下弦底另加 200 mm;无天棚者算至屋架下弦底另加 300 mm,出檐宽度超过 600 mm 时按实砌高度计算;与钢筋混凝土楼板隔层者算至板顶;平屋面算至钢筋混凝土板底 (2)内墙:位于屋架下弦者,算至屋架下弦底;无屋架者算至天棚底另	1. 砂浆制作、运输 2.砌砖、砌块 3.勾缝 4.材料运输

续上表

项目编码	项目名称	项目特征	计量单位	工程量计算规则	工程内容
010402001	砌块墙	1. 砌块品种、规格、强度等级 2. 墙体类型 3. 砂浆强度等级	m^3	加 100 mm；有钢筋混凝土楼板隔层者算至楼板顶；有框架梁时算至梁底 (3)女儿墙：从屋面板上表面算至女儿墙顶面(如有混凝土压顶时算至压顶下表面) (4)内、外山墙：按其平均高度计算 3. 框架间墙：不分内外墙按墙体净尺寸以体积计算 4. 围墙：高度算至压顶上表面(如有混凝土压顶时算至压顶下表面)，围墙柱并入围墙体积内	1. 砂浆制作、运输 2. 砌砖、砌块 3. 勾缝 4. 材料运输
010402002	砌块柱			按设计图示尺寸以体积计算 扣除混凝土及钢筋混凝土梁垫、梁头、板头所占体积	

二、清单工程量计算

计算实例 1　砌块墙

某砌块墙高 2 m，宽 5 m，厚 0.24 m，计算砌块墙的工程量。

工程量计算过程及结果

砌块墙的工程量 $=2\times5\times0.24=2.4\ m^3$

计算实例 2　砌块柱

某工程有方形砌块柱 2 根，长 350 mm，宽 250 mm，高 2 000 mm，计算此砌块柱的工程量。

工程量计算过程及结果

砌块柱的工程量 $=2\times0.35\times0.25\times2=0.35\ m^3$

第三节　石砌体

一、清单工程量计算规则(表 1-4-4)

表 1-4-4　石砌体工程量计算规则

项目编码	项目名称	项目特征	计量单位	工程量计算规则	工程内容
010403001	石基础	1. 石料种类、规格 2. 基础类型 3. 砂浆强度等级	m^3	按设计图示尺寸以体积计算 包括附墙垛基础宽出部分体积,不扣除基础砂浆防潮层及单个面积≤0.3 m^2 的孔洞所占体积,靠墙暖气沟的挑檐不增加体积。基础长度:外墙按中心线,内墙按净长计算	1. 砂浆制作、运输 2. 吊装 3. 砌石 4. 防潮层铺设 5. 材料运输
010403002	石勒脚	1. 石料种类、规格 2. 石表面加工要求 3. 勾缝要求 4. 砂浆强度等级、配合比		按设计图示尺寸以体积计算,扣除单个面积＞0.3 m^2 的孔洞所占的体积	1. 砂浆制作、运输 2. 吊装 3. 砌石 4. 石表面加工 5. 勾缝 6. 材料运输
010403003	石墙			按设计图示尺寸以体积计算 扣除门窗、洞口、嵌入墙内的钢筋混凝土柱、梁、圈梁、挑梁、过梁及凹进墙内的壁龛、管槽、暖气槽、消火栓箱所占体积,不扣除梁头、板头、檩头、垫木、木楞头、沿缘木、木砖、门窗走头、石墙内加固钢筋、木筋、铁件、钢管及单个面积≤0.3 m^2 的孔洞所占的体积。凸出墙面的腰线、挑檐、压顶、窗台线、虎头砖、门窗套的体积亦不增加。 凸出墙面的砖垛并入墙体体积内计算 1. 墙长度:外墙按中心线、内墙按净长计算	

续上表

项目编码	项目名称	项目特征	计量单位	工程量计算规则	工程内容
010403003	石墙	1. 石料种类、规格 2. 石表面加工要求 3. 勾缝要求 4. 砂浆强度等级、配合比	m^3	2. 墙高度： (1)外墙：斜(坡)屋面无檐口天棚者算至屋面板底；有屋架且室内外均有天棚者算至屋架下弦底另加200 mm；无天棚者算至屋架下弦底另加300 mm，出檐宽度超过600 mm时按实砌高度计算；有钢筋混凝土楼板隔层者算至板顶；平屋顶算至钢筋混凝土板底 (2)内墙：位于屋架下弦者，算至屋架下弦底；无屋架者算至天棚底另加100 mm；有钢筋混凝土楼板隔层者算至楼板顶；有框架梁时算至梁底 (3)女儿墙：从屋面板上表面算至女儿墙顶面(如有混凝土压顶时算至压顶下表面) (4)内、外山墙：按其平均高度计算 3. 围墙：高度算至压顶上表面(如有混凝土压顶时算至压顶下表面)，围墙柱并入围墙体积内	1. 砂浆制作、运输 2. 吊装 3. 砌石 4. 石表面加工 5. 勾缝 6. 材料运输
010403004	石挡土墙			按设计图示尺寸以体积计算	1. 砂浆制作、运输 2. 吊装 3. 砌石 4. 变形缝、泄水孔、压顶抹灰 5. 滤水层 6. 勾缝 7. 材料运输

续上表

<table>
<tr><th>项目编码</th><th>项目名称</th><th>项目特征</th><th>计量单位</th><th>工程量计算规则</th><th>工程内容</th></tr>
<tr><td>010403005</td><td>石柱</td><td rowspan="2">1. 石料种类、规格
2. 石表面加工要求
3. 勾缝要求
4. 砂浆强度等级、配合比</td><td>m^3</td><td>按设计图示尺寸以体积计算</td><td rowspan="3">1. 砂浆制作、运输
2. 吊装
3. 砌石
4. 石表面加工
5. 勾缝
6. 材料运输</td></tr>
<tr><td>010403006</td><td>石栏杆</td><td>m</td><td>按设计图示以长度计算</td></tr>
<tr><td>010403007</td><td>石护坡</td><td rowspan="3">1. 垫层材料种类、厚度
2. 石料种类、规格
3. 护坡厚度、高度
4. 石表面加工要求
5. 勾缝要求
6. 砂浆强度等级、配合比</td><td rowspan="2">m^3</td><td rowspan="2">按设计图示尺寸以体积计算</td></tr>
<tr><td>010403008</td><td>石台阶</td><td rowspan="2">1. 铺设垫层
2. 石料加工
3. 砂浆制作、运输
4. 砌石
5. 石表面加工
6. 勾缝
7. 材料运输</td></tr>
<tr><td>010403009</td><td>石坡道</td><td>m^2</td><td>按设计图示以水平投影面积计算</td></tr>
<tr><td>010403010</td><td>石地沟、明沟</td><td>1. 沟截面尺寸
2. 土壤类别、运距
3. 垫层材料种类、厚度
4. 石料种类、规格
5. 石表面加工要求
6. 勾缝要求
7. 砂浆强度等级、配合比</td><td>m</td><td>按设计图示以中心线长度计算</td><td>1. 土方挖、运
2. 砂浆制作、运输
3. 铺设垫层
4. 砌石
5. 石表面加工
6. 勾缝
7. 回填
8. 材料运输</td></tr>
</table>

二、清单工程量计算

计算实例1 石基础

某基础剖面示意图，如图 1-4-8 所示，计算毛石基础工程量。(基础外墙中心线长度和内墙净长度之和 55 m)

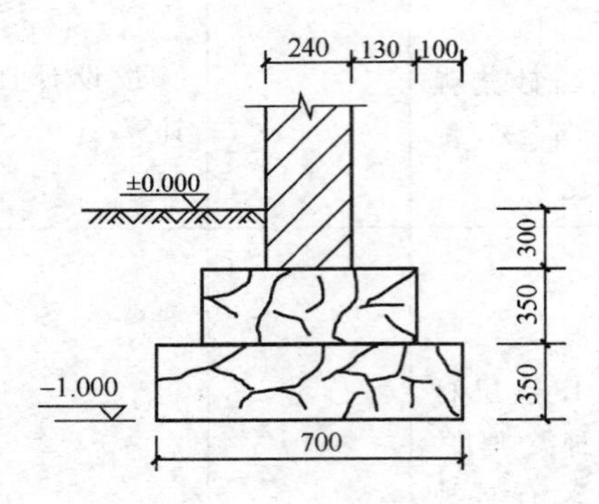

图 1-4-8 某基础剖面示意图(单位：mm)

工程量计算过程及结果

毛石基础的工程量＝毛石基础断面面积×(外墙中心线长度＋内墙净长度)

＝23.10 m^3

计算实例2 石挡土墙

某毛石挡土墙，如图 1-4-9 所示，已知其用 M2.5 混合砂浆砌筑 220 m，计算石挡土墙工程量。

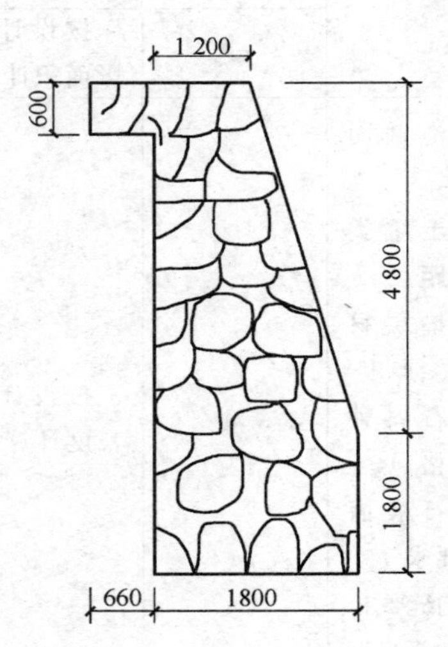

图 1-4-9 毛石挡土墙示意图(单位：mm)

工程量计算过程及结果

石挡土墙的工程量 $=\left[(0.66+1.80)\times(1.80+4.80)-0.66\times(1.80+4.80-0.6)-(1.80-1.20)\times4.80\times\frac{1}{2}\right]\times220$

$=2\ 384.80\ m^3$

第四节　垫　层

一、清单工程量计算规则(表 1-4-5)

表 1-4-5　垫层工程量计算规则

项目编码	项目名称	项目特征	计量单位	工程量计算规则	工程内容
010404001	垫层	垫层材料种类、配合比、厚度	m^3	按设计图示尺寸以立方米计算	1. 垫层材料的拌制 2. 垫层铺设 3. 材料运输

二、清单工程量计算

计算实例　垫层

某地基工程采用灰土垫层，垫层厚为 100 mm，该地基面积为 3 500 m^2，计算垫层的工程量。

工程量计算过程及结果

垫层的工程量 $=3\ 500\times0.1=350\ m^3$

第五章　混凝土及钢筋混凝土工程

第一节　现浇混凝土基础

一、清单工程量计算规则(表 1-5-1)

表 1-5-1　现浇混凝土基础工程量计算规则

项目编码	项目名称	项目特征	计量单位	工程量计算规则	工程内容
010501001	垫层	1. 混凝土种类 2. 混凝土强度等级	m^3	按设计图示尺寸以体积计算。不扣除伸入承台基础的桩头所占体积	1. 模板及支撑制作、安装、拆除、堆放、运输及清理模内杂物、刷隔离剂等 2. 混凝土制作、运输、浇筑、振捣、养护
010501002	带形基础				
010501003	独立基础				
010501004	满堂基础				
010501005	桩承台基础				
010501006	设备基础	1. 混凝土种类 2. 混凝土强度等级 3. 灌浆材料及其强度等级			

二、清单工程量计算

计算实例 1　带形基础

例 1　某现浇钢筋混凝土带形基础,如图 1-5-1 所示。计算现浇钢筋混凝土带形基础混凝土工程量。

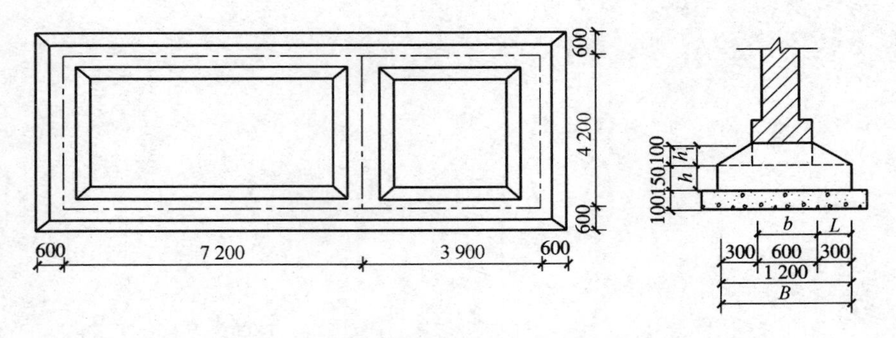

图 1-5-1　现浇钢筋混凝土工程(单位:mm)

工程量计算过程及结果

$V_{外}=L_{中}\times$截面面积

$=(7.2+3.9+4.2)\times2\times\left(1.2\times0.15+\frac{0.6+1.2}{2}\times0.1\right)$

$=8.26\ m^3$

已知：$L=0.3\ m$，$B=1.2\ m$，$h_1=0.1\ m$，$b=0.6\ m$

$V_{内接}=L\times h_1\times\frac{2b+B}{6}=0.3\times0.1\times\frac{2\times0.6+1.2}{6}=0.012\ m^3$

$V_{内}=(4.2-1.2)\times\left(1.2\times0.15+\frac{0.6+1.2}{2}\times0.1\right)+2V_{内接}=0.83\ m^3$

现浇钢筋混凝土带形基础的工程量$=V_{外}+V_{内}=8.26+0.83=9.09\ m^3$

例 2　某混凝土带形基础，如图 1-5-2 所示，长 18 m，计算带形基础工程量。

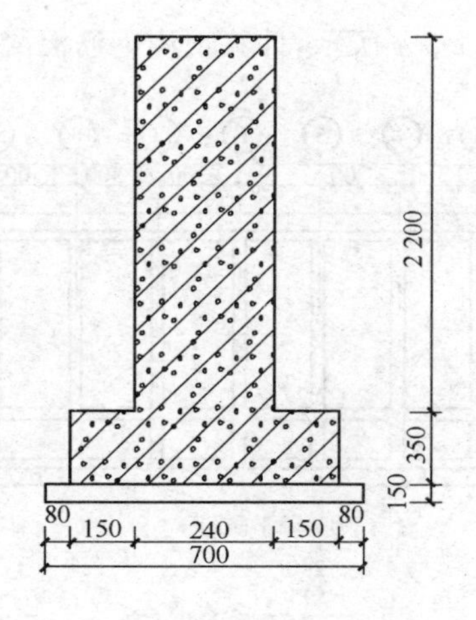

图 1-5-2　某混凝土带形基础示意图(单位：mm)

工程量计算过程及结果

(1)混凝土垫层的工程量$=0.7\times0.15\times18=1.89\ m^3$

(2)混凝土基础的工程量$=(0.24+0.15\times2)\times0.35\times18=3.40\ m^3$

(3)混凝土墙的工程量$=0.24\times2.2\times18=9.50\ m^3$

计算实例 2　独立基础

某工程独立基础，如图 1-5-3 所示，计算现浇钢筋混凝土独立基础混凝土工程量。

工程量计算过程及结果

现浇钢筋混凝土独立基础的工程量$=(2.1\times2.1+1.6\times1.6)\times0.25+1.1\times1.1\times0.3$

$=2.10\ m^3$

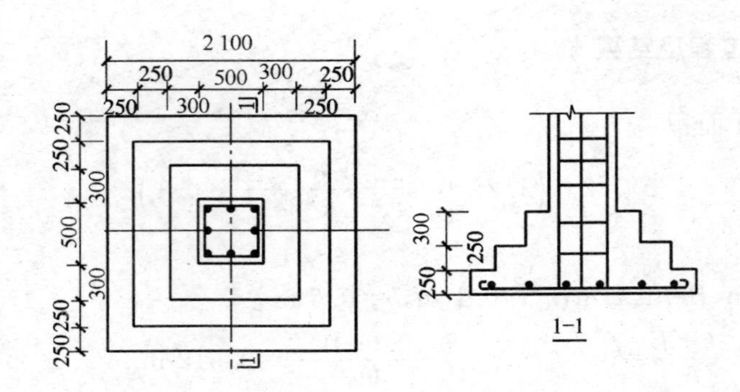

图 1-5-3　现浇钢筋混凝土工程(单位:mm)

计算实例 3　满堂基础

某工程采用满堂基础，如图 1-5-4 所示，计算现浇钢筋混凝土满堂基础混凝土的工程量。

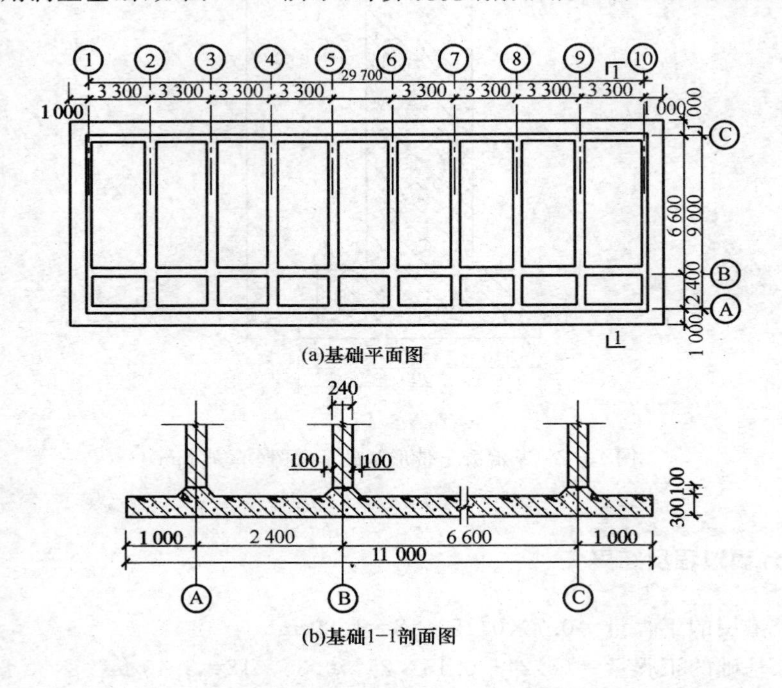

图 1-5-4　满堂基础(单位:mm)

工程量计算过程及结果

满堂基础的工程量＝底板体积＋墙下部凸出部分体积

$$=(29.7+1\times2)\times11\times0.3+(0.24+0.44)\times\frac{1}{2}\times0.1\times[(29.7+9)\times2+(29.7-0.24)+(6.6-0.24+2.4-0.24)\times9]$$

$$=110.85\ m^3$$

计算实例 4 桩承台基础

例 1 某现浇独立承台，如图 1-5-5 所示，计算现浇独立桩承台的混凝土工程量。

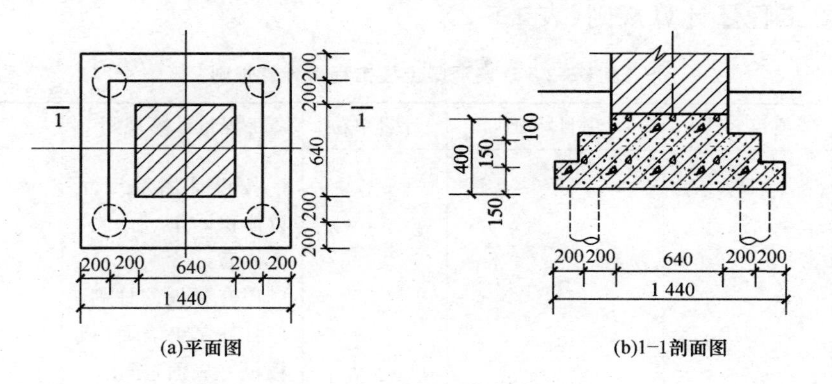

图 1-5-5 现浇独立桩承台（单位：mm）

工程量计算过程及结果

桩承台基础的工程量＝(1.44×1.44＋1.04×1.04)×0.15＋0.64×0.64×0.1

＝0.51 m³

例 2 某独立承台，如图 1-5-6 所示，计算独立承台工程量（混凝土强度等级为 C25）。

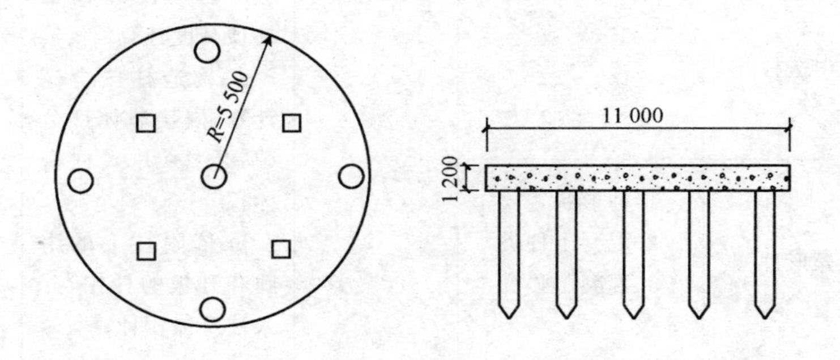

图 1-5-6 独立承台（单位：mm）

工程量计算过程及结果

桩承台基础的工程量＝3.14×5.5²×1.2＝113.98 m³

第二节　现浇混凝土柱

一、清单工程量计算规则(表 1-5-2)

表 1-5-2　现浇混凝土柱工程量计算规则

<table>
<tr><th>项目编码</th><th>项目名称</th><th>项目特征</th><th>计量单位</th><th>工程量计算规则</th><th>工程内容</th></tr>
<tr><td>010502001</td><td>矩形柱</td><td rowspan="2">1.混凝土种类
2.混凝土强度等级</td><td rowspan="3">m³</td><td rowspan="3">按设计图示尺寸以体积计算
柱高:
1.有梁板的柱高,应自柱基上表面(或楼板上表面)至上一层楼板上表面之间的高度计算
2.无梁板的柱高,应自柱基上表面(或楼板上表面)至柱帽下表面之间的高度计算
3.框架柱的柱高:应自柱基上表面至柱顶高度计算
4.构造柱按全高计算,嵌接墙体部分(马牙槎)并入柱身体积
5.依附柱上的牛腿和升板的柱帽,并入柱身体积计算</td><td rowspan="3">1.模板及支架(撑)制作、安装、拆除、堆放、运输及清理模内杂物、刷隔离剂等
2.混凝土制作、运输、浇筑、振捣、养护</td></tr>
<tr><td>010502002</td><td>构造柱</td></tr>
<tr><td>010502003</td><td>异形柱</td><td>1.柱形状
2.混凝土种类
3.混凝土强度等级</td></tr>
</table>

二、清单工程量计算

计算实例 1　矩形柱

某 C30 混凝土现浇柱,如图 1-5-7 所示,断面分别是为 650 mm×650 mm,500 mm×450 mm,350 mm×300 mm,层高如图所示,计算矩形柱工程量。

工程量计算过程及结果

(1)截面尺寸为 650 mm×650 mm

矩形柱的工程量=(1.3+4.5+3.6×2)×0.65×0.65=5.49 m³

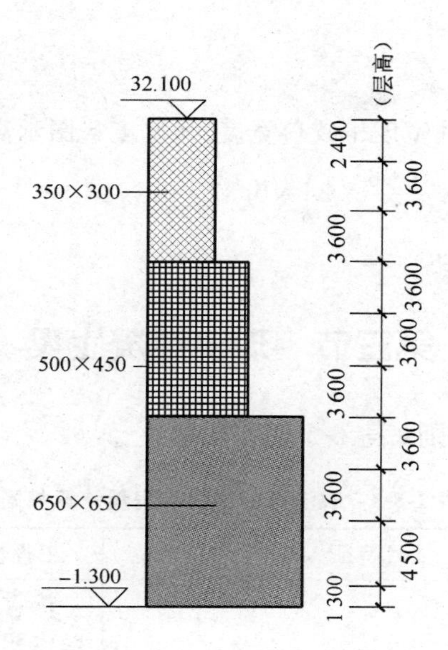

图 1-5-7　现浇混凝土柱（单位：mm）

（2）截面尺寸为 500 mm×450 mm

矩形柱的工程量＝3.6×3×0.5×0.45＝2.43 m^3

（3）截面尺寸为 350 mm×300 mm

矩形柱的工程量＝（3.6×2＋2.4）×0.35×0.3＝1.01 m^3

计算实例 2　异形柱

某异形构造柱，如图 1-5-8 所示，总高为 22 m，共有 18 根，混凝土为 C25，计算该异形柱现浇混凝土工程量。

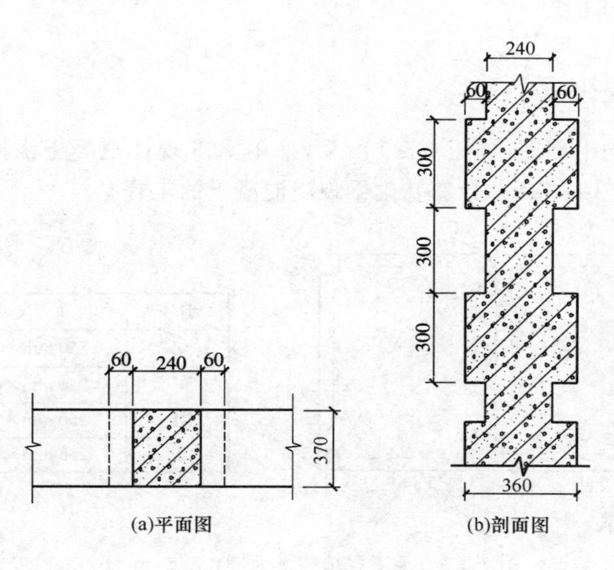

图 1-5-8　构造柱（单位：mm）

工程量计算过程及结果

异形柱的工程量=(图示柱宽度+咬口宽度)×厚度×图示高度×数量

$$=\left(0.24+\frac{0.06}{2}\times 2\right)\times 0.37\times 22\times 18$$

$$=43.96\ \mathrm{m}^3$$

第三节　现浇混凝土梁

一、清单工程量计算规则(表 1-5-3)

表 1-5-3　现浇混凝土梁工程量计算规则

项目编码	项目名称	项目特征	计量单位	工程量计算规则	工程内容
010503001	基础梁	1. 混凝土种类 2. 混凝土强度等级	m^3	按设计图示尺寸以体积计算。伸入墙内的梁头、梁垫并入梁体积内 梁长: 1. 梁与柱连接时,梁长算至柱侧面 2. 主梁与次梁连接时,次梁长算至主梁侧面	1. 模板及支架(撑)制作、安装、拆除、堆放、运输及清理模内杂物、刷隔离剂等 2. 混凝土制作、运输、浇筑、振捣、养护
010503002	矩形梁				
010503003	异形梁				
010503004	圈梁				
010503005	过梁				
010503006	弧形、拱形梁				

二、清单工程量计算

计算实例 1　基础梁

例 1　某工程结构平面图,如图 1-5-9 所示,采用 C25 现拌混凝土浇捣,模板用组合钢模,层高为 4.8 m(+3.00～+7.8),计算基础梁现浇混凝土的工程量。

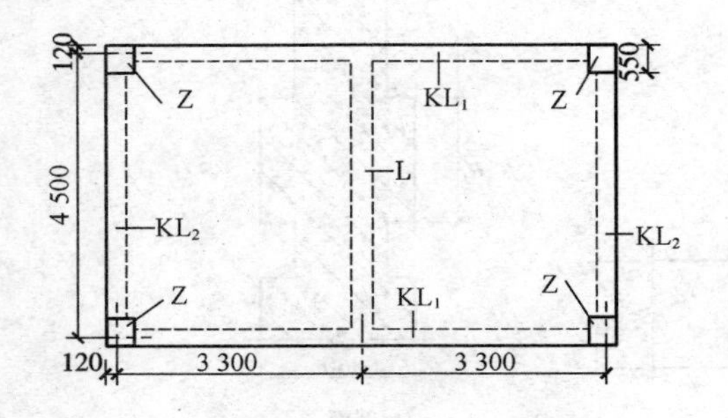

编号	尺寸
Z	550 mm×550 mm
KL_1	250 mm×650 mm
KL_2	250 mm×750 mm
L	250 mm×550 mm

图 1-5-9　某工程结构平面图(单位:mm)

注:板厚为 120 mm。

工程量计算过程及结果

(1)C25 钢筋混凝土梁 KL_1

工程量＝(3.3×2＋0.12×2－0.55×2)×0.25×0.65×2＝1.87 m^3

(2)C25 钢筋混凝土梁 KL_2

工程量＝(4.5＋0.12×2－0.55×2)×0.25×0.75×2＝1.37 m^3

(3)C25 钢筋混凝土单梁 L

工程量＝(4.5＋0.12×2－0.25×2)×0.25×0.55＝0.58 m^3

例 2　某工程地基梁，如图 1-5-10 所示，计算该地基梁工程量(用组合钢模板、钢支撑)。

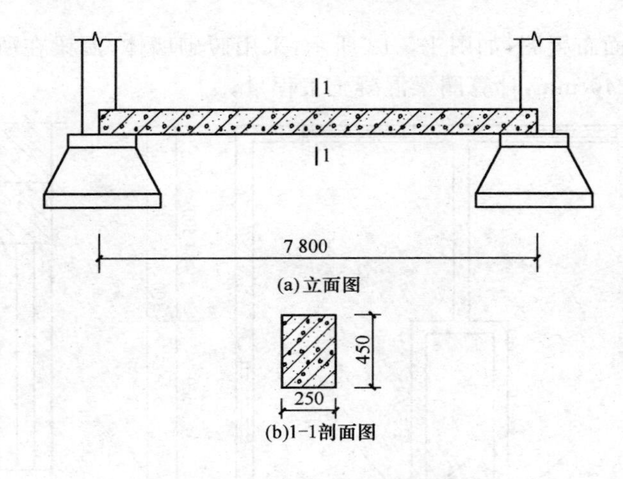

图 1-5-10　地基梁示意图(单位：mm)

工程量计算过程及结果

地基梁的工程量＝7.8×0.25×0.45＝0.88 m^3

计算实例 2　异形梁

某工程有现浇混凝土花篮梁 10 根，如图 1-5-11 所示，强度等级 C25，梁端有现浇梁垫，混凝土强度等级 C25。商品混凝土，运距为 2.8 km(混凝土搅拌站为 25 m^3/h)，计算现浇混凝土异形梁工程量。

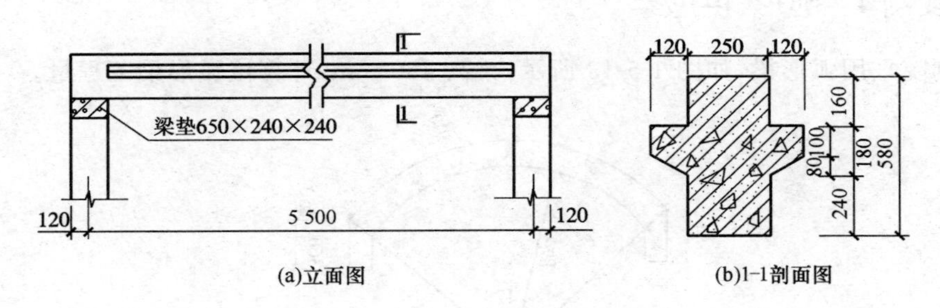

图 1-5-11　花篮梁尺寸示意图(单位：mm)

工程量计算过程及结果

单根现浇混凝土异形梁工程量＝图示断面面积×梁长＋梁垫体积

$=0.25\times0.58\times(5.5+0.12\times2)+\frac{1}{2}\times(0.1+0.18)\times0.12\times2\times(5.5-0.12\times2)+0.65\times0.24\times0.24\times2$

$=1.08\ m^3$

10 根异形梁总工程量＝10×1.08＝10.80 m^3

计算实例 3 圈梁

某独立洗手间平面布置图，如图 1-5-12 所示，采用砖砌墙体，圈梁在所有墙体上布置用组合钢模板，350 mm×240 mm，计算圈梁混凝土工程量。

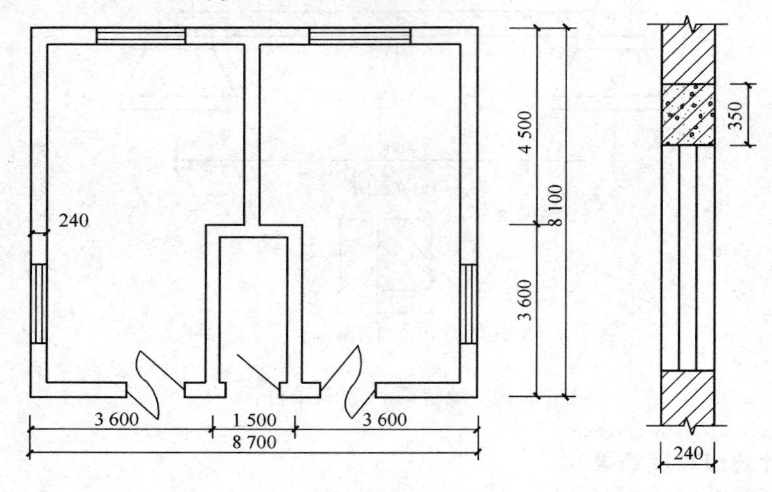

图 1-5-12 独立洗手间平面布置图(单位:mm)

工程量计算过程及结果

$L=(8.7-0.24+8.1-0.24)\times2+(3.6-0.24)\times2+4.5+1.5=32.64+6.72+6=45.36\ m$

圈梁的工程量＝45.36×0.24×0.35＝3.81 m^3

计算实例 4 弧形、拱形梁

某歌剧院采用弧形梁，如图 1-5-13 所示，梁高 450 mm，计算该弧形梁工程量。

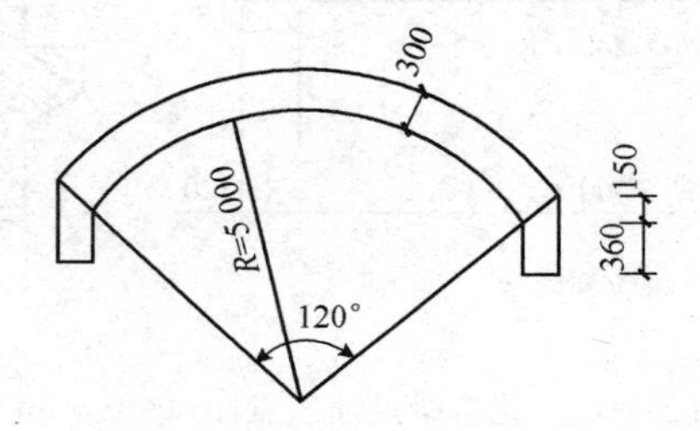

图 1-5-13 弧形梁示意图(单位:mm)

工程量计算过程及结果

$$弧形梁的工程量=\left[\frac{120°}{360°}\times2\times3.14\times\left(5+\frac{0.3}{2}\right)\times0.3+\frac{1}{2}\times(0.36+0.36+0.15)\times0.15\times\sqrt{3}\right]\times0.45=1.50\ m^3$$

第四节　现浇混凝土墙

一、清单工程量计算规则（表 1-5-4）

表 1-5-4　现浇混凝土墙工程量计算规则

项目编码	项目名称	项目特征	计量单位	工程量计算规则	工程内容
010504001	直形墙	1. 混凝土种类 2. 混凝土强度等级	m^3	按设计图示尺寸以体积计算 扣除门窗洞口及单个面积＞0.3 m^2 的孔洞所占体积，墙垛及突出墙面部分并入墙体体积计算内	1. 模板及支架（撑）制作、安装、拆除、堆放、运输及清理模内杂物、刷隔离剂等 2. 混凝土制作、运输、浇筑、振捣、养护
010504002	弧形墙				
010504003	短肢剪力墙				
010504004	挡土墙				

二、清单工程量计算

计算实例 1　直形墙

某现浇框剪结构一段剪力墙板，如图 1-5-14 所示，墙厚 370 mm，组合钢模板、钢支撑，计算该现浇混凝土直形墙工程量。

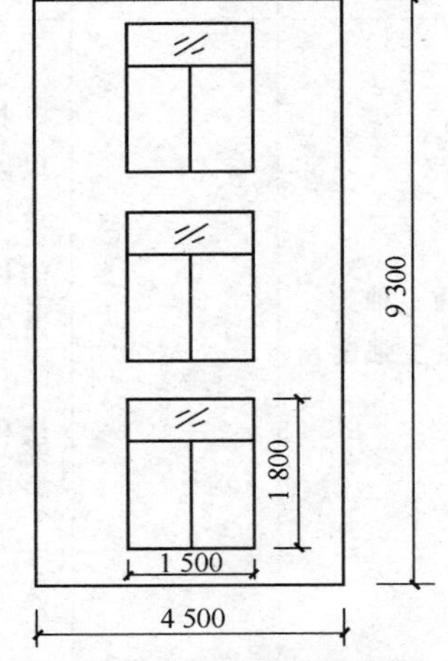

图 1-5-14　剪力墙板示意图（单位：mm）

工程量计算过程及结果

直形墙的工程量＝(4.5×9.3－1.5×1.8×3)×0.37＝12.49 m³

计算实例 2　挡土墙

某现浇组合钢模板、钢支撑挡土墙，如图 1-5-15 所示，长 18 m，计算该现浇挡土墙的工程量。

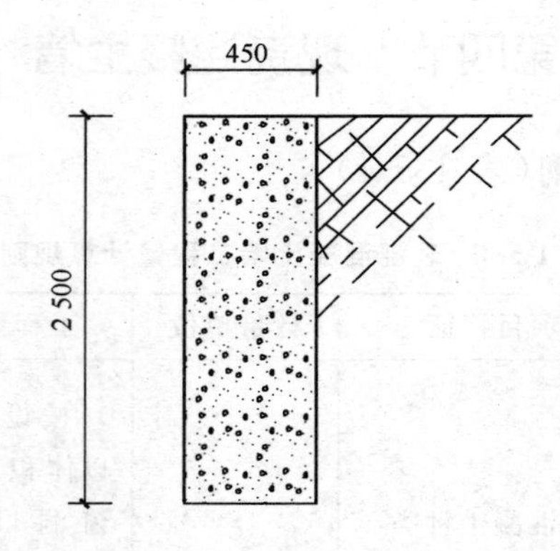

图 1-5-15　挡土墙示意图(单位：mm)

工程量计算过程及结果

挡土墙的工程量＝18×0.45×2.5＝20.25 m³

第五节　现浇混凝土板

一、清单工程量计算规则(表 1-5-5)

表 1-5-5　现浇混凝土板工程量计算规则

项目编码	项目名称	项目特征	计量单位	工程量计算规则	工程内容
010505001	有梁板	1. 混凝土种类 2. 混凝土强度等级	m³	按设计图示尺寸以体积计算，不扣除单个面积≤0.3 m²的柱、垛以及孔洞所占体积 压形钢板混凝土楼板扣除构件内压形钢板所占体积 有梁板(包括主、次梁与板)按梁、板	1. 模板及支架(撑)制作、安装、拆除、堆放、运输及清理模内杂物、刷隔离剂等 2. 混凝土制作、运输、浇筑、振捣、养护

续上表

<table>
<tr><th>项目编码</th><th>项目名称</th><th>项目特征</th><th>计量单位</th><th>工程量计算规则</th><th>工程内容</th></tr>
<tr><td>010505001</td><td>有梁板</td><td rowspan="10">1. 混凝土种类
2. 混凝土强度等级</td><td rowspan="10">m³</td><td rowspan="6">体积之和计算，无梁板按板和柱帽体积之和计算，各类板伸入墙内的板头并入板体积内，薄壳板的肋、基梁并入薄壳体积内计算</td><td rowspan="10">1. 模板及支架(撑)制作、安装、拆除、堆放、运输及清理模内杂物、刷隔离剂等
2. 混凝土制作、运输、浇筑、振捣、养护</td></tr>
<tr><td>010505002</td><td>无梁板</td></tr>
<tr><td>010505003</td><td>平板</td></tr>
<tr><td>010505004</td><td>拱板</td></tr>
<tr><td>010505005</td><td>薄壳板</td></tr>
<tr><td>010505006</td><td>栏板</td></tr>
<tr><td>010505007</td><td>天沟(檐沟)、挑檐板</td><td>按设计图示尺寸以体积计算</td></tr>
<tr><td>010505008</td><td>雨篷、悬挑板、阳台板</td><td>按设计图示尺寸以墙外部分体积计算。包括伸出墙外的牛腿和雨篷反挑檐的体积</td></tr>
<tr><td>010505009</td><td>空心板</td><td>按设计图示尺寸以体积计算。空心权(GBF高强薄壁蜂巢芯板等)应扣除空心部分体积</td></tr>
<tr><td>0105050010</td><td>其他板</td><td>按设计图示尺寸以体积计算</td></tr>
</table>

二、清单工程量计算

计算实例1　有梁板

某现浇钢筋混凝土有梁板，如图1-5-16所示，板厚150 mm，计算有梁板的工程量。

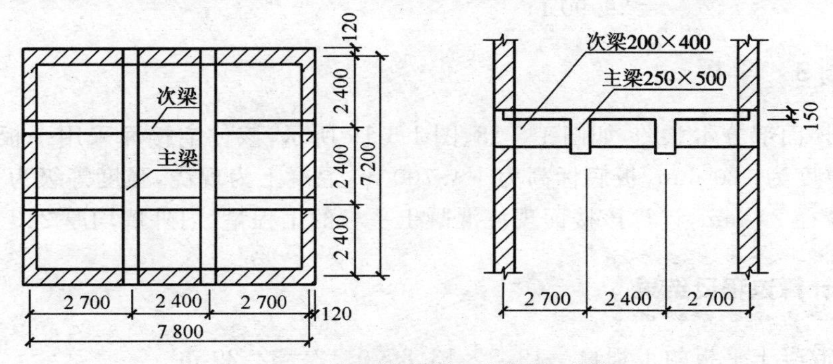

图1-5-16　现浇钢筋混凝土有梁板(单位:mm)

工程量计算过程及结果

现浇板的工程量＝(7.8＋0.12×2)×(7.2＋0.12×2)×0.15＝8.97 m³

板下梁的工程量＝0.25×(0.5－0.12)×2.4×3×2＋0.2×(0.4－0.12)×(7.8－0.5)×2＋0.25×0.50×0.12×4＋0.20×0.40×0.12×4
＝2.29 m³

有梁板的工程量＝8.97＋2.29
＝11.26 m³

计算实例 2　无梁板

某工程现浇钢筋混凝土无梁板，如图 1-5-17 所示，计算现浇钢筋混凝土无梁板混凝土工程量。

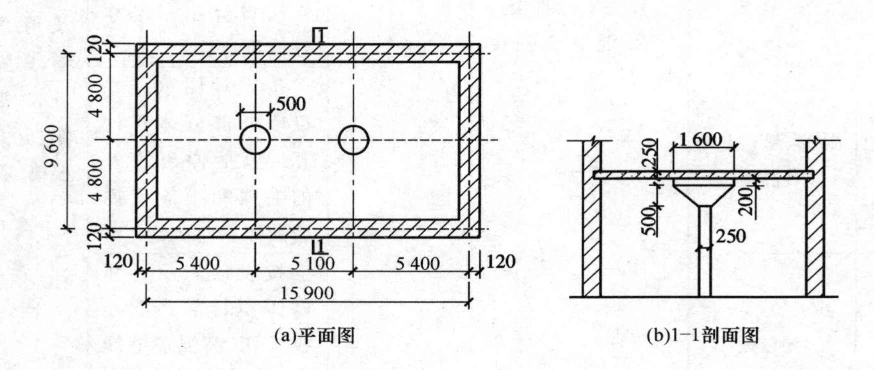

图 1-5-17　现浇钢筋混凝土无梁板(单位：mm)

工程量计算过程及结果

无梁板混凝土的工程量＝图示长度×图示宽度×板厚＋柱帽体积

$$=15.9\times 9.6\times 0.25+\left(\frac{1.6}{2}\right)^{2}\times 3.14\times 0.2\times 2+\frac{1}{3}\times 3.14\times 0.5\times(0.25^{2}+0.8^{2}+0.25\times 0.8)\times 2$$

$$=39.90\ \text{m}^{3}$$

计算实例 3　平板

某住宅楼楼面部分示意图，如图 1-5-18、图 1-5-19 所示，该住宅楼面采用平板直接支承在墙上面，楼板厚度为 120 mm，板底标高为＋4.700 m，混凝土为现浇，强度等级为 C30，粗骨料为砾石，最大粒径 20 mm，计算该楼面现浇混凝土平板的工程量(内外墙均厚 240 mm)。

工程量计算过程及结果

楼面现浇混凝土平板的工程量＝19.5×13.8×0.12＝32.29 m³

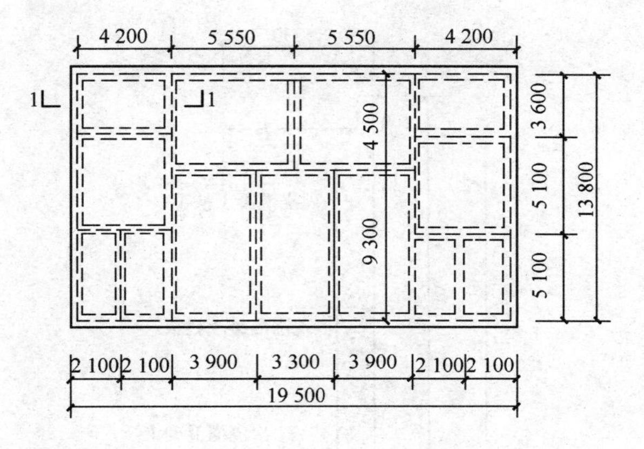

图 1-5-18　某楼面示意图(单位:mm)

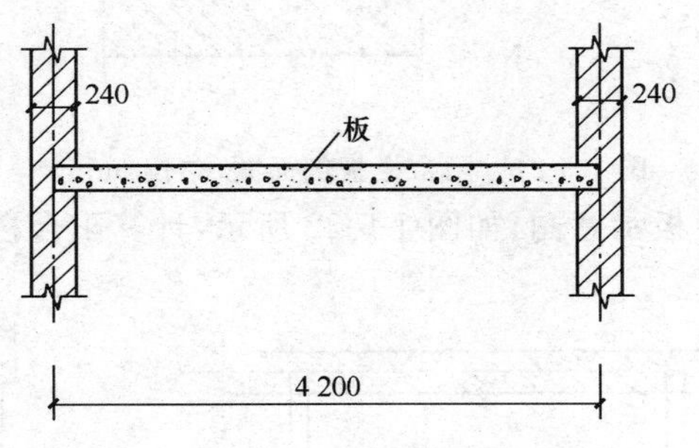

图 1-5-19　1-1 剖面图(单位:mm)

注:板伸入墙的长度至墙的轴线。

计算实例 4　栏板

例 1　某住宅工程的阳台栏板为现浇钢筋混凝土,如图 1-5-20、图 1-5-21 所示,栏板厚度为 120 mm,计算该栏板工程量。

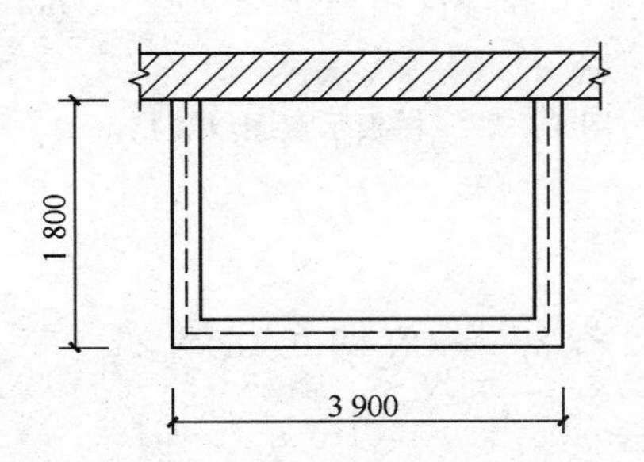

图 1-5-20　阳台尺寸示意图(单位:mm)

工程量计算过程及结果

栏板的工程量＝(1.03＋0.085)×0.12×(1.8×2＋3.9－0.12×2)＋0.085×0.05×(1.8×2＋3.9－0.12×2)

＝1.00 m^3

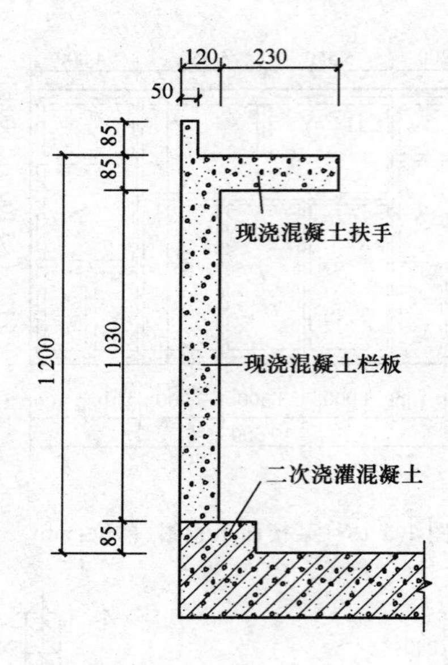

图 1-5-21　阳台栏板剖面图(单位:mm)

例 2　某住宅阳台的栏板示意图,如图 1-5-22 所示,计算阳台栏板工程量。

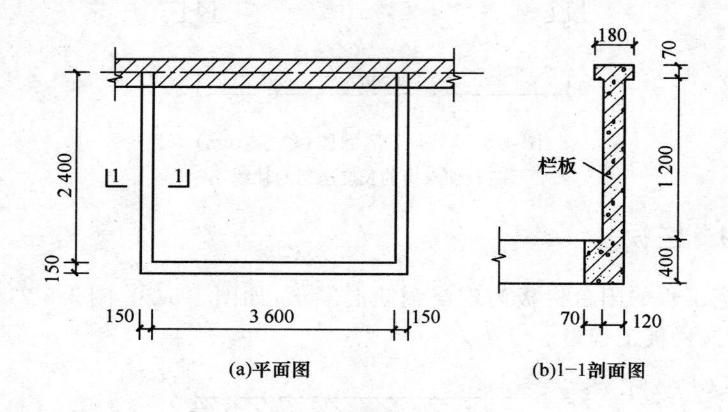

图 1-5-22　栏板示意图(单位:mm)

工程量计算过程及结果

栏板的工程量=0.12×1.2×[3.6+(2.4+0.15)×2]

=1.25 m^3

计算实例 5　天沟(檐沟)、挑檐板

例 1　某天沟,如图 1-5-23、图 1-5-24 所示,计算现浇挑檐天沟的混凝土工程量。

工程量计算过程及结果

挑檐天沟的工程量=(0.28×0.08+0.33×0.08)×(45×2+18×2+0.41×4)

=6.23 m^3

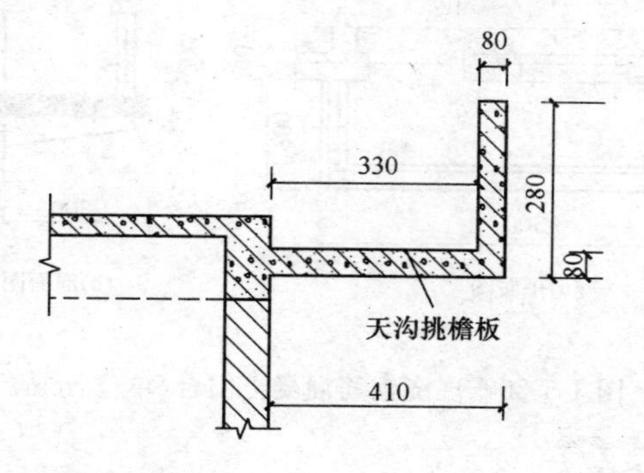

图 1-5-23 天沟断面尺寸及形式(单位:mm)

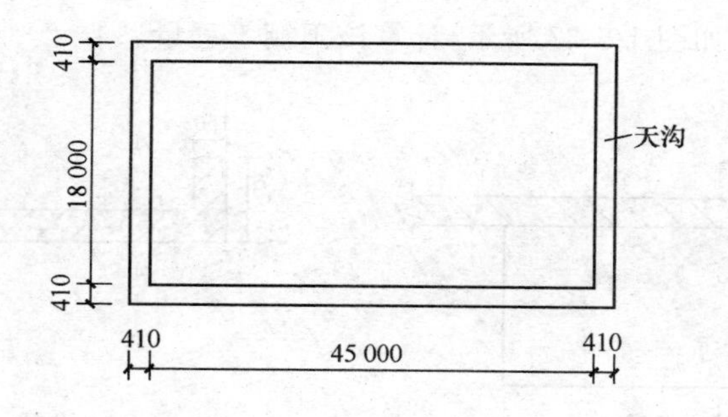

图 1-5-24 天沟布置及平面尺寸(单位:mm)

例 2 某现浇钢筋混凝土挑檐示意图,如图 1-5-25 所示,其与圈梁、屋面板现浇为一整体,挑檐板厚度为 120 mm,长度为 45 m,采用 C20 混凝土、HPB235 钢筋,计算该挑檐板混凝土的工程量。

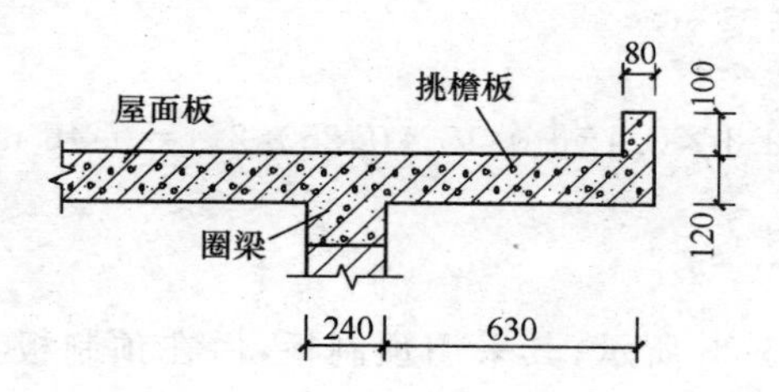

图 1-5-25 现浇挑檐板示意图(单位:mm)

工程量计算过程及结果

挑檐板的工程量$=(0.63\times0.12+0.08\times0.1)\times45$

$=3.76\ m^3$

计算实例 6 雨篷、悬挑板、阳台板

例 1 某现浇钢筋混凝土阳台,如图 1-5-26 所示,计算该现浇钢筋混凝土阳台板混凝土工程量。

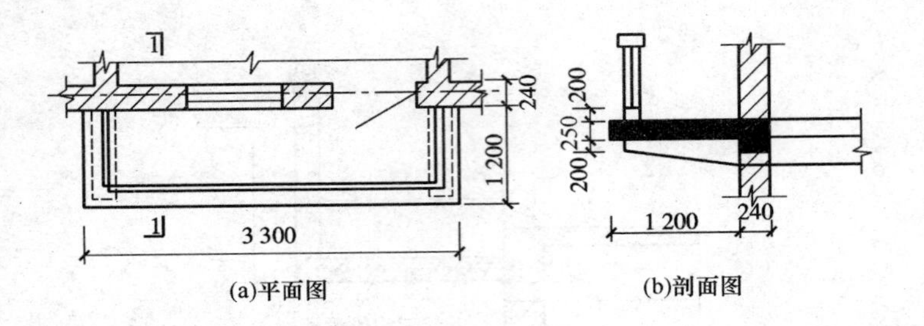

图 1-5-26 现浇钢筋混凝土阳台(单位:mm)

工程量计算过程及结果

现浇钢筋混凝土阳台板混凝土的工程量 $=1.2\times3.3\times0.25=0.99\ m^3$

例 2 某建筑雨棚,如图 1-5-27 所示,计算该雨棚工程量。

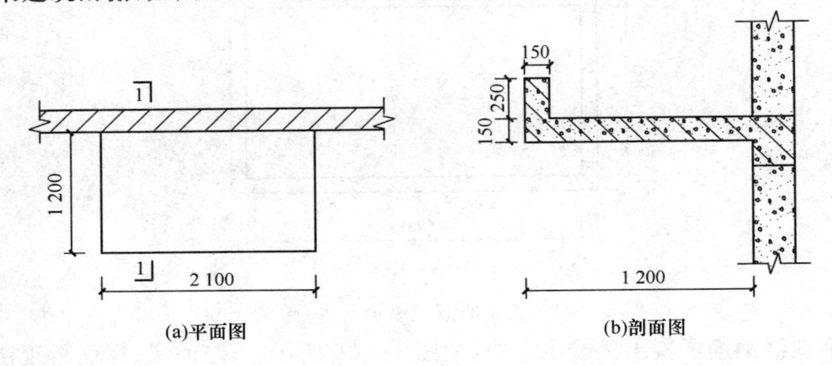

图 1-5-27 雨篷示意图(单位:mm)

工程量计算过程及结果

雨棚的工程量 $=1.2\times2.1\times0.15+0.15\times0.25\times2.1=0.46\ m^3$

计算实例 7 其他板

某住宅叠合板,如图 1-5-28 所示,其采用预制板,后在预制板上现浇一定厚度的现浇层,形成叠合板,计算该板混凝土工程量。

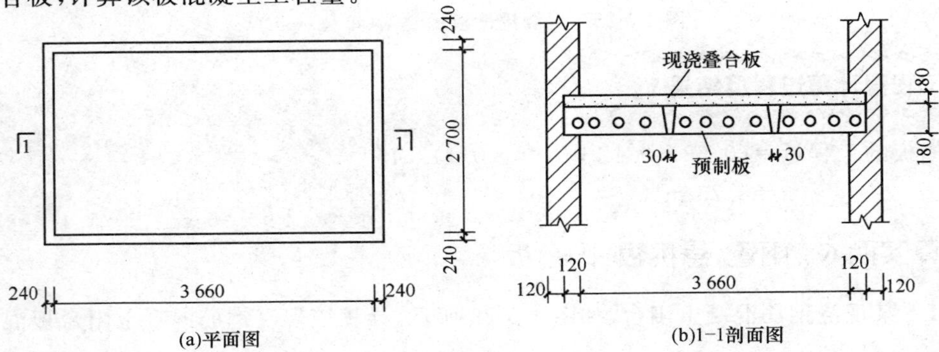

图 1-5-28 叠合板示意图(单位:mm)

工程量计算过程及结果

叠合板的工程量＝0.08×(3.66＋0.12×2)×2.7＝0.84 m^3

说明：叠合板下层预制板缝宽在 4 cm 以内者为无肋叠合板，在 15 cm 以上者为有肋叠合板。当为有肋叠合板时，计算工程量需另外加上肋的体积。此题缝宽 3 cm，则无需加肋体积。

第六节　现浇混凝土楼梯

一、清单工程量计算规则(表 1-5-6)

表 1-5-6　现浇混凝土楼梯工程量计算规则

项目编码	项目名称	项目特征	计量单位	工程量计算规则	工程内容
010506001	直形楼梯	1. 混凝土种类 2. 混凝土强度等级	1. m^2 2. m^3	1. 以平方米计量，按设计图示尺寸以水平投影面积计算。不扣除宽度≤500 mm 的楼梯井，伸入墙内部分不计算 2. 以立方米计量，按设计图示尺寸以体积计算	1. 模板及支架(撑)制作、安装、拆除、堆放、运输及清理模内杂物、刷隔离剂等 2. 混凝土制作、运输、浇筑、振捣、养护
010506002	弧形楼梯				

二、清单工程量计算

计算实例 1　直形楼梯

某钢筋混凝土楼梯板，如图 1-5-29 所示，计算现浇钢筋混凝土楼梯的工程量(墙体厚度均为 240 mm)。(以平方米计量，按设计图示尺寸水平投影面积计算，不扣除宽度≤500 mm的楼梯井，伸入墙内部分不计算)

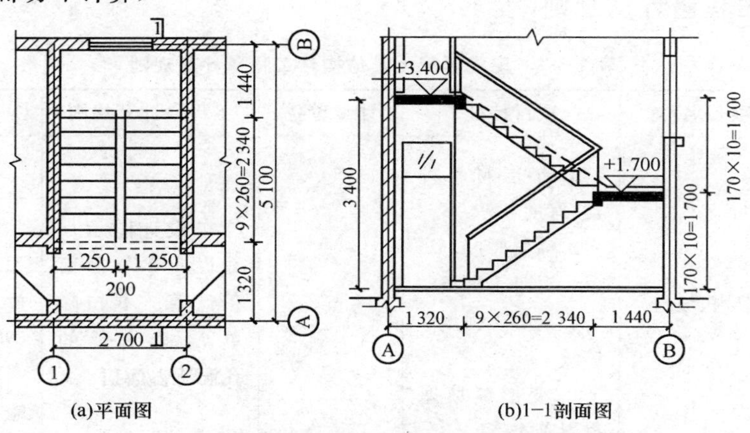

图 1-5-29　钢筋混凝土楼梯栏板(单位：mm)

工程量计算过程及结果

楼梯的工程量＝(2.7－0.24)×(2.34＋1.44－0.12)＝9.00 m^2

说明：由于楼梯井宽度为200 mm，小于500 mm，所以未扣除其所占面积。

计算实例2　弧形楼梯

某弧形楼梯示意图如图1-5-30所示，楼梯梯段宽1.5 m，内弧直径为1 m，楼梯在地面上的投影弧形为270°，计算此弧形楼梯的工程量。(以平方米计量，按设计图示尺寸水平投影面积计算，不扣除宽度≤500 mm的楼梯井，伸入墙内部分不计算)

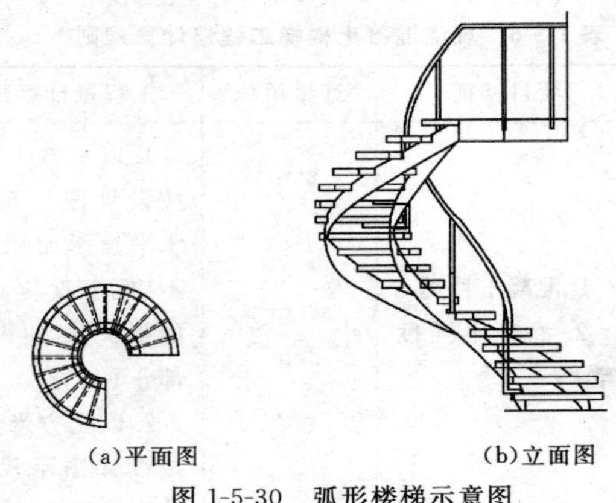

(a)平面图　　(b)立面图

图1-5-30　弧形楼梯示意图

工程量计算过程及结果

弧形楼梯的工程量＝$[3.14\times(1+1.5)^2-3.14\times1^2]\times\frac{270}{360}$＝12.36 m^2

第七节　现浇混凝土其他构件

一、清单工程量计算规则(表1-5-7)

表1-5-7　现浇混凝土其他构件工程量计算规则

项目编码	项目名称	项目特征	计量单位	工程量计算规则	工程内容
010507001	散水、坡道	1. 垫层材料种类、厚度 2. 面层厚度 3. 混凝土种类 4. 混凝土强度等级 5. 变形缝填塞材料种类	m^2	按设计图示尺寸以水平投影面积计算。不扣除单个≤0.3 m^2的孔洞所占面积	1. 地基夯实 2. 铺设垫层 3. 模板及支撑制作、安装、拆除、堆放、运输及清理模内杂物、刷隔离剂等 4. 混凝土制作、运输、浇筑、振捣、养护 5. 变形缝填塞

续上表

项目编码	项目名称	项目特征	计量单位	工程量计算规则	工程内容
010507002	室外地坪	1. 地坪厚度 2. 混凝土强度等级	m^2	按设计图示尺寸以水平投影面积计算。不扣除单个≤0.3 m^2 的孔洞所占面积	1. 地基夯实 2. 铺设垫层 3. 模板及支撑制作、安装、拆除、堆放、运输及清理模内杂物、刷隔离剂等 4. 混凝土制作、运输、浇筑、振捣、养护 5. 变形缝填塞
010507003	电缆沟、地沟	1. 土壤类别 2. 沟截面净空尺寸 3. 垫层材料种类、厚度 4. 混凝土种类 5. 混凝土强度等级 6. 防护材料种类	m	按设计图示以中心线长度计算	1. 挖填、运土石方 2. 铺设垫层 3. 模板及支撑制作、安装、拆除、堆放、运输及清理模内杂物、刷隔离剂等 4. 混凝土制作、运输、浇筑、振捣、养护 5. 刷防护材料
010507004	台阶	1. 踏步高、宽 2. 混凝土种类 3. 混凝土强度等级	1. m^2 2. m^3	1. 以平方米计量，按设计图示尺寸水平投影面积计算 2. 以立方米计量，按设计图示尺寸以体积计算	1. 模板及支架制作、安装、拆除、堆放、运输及清理模内杂物、刷隔离剂等 2. 混凝土制作、运输、浇筑、振捣、养护
010507005	扶手、压顶	1. 断面尺寸 2. 混凝土种类 3. 混凝土强度等级	1. m 2. m^3	1. 以米计量，按设计图示的中心线延长米计算 2. 以立方米计量，按设计图示尺寸以体积计算	1. 模板及支架(撑)制作、安装、拆除、堆放、运输及清理模内杂物、刷隔离剂等 2. 混凝土制作、运输、浇筑、振捣、养护
010507006	化粪池、检查井	1. 部位 2. 混凝土强度等级 3. 防水、抗渗要求	1. m^3 2. 座	1. 按设计图示尺寸以体积计算 2. 以座计量，按设计图示数量计算	
010507007	其他构件	1. 构件的类型 2. 构件规格 3. 部位 4. 混凝土种类 5. 混凝土强度等级			

二、清单工程量计算

计算实例1 散水、坡道

某广场外坡道,如图1-5-31所示,计算该坡道工程量。

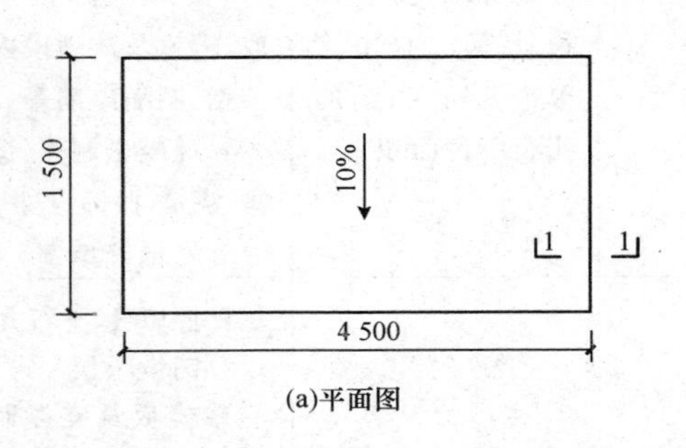

(a)平面图

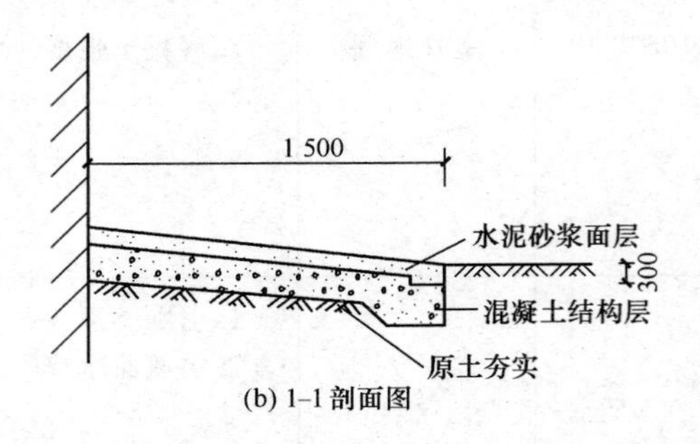

(b) 1-1剖面图

图1-5-31 坡道示意图(单位:mm)

工程量计算过程及结果

坡道的工程量=1.5×4.5=6.75 m²

计算实例2 电缆沟、地沟

某现浇地沟,如图1-5-32所示,计算该地沟工程量。

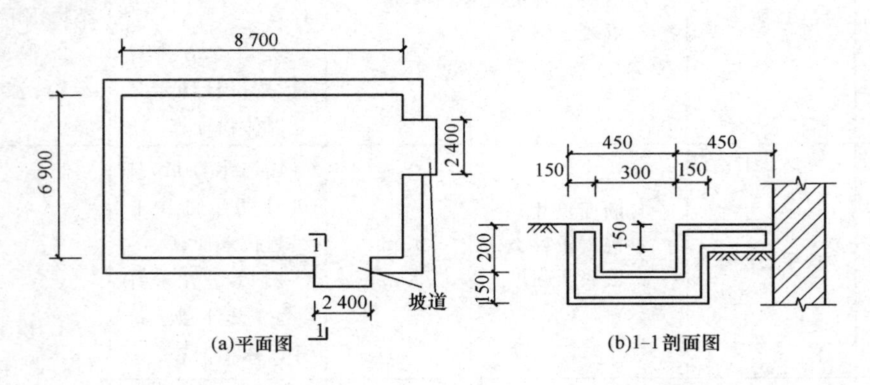

图1-5-32 现浇地沟示意图(单位:mm)

工程量计算过程及结果

地沟的工程量=(8.7+0.45×2+6.9+0.45×2)×2-2.4×2=30.00 m

计算实例3 其他构件

例1 某钢筋混凝土檩条,如图1-5-33所示,计算该钢筋混凝土檩条工程量。(按设计图示尺寸以体积计算)

工程量计算过程及结果

檩条的工程量＝0.45×0.55×3.3＝0.82 m^3

例 2　某钢筋混凝土门框，如图 1-5-34 所示，计算该现浇钢筋混凝土门框工程量。(按设计图示尺寸以体积计算)

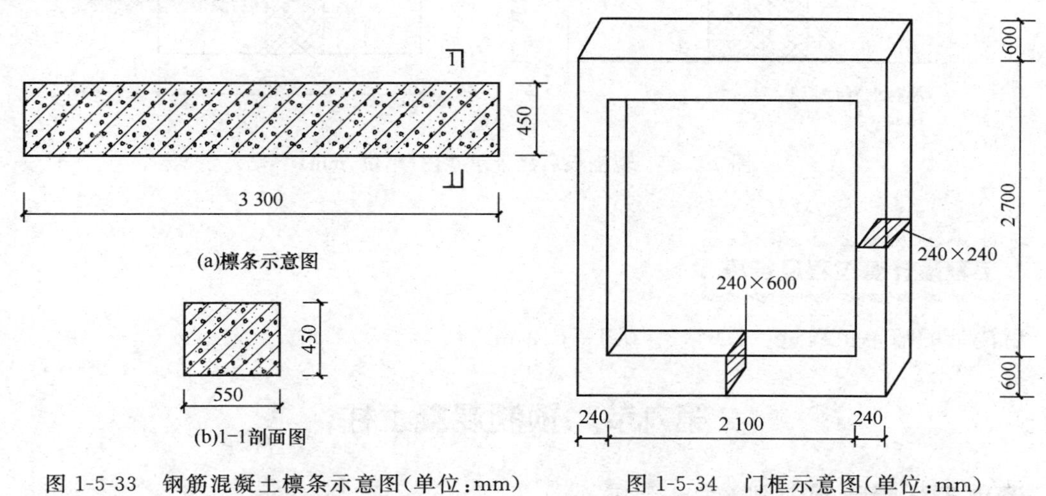

图 1-5-33　钢筋混凝土檩条示意图(单位:mm)　　图 1-5-34　门框示意图(单位:mm)

工程量计算过程及结果

门框的工程量＝0.24×0.24×2.7×2＋0.24×0.6×(2.1＋0.24×2)×2＝1.05 m^3

第八节　后浇带

一、清单工程量计算规则(表 1-5-8)

表 1-5-8　后浇带工程量计算规则

项目编码	项目名称	项目特征	计量单位	工程量计算规则	工程内容
010508001	后浇带	1. 混凝土种类 2. 混凝土强度等级	m^3	按设计图示尺寸以体积计算	1. 模板及支架(撑)制作、安装、拆除、堆放、运输及清理模内杂物、刷隔离剂等 2. 混凝土制作、运输、浇筑、振捣、养护及混凝土交接面、钢筋等的清理

二、清单工程量计算

计算实例　后浇带

图 1-6-35 为现浇钢筋混凝土的后浇带示意图，计算现浇板的后浇带的工程量(板的长度

为 6 m，宽度为 3 m，厚度为 100 mm）。

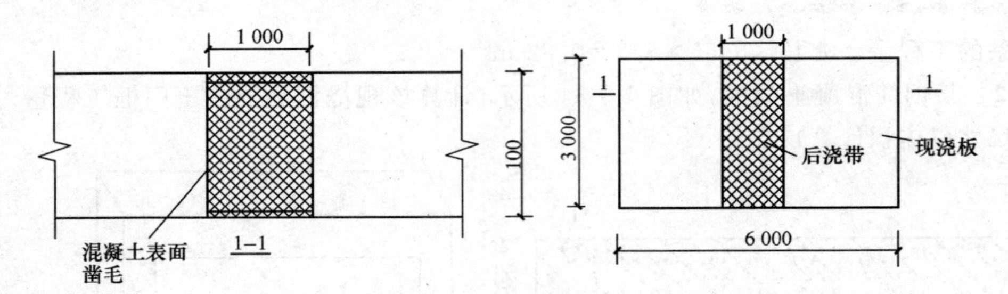

图 1-6-35　现浇板后浇带示意图（单位：mm）

后浇带的清单工程量＝1.0×3×0.1＝0.3 m^3

第九节　预制混凝土柱

清单工程量计算规则（表 1-5-9）

表 1-5-9　预制混凝土柱工程量计算规则

项目编码	项目名称	项目特征	计量单位	工程量计算规则	工程内容
010509001	矩形柱	1. 图代号 2. 单件体积 3. 安装高度 4. 混凝土强度等级 5. 砂浆（细石混凝土）强度等级、配合比	1. m^3 2. 根	1. 以立方米计量，按设计图示尺寸以体积计算 2. 以根计量，按设计图示尺寸以数量计算	1. 模板制作、安装、拆除、堆放、运输及清理模内杂物、刷隔离剂等 2. 混凝土制作、运输、浇筑、振捣、养护 3. 构件运输、安装 4. 砂浆制作、运输 5. 接头灌缝、养护
010509002	异形柱				

计算实例　矩形柱

某工程采用 10 根预制混凝土矩形柱，柱高 3 000 mm，矩形柱截面宽 300 mm，长 500 mm，计算预制矩形柱的工程量。（按设计图示尺寸以体积计算）

工程量计算过程及结果

预制矩形柱的工程量＝3×0.3×0.5×10＝4.5 m^3

第十节　预制混凝土梁

一、清单工程量计算规则(表 1-5-10)

表 1-5-10　预制混凝土梁工程量计算规则

项目编码	项目名称	项目特征	计量单位	工程量计算规则	工程内容
01051001	矩形梁	1. 图代号 2. 单件体积 3. 安装高度 4. 混凝土强度等级 5. 砂浆(细石混凝土)强度等级、配合比	1. m^3 2. 根	1. 以立方米计量,按设计图示尺寸以体积计算 2. 以根计量,按设计图示尺寸以数量计算	1. 模板制作、安装、拆除、堆放、运输及清理模内杂物、刷隔离剂等 2. 混凝土制作、运输、浇筑、振捣、养护 3. 构件运输、安装 4. 砂浆制作、运输 5. 接头灌缝、养护
01051002	异形梁				
01051003	过梁				
01051004	拱形梁				
01051005	鱼腹式吊车梁				
01051006	其他梁				

二、清单工程量计算

计算实例 1　矩形梁

某预制混凝土矩形梁,如图 1-5-36 所示,计算该矩形梁工程量。(按设计图示尺寸以体积计算)

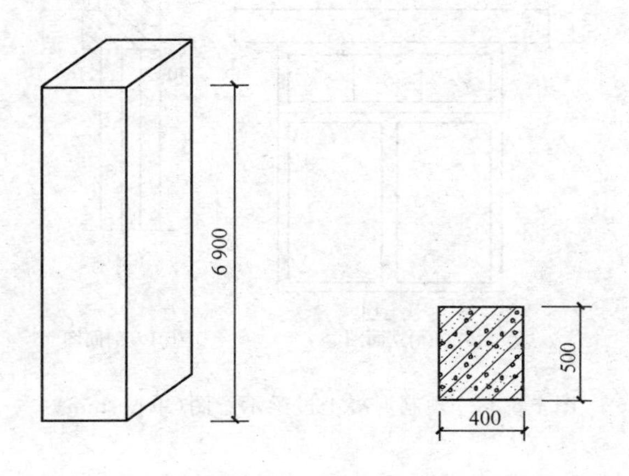

图 1-5-36　预制混凝土矩形梁示意图(单位:mm)

工程量计算过程及结果

矩形梁的工程量＝0.4×0.5×6.9＝1.38 m^3

计算实例 2　异形梁

某预制混凝土 T 形吊车梁，如图 1-5-37 所示，计算该 T 形梁的工程量。（按设计图示尺寸以体积计算）

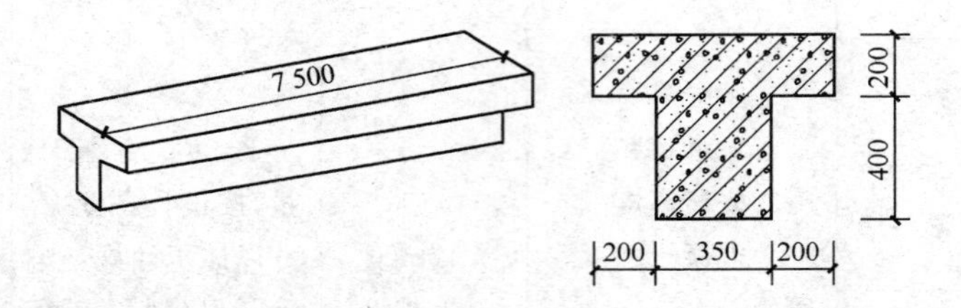

图 1-5-37　预制混凝土 T 形吊车梁示意图（单位：mm）

工程量计算过程及结果

T 形梁的工程量＝[0.2×(0.2＋0.35＋0.2)＋0.35×0.4] ×7.5＝2.18 m^3

计算实例 3　过梁

某预制混凝土过梁，如图 1-5-38 所示，计算该过梁工程量。（按设计图示尺寸以体积计算）

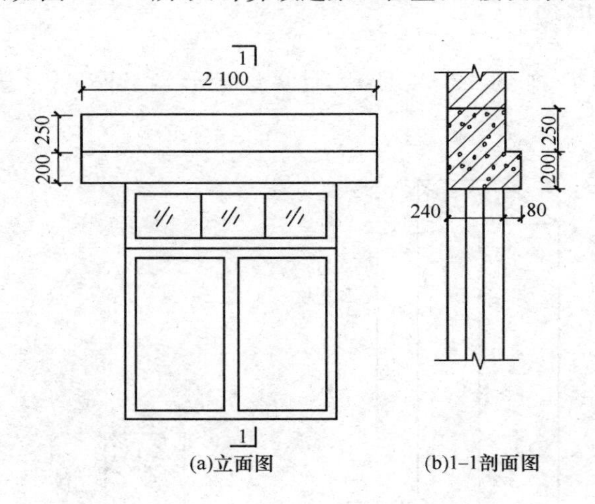

图 1-5-38　预制混凝土过梁示意图（单位：mm）

工程量计算过程及结果

过梁的工程量＝[0.25×0.24＋0.2×(0.24＋0.08)]×2.1＝0.26 m^3

第十一节 预制混凝土屋架

一、清单工程量计算规则(表 1-5-11)

表 1-5-11 预制混凝土屋架工程量计算规则

项目编码	项目名称	项目特征	计量单位	工程量计算规则	工程内容
010511001	折线型	1. 图代号 2. 单件体积 3. 安装高度 4. 混凝土强度等级 5. 砂浆(细石混凝土)强度等级、配合比	1. m^3 2. 榀	1. 以立方米计量,按设计图示尺寸以体积计算 2. 以榀计量,按设计图示尺寸以数量计算	1. 模板制作、安装、拆除、堆放、运输及清理模内杂物、刷隔离剂等 2. 混凝土制作、运输、浇筑、振捣、养护 3. 构件运输、安装 4. 砂浆制作、运输 5. 接头灌缝、养护
010511002	组合				
010511003	薄腹				
010511004	门式刚架				
010511005	天窗架				

二、清单工程量计算

计算实例 1 折线型

某预制混凝土折线型屋架,如图 1-5-39 所示,计算该屋架的工程量。(按设计图示尺寸以体积计算)

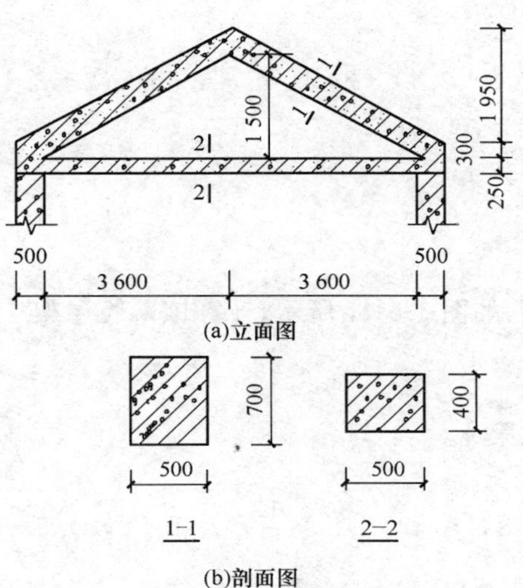

图 1-5-39 预制混凝土折线型屋架示意图(单位:mm)

工程量计算过程及结果

屋架的工程量 $=0.5\times0.4\times(3.6\times2+0.5\times2)+\frac{1}{2}\times(3.6+0.5)\times1.95\times0.7\times2-\frac{1}{2}\times3.6\times1.5\times0.7\times2$

$=11.02\ m^3$

计算实例 2 组合

某预制组合屋架，如图 1-5-40 所示，计算该组合屋架工程量。（按设计图示尺寸以体积计算）

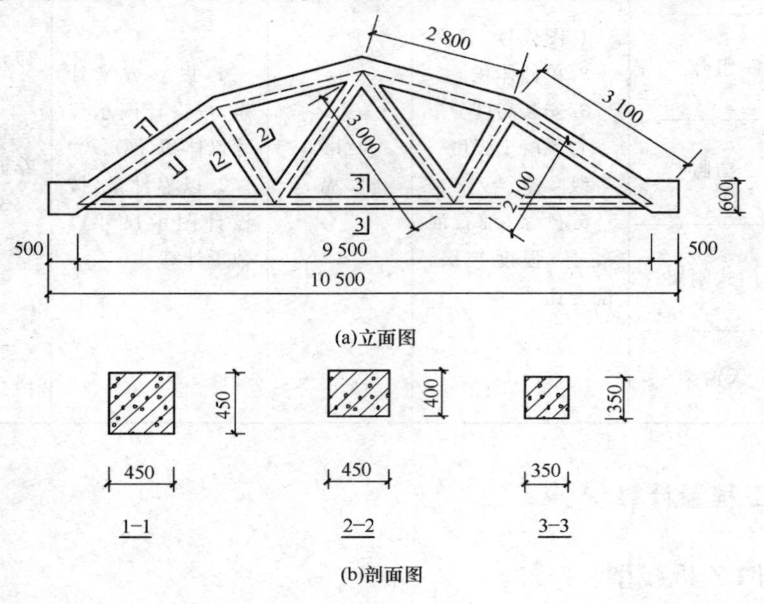

图 1-5-40 预制组合屋架示意图(单位:mm)

工程量计算过程及结果

组合屋架的工程量 $=(2.8+3.1)\times2\times0.45\times0.45+(3+2.1)\times2\times0.45\times0.4+10.5\times0.35\times0.35$

$=5.52\ m^3$

计算实例 3 薄腹

某预制混凝土薄腹屋架，如图 1-5-41 所示，计算该薄腹屋架工程量。（按设计图示尺寸以体积计算）

工程量计算过程及结果

薄腹屋架的工程量 $=7.8\times0.4\times0.5+\frac{1}{2}\times7.8\times1\times0.5-\frac{1}{2}\times2.4\times(1+0.05\times2+0.8-0.15\times2)\times2\times0.1\times2$

$=2.74\ m^3$

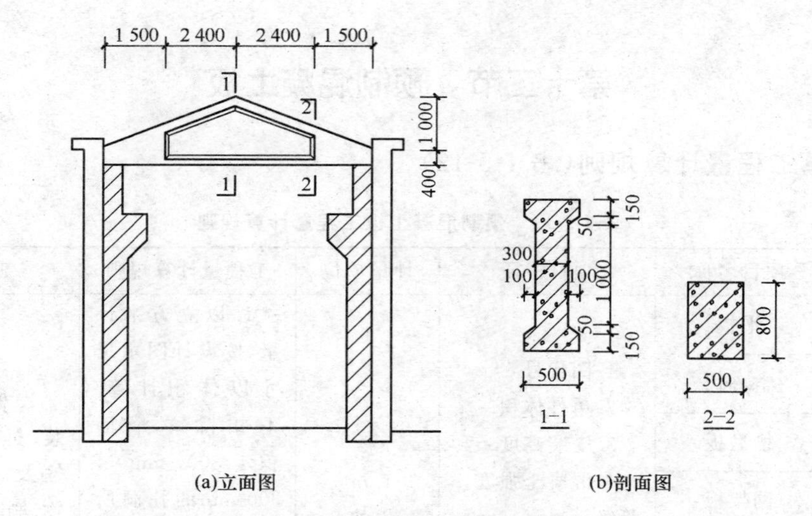

图 1-5-41 预制混凝土薄腹屋架示意图(单位:mm)

计算实例 4 门式刚架

某预制门式刚架屋架,如图 1-5-42 所示,计算门式刚架屋架工程量。(按设计图示尺寸以体积计算)

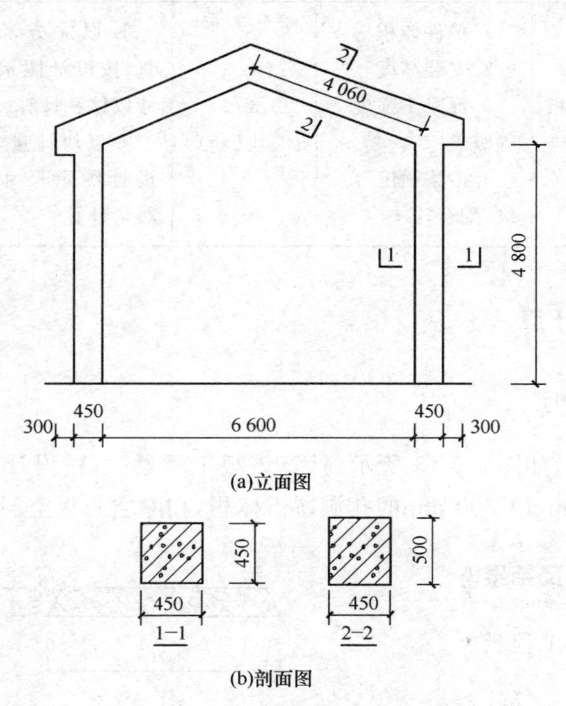

图 1-5-42 预制门式刚架屋架示意图(单位:mm)

工程量计算过程及结果

门式刚架屋架的工程量 $=0.45\times0.45\times4.8\times2+0.45\times0.5\times4.06\times2$

$=3.77\ \text{m}^3$

第十二节 预制混凝土板

一、清单工程量计算规则(表 1-5-12)

表 1-5-12 预制混凝土板工程量计算规则

项目编码	项目名称	项目特征	计量单位	工程量计算规则	工程内容
010512001	平板	1. 图代号 2. 单件体积 3. 安装高度 4. 混凝土强度等级 5. 砂浆(细石混凝土)强度等级、配合比	1. m^3 2. 块	1. 以立方米计量,按设计图示尺寸以体积计算。不扣除单个面积≤300 mm×300 mm的孔洞所占体积,扣除空心板空洞体积 2. 以块计量,按设计图示尺寸以数量计算	1. 模板制作、安装、拆除、堆放、运输及清理模内杂物、刷隔离剂等 2. 混凝土制作、运输、浇筑、振捣、养护 3. 构件运输、安装 4. 砂浆制作、运输 5. 接头灌缝、养护
010512002	空心板				
010512003	槽型板				
010512004	网架板				
010512005	折线板				
010512006	带肋板				
010512007	大型板				
010512008	沟盖板、井盖板、井圈	1. 单件体积 2. 安装高度 3. 混凝土强度等级 4. 砂浆强度等级、配合比	1. m^3 2. 块(套)	1. 以立方米计量,按设计图示尺寸以体积计算 2. 以块计量,按设计图示尺寸以数量计算	

二、清单工程量计算

计算实例 1 平板

某预制混凝土平板,如图 1-5-43 所示,计算该板工程量。(按设计图示尺寸以体积计算。不扣除单个面积≤300 mm×300 mm的孔洞所占体积,扣除空心板空洞体积)

工程量计算过程及结果

预制混凝土平板的工程量

$=(0.8+0.9)\times 0.1\times 2.5\times \frac{1}{2}$

$=0.21\ m^3$

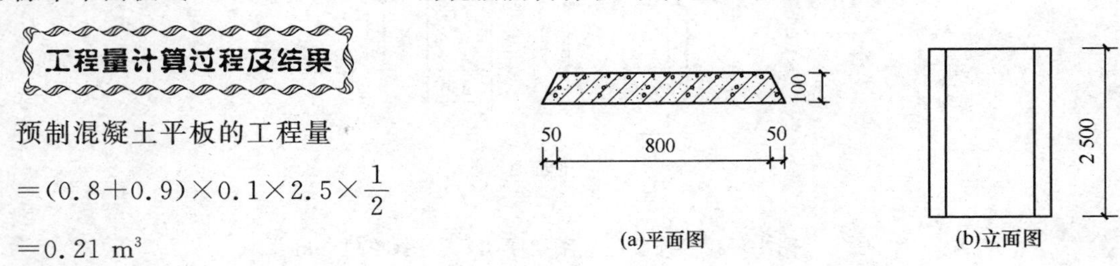

图 1-5-43 预制混凝土平板示意图(单位:mm)

计算实例 2 空心板

例 1 某预制空心板,如图 1-5-44 所示,计算该空心板工程量。(按设计图示尺寸以体积计算。不扣除单个面积≤300 mm×300 mm

的孔洞所占体积，扣除空心板空洞体积）

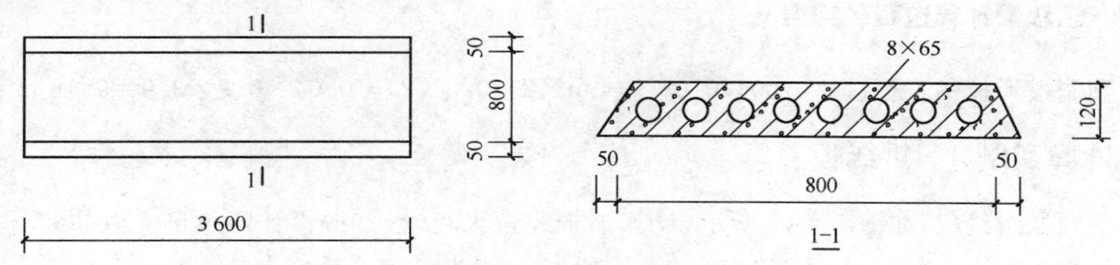

图 1-5-44　预制空心板示意图(单位：mm)

工程量计算过程及结果

$$预制空心板的工程量=\left[(0.8+0.9)\times\frac{1}{2}\times0.12-\frac{3.14}{4}\times0.065^2\times8\right]\times3.6=0.27\ m^3$$

例 2　某预制混凝土空心板，如图 1-5-45 所示，计算该板工程量。（按设计图示尺寸以体积计算。不扣除单个面积≤300 mm×300 mm的孔洞所占体积，扣除空心板空洞体积）

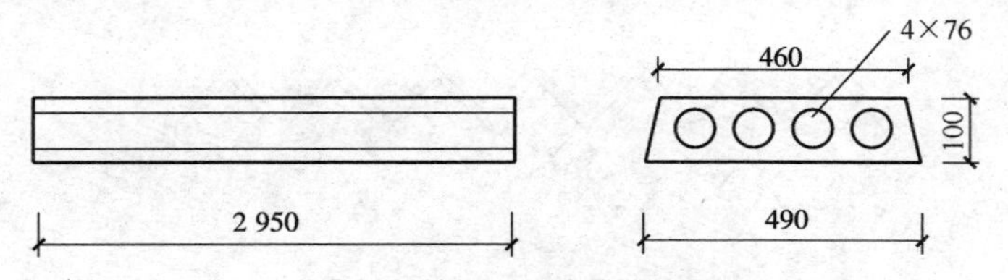

图 1-5-45　预应力空心板(单位：mm)

工程量计算过程及结果

预制混凝土空心板的工程量＝(外围断面面积－空洞面积)×设计图示长度

$$=\left(\frac{0.49+0.46}{2}\times0.1-3.14\times\frac{0.076^2}{4}\times4\right)\times2.95=0.09\ m^3$$

计算实例 3　槽形板

某预制槽形板，如图 1-5-46 所示，计算该槽形板工程量。（按设计图示尺寸以体积计算。不扣除单个面积≤300 mm×300 mm的孔洞所占体积，扣除空心板空洞体积）

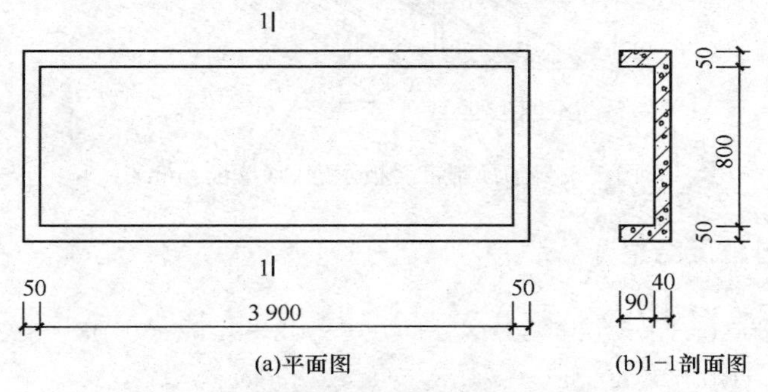

图 1-5-46　预制槽形板示意图(单位：mm)

工程量计算过程及结果

预制槽形板的工程量＝0.09×0.05×(4.0×2＋0.8×2)＋0.04×0.9×3.9＝0.18 m^3

计算实例 4　折线板

某预制折线板，如图 1-5-47 所示，计算该折线板工程量。（按设计图示尺寸以体积计算。不扣除单个面积≤300 mm×300 mm的孔洞所占体积，扣除空心板空洞体积）

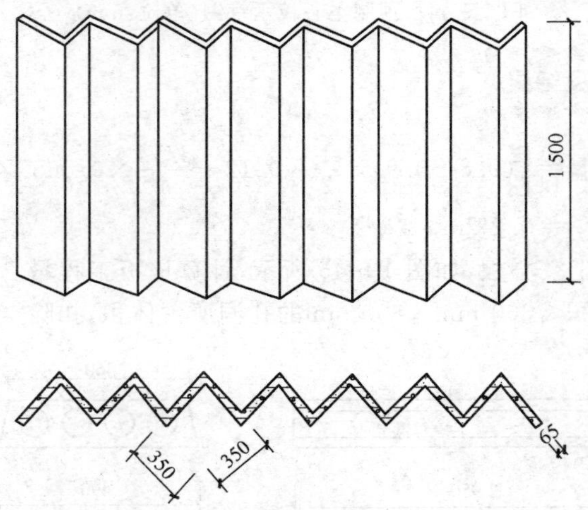

图 1-5-47　预制折线板示意图（单位：mm）

工程量计算过程及结果

折线板的工程量＝[(0.35－0.065)×14＋0.065]×0.065×1.5＝0.49 m^3

计算实例 5　带肋板

某预制带肋板（双 T 板），如图 1-5-48 所示，计算该板工程量。（按设计图示尺寸以体积计算。不扣除单个面积≤300 mm×300 mm的孔洞所占体积，扣除空心板空洞体积）

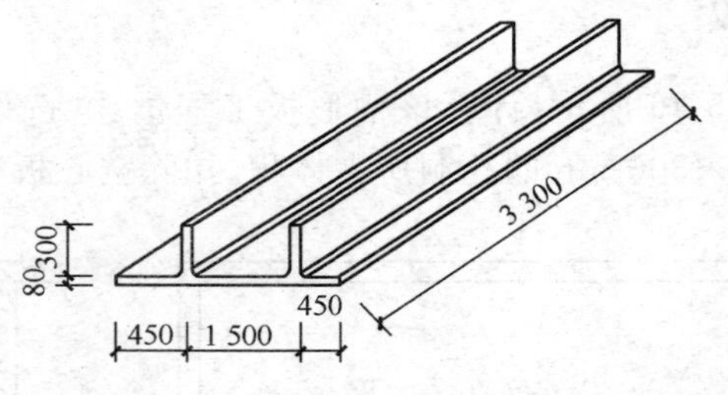

图 1-5-48　预制带肋板示意图（单位：mm）

工程量计算过程及结果

带肋板的工程量＝0.3×0.08×3.3×2＋(0.45×2＋1.5)×0.08×3.3
＝0.79 m^3

计算实例 6　沟盖板、井盖板、井圈

某预制混凝土井盖板，如图 1-5-49 所示，计算该井盖板工程量。（按设计图示尺寸以体积计算。不扣除单个面积≤300 mm×300 mm的孔洞所占体积，扣除空心板空洞体积）

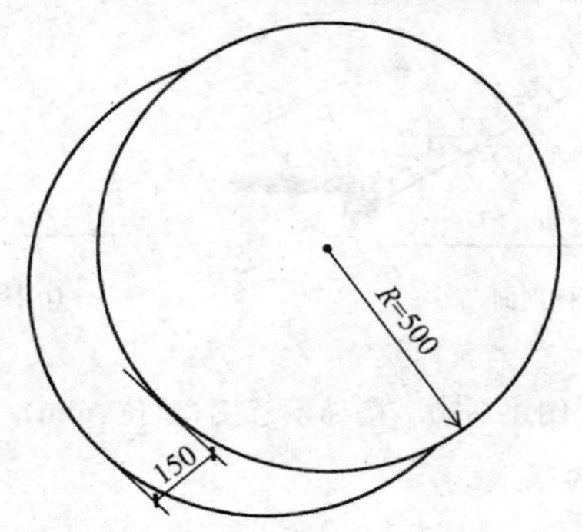

图 1-5-49　混凝土井盖板示意图（单位：mm）

工程量计算过程及结果

井盖板的工程量＝3.14×0.52×0.15＝0.12 m^3

第十三节　预制混凝土楼梯

一、清单工程量计算规则（表 1-5-13）

表 1-5-13　预制混凝土楼梯工程量计算规则

项目编码	项目名称	项目特征	计量单位	工程量计算规则	工程内容
010513001	楼梯	1. 楼梯类型 2. 单件体积 3. 混凝土强度等级 4. 砂浆（细石混凝土）强度等级	1. m^3 2. 段	1. 以立方米计量，按设计图示尺寸以体积计算。扣除空心踏步板空洞体积 2. 以段计量，按设计图示数量计算	1. 模板制作、安装、拆除、堆放、运输及清理模内杂物、刷隔离剂等 2. 混凝土制作、运输、浇筑、振捣、养护 3. 构件运输、安装 4. 砂浆制作、运输 5. 接头灌缝、养护

二、清单工程量计算

计算实例　楼梯

某楼梯梁示意图，如图 1-5-50 所示，计算该楼梯梁工程量。（按设计图示尺寸以体积计算，不扣除宽度≤500 mm的楼梯井，伸入墙内部分不计算）

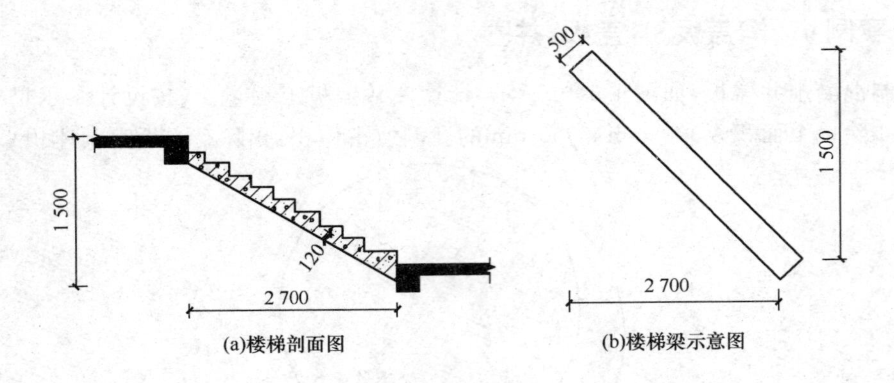

(a)楼梯剖面图　　(b)楼梯梁示意图

图 1-5-50　楼梯示意图(单位:mm)

工程量计算过程及结果

楼梯梁的工程量$=\sqrt{2.7^2+1.5^2}\times0.5\times0.12=0.19\ \mathrm{m}^3$

第十四节　其他预制构件

一、清单工程量计算规则(表 1-5-14)

表 1-5-14　其他预制构件工程量计算规则

项目编码	项目名称	项目特征	计量单位	工程量计算规则	工程内容
010514001	垃圾道、通风道、烟道	1. 单件体积 2. 混凝土强度等级 3. 砂浆强度等级	1. m^3 2. m^2 3. 根(块、套)	1. 以立方米计量,按设计图示尺寸以体积计算。不扣除单个面积≤300 mm×300 mm的孔洞所占体积,扣除烟道、垃圾道、通风道的孔洞所占体积 2. 以平方米计量,按设计图示尺寸以面积计算。不扣除单个面积≤300 mm×300 mm的孔洞所占面积 3. 以根计量,按设计图示尺寸以数量计算	1. 模板制作、安装、拆除、堆放、运输及清理模内杂物、刷隔离剂等 2. 混凝土制作、运输、浇筑、振捣、养护 3. 构件运输、安装 4. 砂浆制作、运输 5. 接头灌缝、养护
010514002	其他构件	1. 单件体积 2. 构件的类型 3. 混凝土强度等级 4. 砂浆强度等级			

二、清单工程量计算

计算实例 1　垃圾道、通风道、烟道

例 1　某工程通风道，如图 1-5-51 所示，计算该通风道工程量。（按设计图示尺寸以体积计算。不扣除单个面积≤300 mm×300 mm的孔洞所占体积，扣除烟道、垃圾道、通风道的孔洞所占体积）

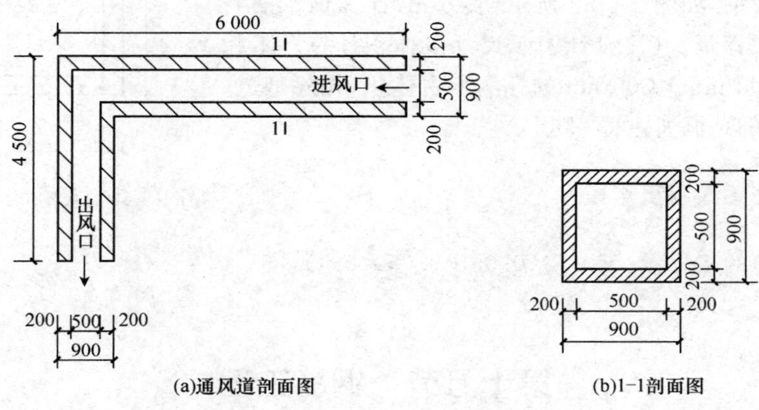

(a)通风道剖面图　(b)1-1剖面图

图 1-5-51　通风道示意图（单位：mm）

工程量计算过程及结果

$$通风道的工程量=(6+4.5-0.9)\times0.9\times0.9-\left(6-0.2\times2-\frac{0.5}{2}+4.5-\frac{0.5}{2}\right)\times0.5\times0.5=5.38\ m^3$$

例 2　某建筑烟道，如图 1-5-52 所示，计算该烟道工程量。（按设计图示尺寸以体积计算。不扣除单个面积≤300 mm×300 mm的孔洞所占体积，扣除烟道、垃圾道、通风道的孔洞所占体积）

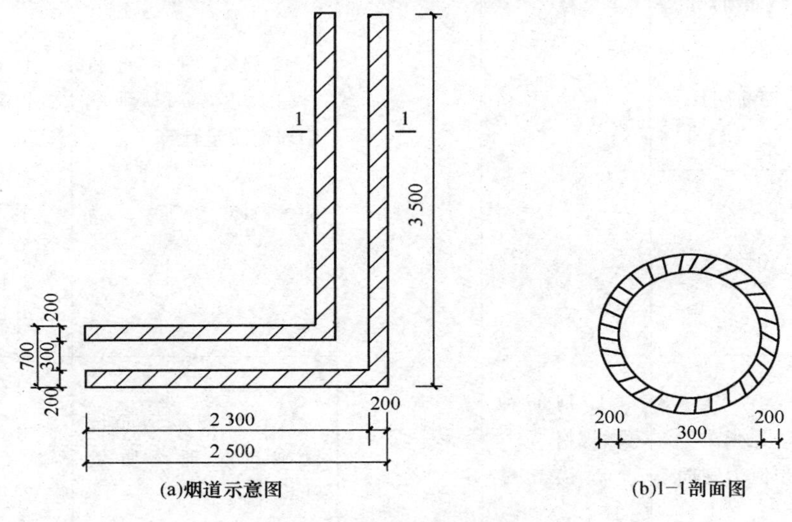

(a)烟道示意图　(b)1-1剖面图

图 1-5-52　烟道示意图（单位：mm）

工程量计算过程及结果

$$烟道的工程量=\left(\frac{0.7}{2}\right)^2\times3.14\times(2.5+3.5-0.7)-\left(\frac{0.3}{2}\right)^2\times3.14\times(2.5+3.5-0.2\times2-0.4)$$
$$=1.67\ m^3$$

计算实例 2　其他构件

某水磨石水槽，如图 1-5-53 所示，长 5 m，计算该水磨石水槽的混凝土工程量。（按设计图示尺寸以体积计算。不扣除单个面积≤300 mm×300 mm的孔洞所占体积，扣除烟道、垃圾道、通风道的孔洞所占体积）

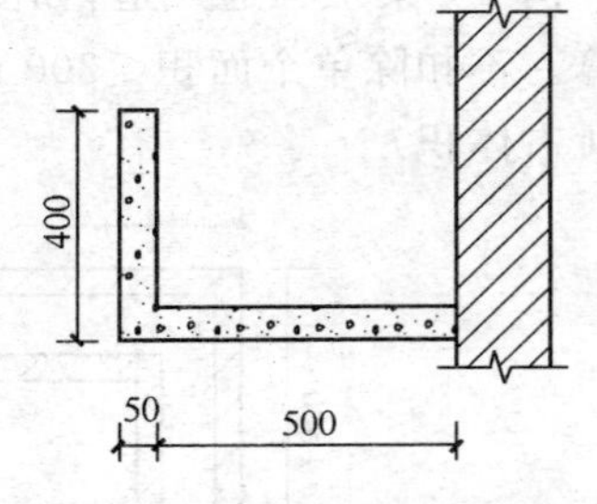

图 1-5-53　水槽立面图（单位：mm）

工程量计算过程及结果

$$水磨石水槽的工程量=(0.5\times0.05+0.05\times0.4)\times5$$
$$=0.23\ m^3$$

第十五节　钢筋工程

一、清单工程量计算规则（表 1-5-15）

表 1-5-15　钢筋工程工程量计算规则

项目编码	项目名称	项目特征	计量单位	工程量计算规则	工程内容
010515001	现浇构件钢筋	钢筋种类、规格	t	按设计图示钢筋（网）长度（面积）乘单位理论质量计算	1. 钢筋制作、运输 2. 钢筋安装 3. 焊接（绑扎）
010515002	预制构件钢筋				
010515003	钢筋网片				1. 钢筋网制作 2. 钢筋网安装 3. 焊接（绑扎）
010515004	钢筋笼				1. 钢筋笼制作、运输 2. 钢筋笼安装 3. 焊接（绑扎）
010515005	先张法预应力钢筋	1. 钢筋种类、规格 2. 锚具种类		按设计图示钢筋长度乘单位理论质量计算	1. 钢筋制作、运输 2. 钢筋张拉

续上表

项目编码	项目名称	项目特征	计量单位	工程量计算规则	工程内容
010515006	后张法预应力钢筋	1. 钢筋种类、规格 2. 钢丝种类、规格 3. 钢绞线种类、规格 4. 锚具种类 5. 砂浆强度等级	t	按设计图示钢筋(丝束、绞线)长度乘单位理论质量计算 1. 低合金钢筋两端均采用螺杆锚具时,钢筋长度按孔道长度减0.35 m计算,螺杆另行计算 2. 低合金钢筋一端采用镦头插片,另一端采用螺杆锚具时,钢筋长度按孔道长度计算,螺杆另行计算 3. 低合金钢筋一端采用镦头插片,另一端采用帮条锚具时,钢筋增加0.15 m计算;两端均采用帮条锚具时,钢筋长度按孔道长度增加0.3 m计算 4. 低合金钢筋采用后张混凝土自锚时,钢筋长度按孔道长度增加0.35 m计算 5. 低合金钢筋(钢绞线)采用JM、XM、QM型锚具,孔道长度≤20 m时,钢筋长度增加1 m计算,孔道长度>20 m时,钢筋长度增加1.8 m计算 6. 碳素钢丝采用锥形锚具,孔道长度≤20 m时,钢丝束长度按孔道长度增加1 m计算,孔道长度>20 m时,钢丝束长度按孔道长度增加1.8 m计算 7. 碳素钢丝采用镦头锚具时,钢丝束长度按孔道长度增加0.35 m计算	1. 钢筋、钢丝、钢绞线制作、运输 2. 钢筋、钢丝、钢绞线安装 3. 预埋管孔道铺设 4. 锚具安装 5. 砂浆制作、运输 6. 孔道压浆、养护
010515007	预应力钢丝				
010515008	预应力钢绞线				

续上表

项目编码	项目名称	项目特征	计量单位	工程量计算规则	工程内容
010515009	支撑钢筋（铁马）	1. 材质 2. 规格型号	t	按钢筋长度乘单位理论质量计算	钢筋制作、焊接、安装
010515010	声测管	1. 钢筋种类 2. 规格	t	按设计图示尺寸以质量计算	1. 检测管截断、封头 2. 套管制作、焊接 3. 定位、固定

二、清单工程量计算

计算实例 1　现浇构件钢筋

某矩形梁，如图 1-5-54 所示，计算现浇构件钢筋的工程量（梁截面尺寸为 240 mm×500 mm）。

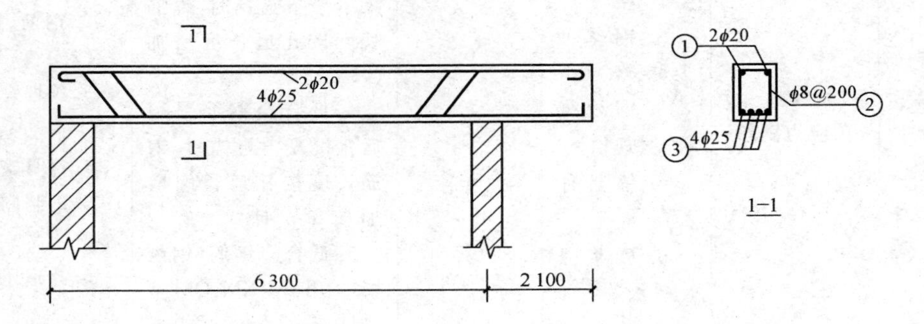

图 1-5-54　矩形梁钢筋（单位：mm）

工程量计算过程及结果

①号钢筋 2ϕ20（单位理论质量为 2.47 kg）

工程量＝(6.3＋2.1－0.025×2＋6.25×0.02×2)×2×2.47
　　＝42.484 kg＝0.042 t

②号钢筋 ϕ8@200（单位理论质量为 0.395 kg）

根数＝$\dfrac{6.3+2.1-0.025\times2}{0.2}+1=43$ 根

单根长度＝(0.24＋0.5)×2－0.025×8－8×0.008－3×1.75×0.008＋2×1.9×0.008＋2×10×0.008
　　＝1.36 m

工程量＝43×1.36×0.395＝23.10 kg＝0.023 t

③号钢筋 4ϕ25(单位理论质量为 3.85 kg)

工程量=(6.3+2.1−0.025×2−2×1.75×0.025+10×0.025)×4×3.85

=131.054 kg=0.131 t

计算实例 2　预制构件钢筋

某混凝土槽形板,如图 1-5-55 所示,计算预制钢筋混凝土槽形板的钢筋工程量。

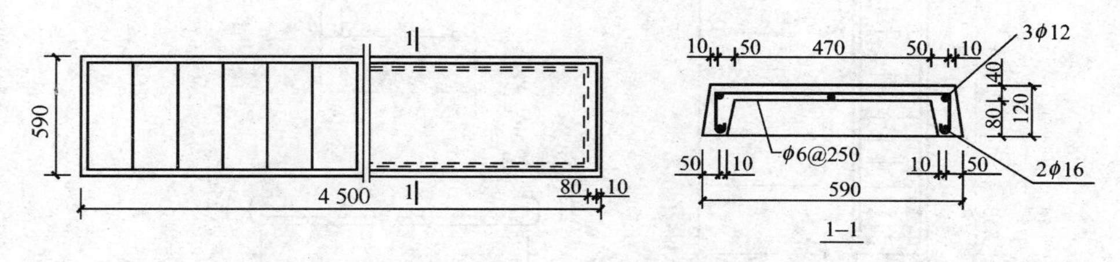

图 1-5-55　混凝土槽形板的钢筋(单位:mm)

工程量计算过程及结果

(1)2ϕ16(单位理论质量为 1.58 kg)

工程量=(4.5−0.01×2+6.25×0.016×2)×2×1.58=14.79 kg=0.015 t

(2)3ϕ12(单位理论质量为 0.888 kg)

工程量=(4.5−0.01×2+6.25×0.012×2)×3×0.888=12.33 kg=0.012 t

(3)ϕ6@200(单位理论质量为 0.222 kg)

根数$=\dfrac{4.5-0.01\times 2}{0.25}+1=19$ 根

单根长度=(0.12−0.01×2)+(0.59−0.01×2)+6.25×0.006×2=0.745 m

工程量=0.745×19×0.222=3.14 kg=0.003 t

计算实例 3　钢筋笼

某钢筋笼钢筋,如图 1-5-56 所示,在成孔完毕后,灌注混凝土之前,将绑扎好的钢筋笼放入孔内,计算钢筋笼钢筋工程量(共 80 根桩)。

工程量计算过程及结果

(1)8ϕ16 纵筋(单位理论质量为 1.58 kg)

工程量=(0.85+7.75+1+1.05+0.3−0.025×2+6.25×0.016×2)×8×60×1.58

=7 659.84 kg=7.660 t

(2)ϕ8 箍筋(单位理论质量为 0.395 kg)

单根长度=3.14×(0.4−0.015×2)+0.05+2=1.26 m

ϕ8@100 箍筋根数$=\dfrac{1.05+0.3-0.025}{0.1}+1+\dfrac{0.85-0.025}{0.1}+1=24$ 根

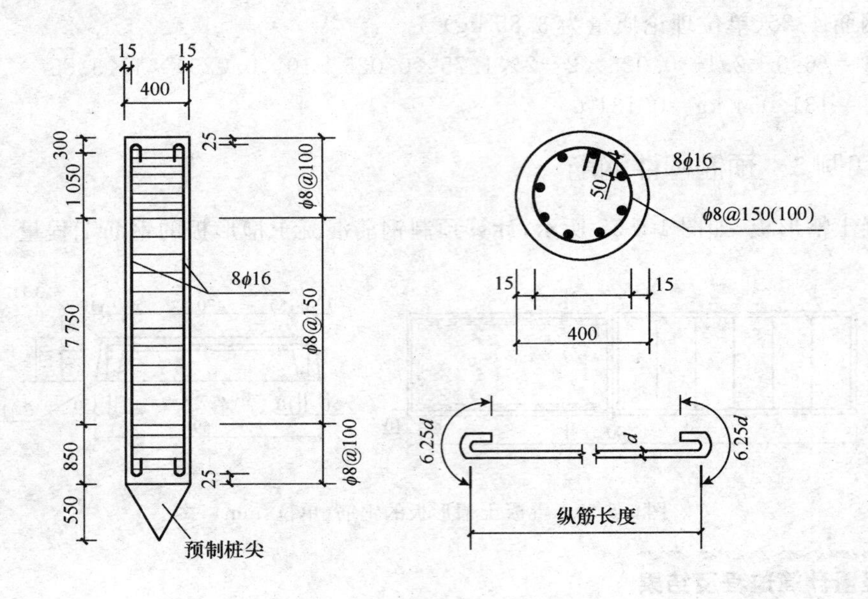

图 1-5-56　钢筋笼钢筋(单位:mm)

ϕ8@150 箍筋根数$=\frac{7.75}{0.15}=52$(根)

工程量＝1.26×(24＋52)×60×0.395＝2 269.51 kg＝2.270 t

计算实例 4　后张法预应力钢筋

某后张预应力吊车梁,如图 1-5-57 所示,下部后张预应力钢筋用 XM 型锚具,计算后张预应力钢筋的工程量。

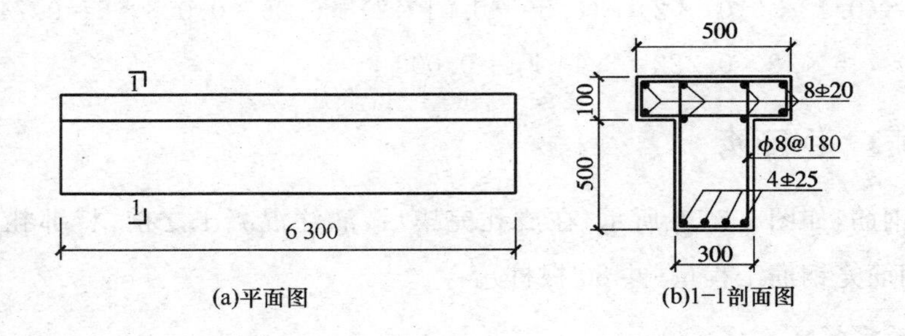

图 1-5-57　后张预应力吊车梁(单位:mm)

工程量计算过程及结果

后张预应力钢筋(4 ⌀ 25,单位理论质量为 3.85 kg)

后张法预应力钢筋(XM 型锚具)的工程量＝(设计图示钢筋长度＋增加长度)×单位理论质量＝(6.3＋1.00)×4×3.85＝112.42 kg＝0.112 t

第十六节　螺栓、铁件

一、清单工程量计算规则(表 1-5-16)

表 1-5-16　螺栓、铁件工程量计算规则

项目编码	项目名称	项目特征	计量单位	工程量计算规则	工程内容
010516001	螺栓	1. 螺栓种类 2. 规格	t	按设计图示尺寸以质量计算	1. 螺栓、铁件制作、运输 2. 螺栓、铁件安装
010516002	预埋铁件	1. 钢材种类 2 规格 3. 铁件尺寸			
010516003	机械连接	1. 连接方式 2. 螺纹套筒种类 3. 规格	个	按数量计算	1. 钢筋套丝 2. 套筒连接

二、清单工程量计算

计算实例 1　螺栓

例 1　某螺栓示意图，如图 1-5-58 所示，计算 80 个螺栓工程量。

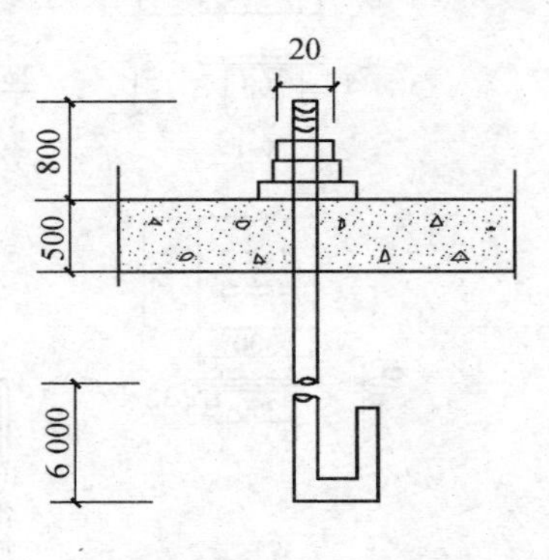

图 1-5-58　螺栓示意图(单位：mm)

工程量计算过程及结果

螺栓的工程量＝20×20×0.006 17×0.8×80＝157.952 kg＝0.158 t

例 2　某六角螺栓，如图 1-5-59 所示，螺栓 2 800 个，每个 0.33 kg，计算该螺栓工程量。

图 1-5-59　六角螺栓

工程量计算过程及结果

螺栓的工程量＝0.33×2 800＝924 kg＝0.924 t

计算实例 2　预埋铁件

例 1　某预制柱的预埋铁件，如图 1-5-60 所示，共 7 根，计算该预埋铁件工程量。（钢板密度 ρ＝ 78.5 kg/m^2，ϕ12 钢筋密度 ρ＝0.888 kg/m，ϕ18 钢筋密度 ρ＝2.000 kg/m）

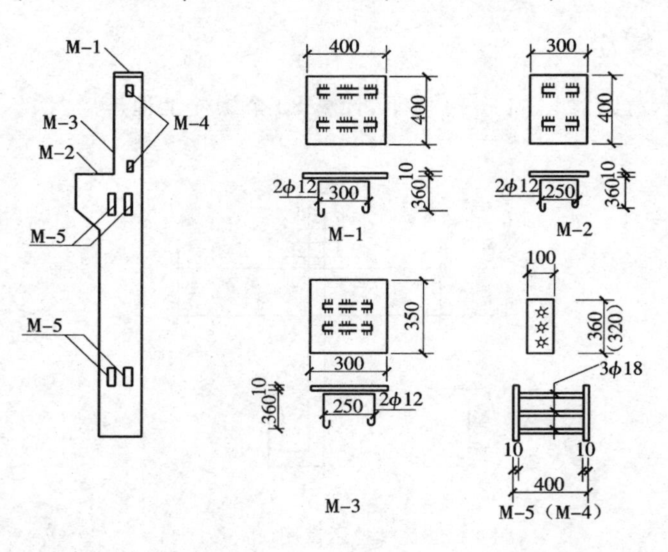

图 1-5-60　钢筋混凝土预制柱预埋件（单位：mm）

工程量计算过程及结果

钢板密度（ρ＝78.5 kg/m^2）

M-1：0.4×0.4×78.5＝12.65 kg

M-2：0.3×0.4×78.5＝9.42 kg

M-3：0.3×0.35×78.5＝8.24 kg

M-4：2×0.1×0.32×2×78.5＝10.05 kg

M-5：4×0.1×0.36×2×78.5＝22.61 kg

预埋铁件的工程量＝(12.65＋9.42＋8.24＋10.05＋22.61)×7＝440.79 kg＝0.441 t

ϕ12 钢筋(ρ＝0.888 kg/m)

M-1：2×(0.3＋0.36×2＋0.012×6.25×2)×0.888＝2.08 kg

M-2：2×(0.25＋0.36×2＋0.012×6.25×2)×0.888＝1.99 kg

M-3：2×(0.25＋0.36×2＋0.012×6.25×2)×0.888＝1.99 kg

预埋铁件的工程量＝(2.08＋1.99＋1.99)×7＝42.42(kg)＝0.042 t

ϕ18 钢筋(ρ＝2.000 kg/m)

M-4：2×3×(0.4－0.01×2)×2.000＝4.56 kg

M-5：4×3×(0.4－0.01×2)×2.000＝9.12 kg

预埋铁件的工程量＝(4.56＋9.12)×7＝95.76 kg＝0.096 t

例 2　某楼梯栏杆预埋件，如图 1-5-61 所示，其埋入 60 mm×60 mm×8 mm 方铁，共 1 200个，计算预埋件的工程量。

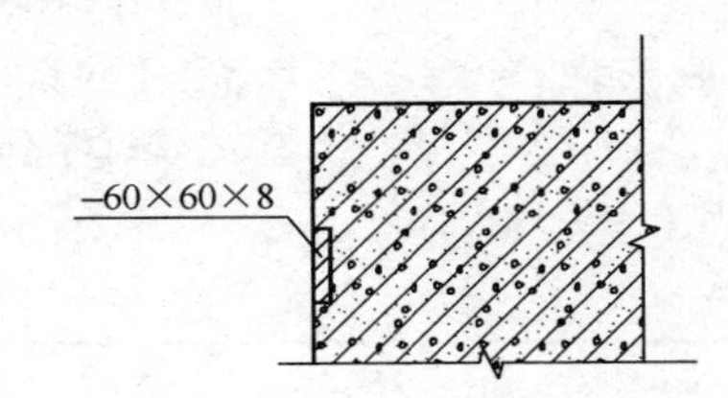

图 1-5-61　楼梯栏杆预埋件示意图(单位：mm)

工程量计算过程及结果

预埋铁件的工程量＝(0.060×0.060×0.008)×7.8×10³×1 200＝269.568 kg＝0.270 t

第六章　金属结构工程

第一节　钢网架

一、清单工程量计算规则(表 1-6-1)

表 1-6-1　钢网架工程量计算规则

项目编码	项目名称	项目特征	计量单位	工程量计算规则	工程内容
010601001	钢网架	1.钢材品种、规格 2.网架节点形式、连接方式 3.网架跨度、安装高度 4.探伤要求 5.防火要求	t	按设计图示尺寸以质量计算。不扣除孔眼的质量,焊条、铆钉等不另增加质量	1.拼装 2.安装 3.探伤 4.补刷油漆

二、清单工程量计算

计算实例　钢网架

如图 1-6-1 所示的钢网架结构,计算钢网架的工程量(8 mm 厚钢板的理论质量为 62.8 kg/m²,6 mm 厚钢板的理论质量为 47.1 kg/m²)。

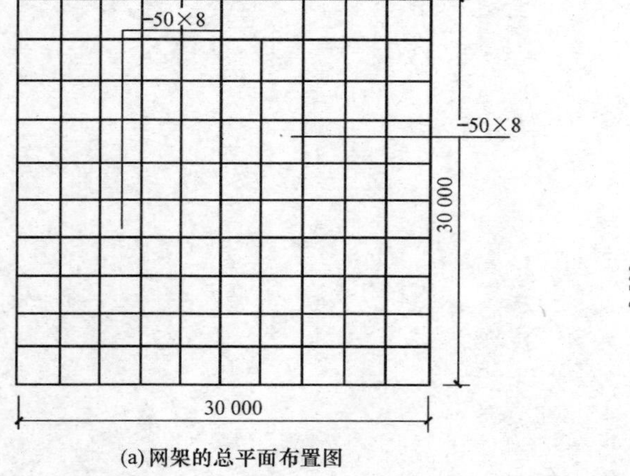

(a)网架的总平面布置图　(b)每个网格的正面及侧立面图

图 1-6-1　钢网架示意图(单位:mm)

工程量计算过程及结果

横向上下弦杆件工程量$=62.8\times0.05\times30\times2\times11=2\,072.4\approx2.072$ t

横向腹杆工程量$=47.1\times0.05\times[(\sqrt{5^2+3^2}+2.5+\sqrt{2.5^2+1.5^2})\times10+5\times11]\times10$

$=3\,944.63$ kg≈3.945 t

纵向上下弦杆件工程量$=62.8\times0.05\times30\times2\times11=2\,072.4\approx2.072$ t

纵向腹杆工程量$=47.1\times0.05\times[(\sqrt{5^2+3^2}+2.5+\sqrt{2.5^2+1.5^2})\times10+5\times11]\times10$

$=3\,944.63$ kg≈3.945 t

钢网架的工程量$=2.072+3.945+2.072+3.945=12.034$ t

第二节　钢屋架、钢托架、钢桁架、钢架桥

一、清单工程量计算规则(表 1-6-2)

表 1-6-2　钢屋架、钢托架、钢桁架、钢架桥工程量计算规则

项目编码	项目名称	项目特征	计量单位	工程量计算规则	工程内容
010602001	钢屋架	1.钢材品种、规格 2.单榀质量 3.屋架跨度、安装高度 4.螺栓种类 5.探伤要求 6.防火要求	1.榀 2.t	1.以榀计量,按设计图示数量计算 2.以吨计量,按设计图示尺寸以质量计算。不扣除孔眼的质量,焊条、铆钉、螺栓等不另增加质量	1.拼装 2.安装 3.探伤 4.补刷油漆
010602002	钢托架	1.钢材品种、规格 2.单榀质量 3.安装高度 4.螺栓种类 5.探伤要求 6.防火要求	t	按设计图示尺寸以质量计算。不扣除孔眼的质量,焊条、铆钉、螺栓等不另增加质量	
010602003	钢桁架				
010602004	钢架桥	1.桥类型 2.钢材品种、规格 3.单榀质量 4.安装高度 5.螺栓种类 6.探伤要求			

二、清单工程量计算

计算实例 1 钢屋架

某工程钢屋架，如图 1-6-2 所示(上弦钢材单位理论质量为 7.398 kg，下弦钢材单位理论质量为 1.58 kg，立杆钢材、斜撑钢材和檩托钢材单位理论为 3.77 kg，连接板单位理论质量为 62.8 kg)，计算钢屋架工程量。(按设计图示尺寸以质量计算，不扣除孔眼的质量，焊条、铆钉、螺栓等不另增加质量)

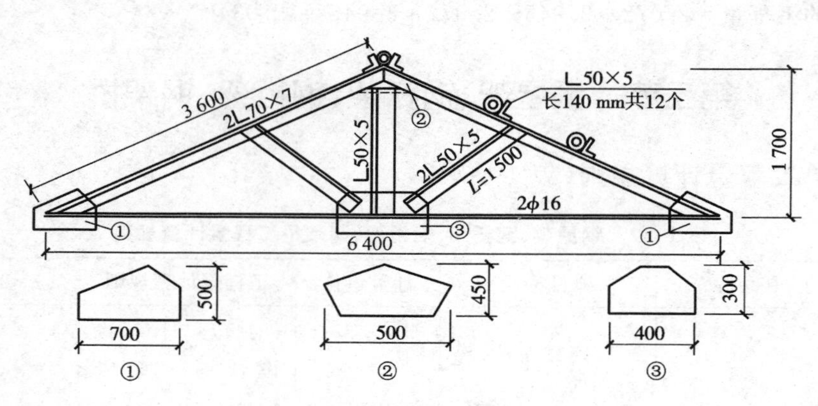

图 1-6-2 钢屋架(单位：mm)

工程量计算过程及结果

杆件质量＝杆件设计图示长度×单位理论质量

上弦质量＝3.60×2×2×7.398＝106.53 kg

下弦质量＝6.4×2×1.58＝20.22 kg

立杆质量＝1.70×3.77＝6.41 kg

斜撑质量＝1.50×2×2×3.77＝22.62 kg

檩托质量＝0.14×12×3.77＝6.33 kg

多边形钢板质量＝最大对角线长度×最大宽度×面密度

①号连接板质量＝0.7×0.5×2×62.80＝43.96 kg

②号连接板质量＝0.5×0.45×62.80＝14.13 kg

③号连接板质量＝0.4×0.3×62.80＝7.54 kg

钢屋架的工程量＝106.53＋20.22＋6.41＋22.62＋6.33＋43.96＋14.13＋7.54

＝227.74 kg＝0.228 t

计算实例 2 钢托架

某工程采用的钢托架示意图如图 1-6-3 所示，求该钢托架的工程量。(∟125×12 的单位理论质量为 22.696 kg/m；∟110×14 的单位理论质量为 22.809 kg/m；∟110×8 的单位理论质量为13.532 kg/m；6 mm 厚钢板的理论质量为 47.1 kg/m²；4 mm 厚钢板的理论质量为31.4 kg/m²)

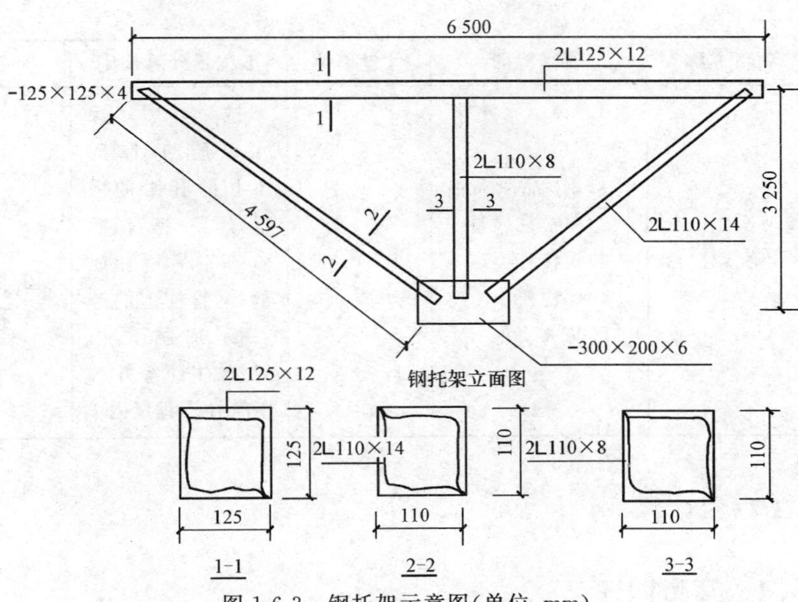

图 1-6-3　钢托架示意图(单位:mm)

工程量计算过程及结果

上弦杆的工程量＝22.696×6.5×2＝295.05 kg≈0.295 t

斜向支撑杆的工程量＝22.809×4.597×4＝419.41 kg≈0.419 t

竖向支撑杆的工程量＝13.532×3.25×2＝87.96 kg≈0.088 t

连接板的工程量＝47.1×0.2×0.3＝2.826 kg≈0.003 t

塞板的工程量＝31.4×0.125×0.125×2＝0.98 kg≈0.001 t

钢托架的清单工程量＝0.295＋0.419＋0.088＋0.003＋0.001＝0.806 t

第三节　钢　　柱

一、清单工程量计算规则(表 1-6-3)

表 1-6-3　钢柱工程量计算规则

项目编码	项目名称	项目特征	计量单位	工程量计算规则	工程内容
010603001	实腹钢柱	1. 柱类型 2. 钢材品种、规格 3. 单根柱质量 4. 螺栓种类 5. 探伤要求 6. 防火要求	t	按设计图示尺寸以质量计算。不扣除孔眼的质量,焊条、铆钉、螺栓等不另增加质量,依附在钢柱上的牛腿及悬臂梁等并入钢柱工程量内	1. 拼装 2. 安装 3. 探伤 4. 补刷油漆
010603002	空腹钢柱				

续上表

项目编码	项目名称	项目特征	计量单位	工程量计算规则	工程内容
010603003	钢管柱	1. 钢材品种、规格 2. 单根柱质量 3. 螺栓种类 4. 探伤要求 5. 防火要求	t	按设计图示尺寸以质量计算。不扣除孔眼的质量，焊条、铆钉、螺栓等不另增加质量，钢管柱上的节点板、加强环、内衬管、牛腿等并入钢管柱工程量内	1. 拼装 2. 安装 3. 探伤 4. 补刷油漆

二、清单工程量计算

计算实例 1　实腹钢柱

某 H 形实腹柱，如图 1-6-4 所示，其长度为 3.3 m，计算该 H 形实腹柱工程量。(6 mm 厚钢板的理论质量为 47.1 kg/m^2，8 mm 厚钢板的理论质量为 62.8 kg/m^2)

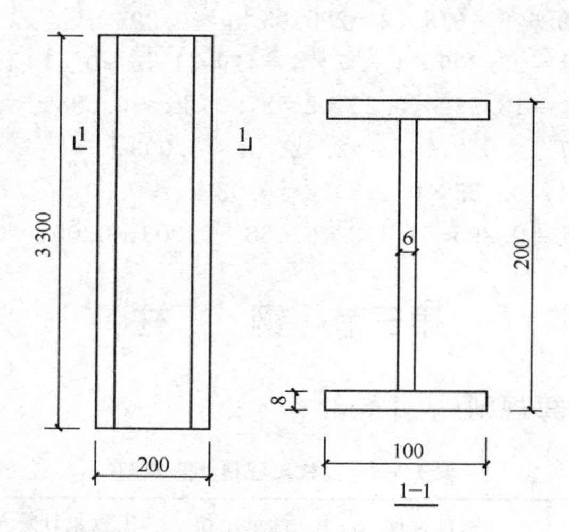

图 1-6-4　H 形实腹柱示意图(单位：mm)

工程量计算过程及结果

(1)翼缘板的工程量＝62.8×0.1×3.3×2＝41.45 kg＝0.041 t

(2)腹翼板的工程量＝47.1×3.3×(0.2－0.008×2)＝28.60 kg＝0.029 t

(3)实腹柱的工程量＝0.041＋0.029＝0.070 t

计算实例 2　空腹钢柱

某工程有两个空腹柱，如图 1-6-5 所示，计算该柱的工程量。(8 mm 厚钢板的理论质量是 62.8 kg/m^2，5 mm 厚钢板的理论质量是 39.2 kg/m^2，[25a 的理论质量是 27.4 kg/m)

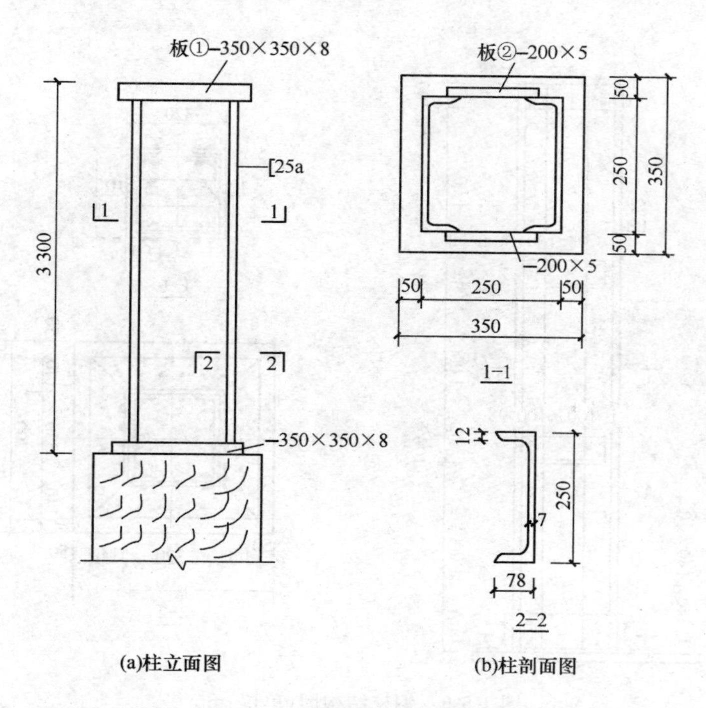

图 1-6-5　空腹柱示意图(单位:mm)

工程量计算过程及结果

(1)板①－350×350×8 钢板的工程量＝62.8×0.35×0.35×2＝15.386 kg＝0.015 t

(2)板②－200×5 的钢板工程量＝39.2×0.2×(3.3－0.008×2)×2＝51.493 kg＝0.051 t

(3)[25a 的工程量＝27.4×(3.3－0.008×2)×2＝179.963 kg＝0.180 t

(4)实腹柱的工程量＝(0.015＋0.051＋0.180)×2＝0.492 t

计算实例 3　钢管柱

某钢柱结构图,如图 1-6-6 所示,计算 25 根钢柱的工程量。([32 钢材单位质量 43.25 kg,角钢∟100 mm×8 mm 单位质量 12.276 kg,角钢∟140 mm×10 mm 单位质量 21.488 kg,钢板－12 mm 单位质量94.20 kg)

工程量计算过程及结果

(1)该柱主体钢材采用[32

柱高:

0.14＋(1＋0.1)×3＝3.44 m

2 根,则槽钢重:

43.25×3.44×2＝297.56 kg

(2)水平杆角钢∟100 mm×8 mm

角钢长:

0.32－(0.005＋0.01)×2＝0.29 m,

6 块,则重为:

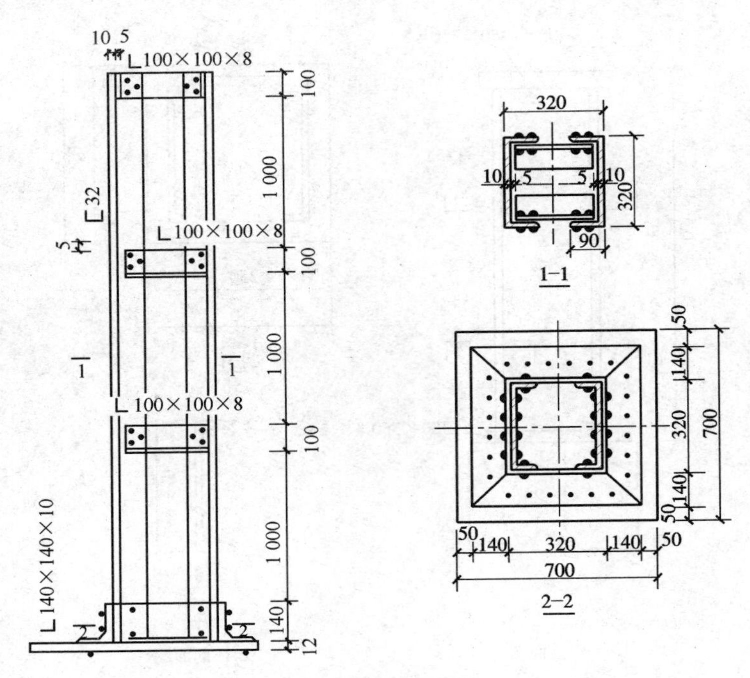

图 1-6-6　钢柱结构图(单位:mm)

12.276×0.29×6=21.36 kg

(3)底座角钢 ∟140 mm×10 mm

21.488×0.32×4=27.50 kg

(4)底座钢板−12 mm

94.20×0.7×0.7=46.16 kg

一根钢柱的工程量=297.56+21.36+27.50+46.16=392.58 kg

20 根钢柱的总工程量=392.58×25=9 814.50 kg=9.815 t

第四节　钢　　梁

一、清单工程量计算规则(表 1-6-4)

表 1-6-4　钢梁工程量计算规则

项目编码	项目名称	项目特征	计量单位	工程量计算规则	工程内容
010604001	钢梁	1.梁类型 2.钢材品种、规格 3.单根质量 4.螺栓种类 5.安装高度 6.探伤要求 7.防火要求	t	按设计图示尺寸以质量计算。不扣除孔眼的质量,焊条、铆钉、螺栓等不另增加质量,制动梁、制动板、制动桁架、车挡并入钢吊车梁工程量内	1.拼装 2.安装 3.探伤 4.补刷油漆

续上表

项目编码	项目名称	项目特征	计量单位	工程量计算规则	工程内容
010604002	钢吊车梁	1. 钢材品种、规格 2. 单根质量 3. 螺栓种类 4. 安装高度 5. 探伤要求 6. 防火要求	t	按设计图示尺寸以质量计算。不扣除孔眼的质量,焊条、铆钉、螺栓等不另增加质量,制动梁、制动板、制动桁架、车挡并入钢吊车梁工程量内	1. 拼装 2. 安装 3. 探伤 4. 补刷油漆

二、清单工程量计算

计算实例 1　钢梁

某工程采用的钢梁示意图如图 1-6-7 所示,计算其工程量。(［25b 的单位理论质量为 31.3 kg/m)

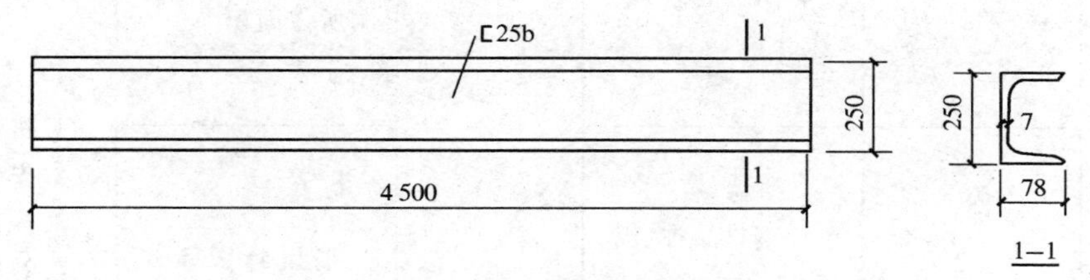

图 1-6-7　钢梁示意图(单位:mm)

工程量计算过程及结果

钢梁的工程量＝31.3×4.5＝140.85 kg≈0.141 t

计算实例 2　钢吊车梁

某工程采用的钢起重机梁示意图如图 1-6-8 所示,计算其工程量。(∟110×10 的单位理论质量为 16.69 kg/m;5 mm 厚钢板的理论质量为 39.2 kg/m^2)

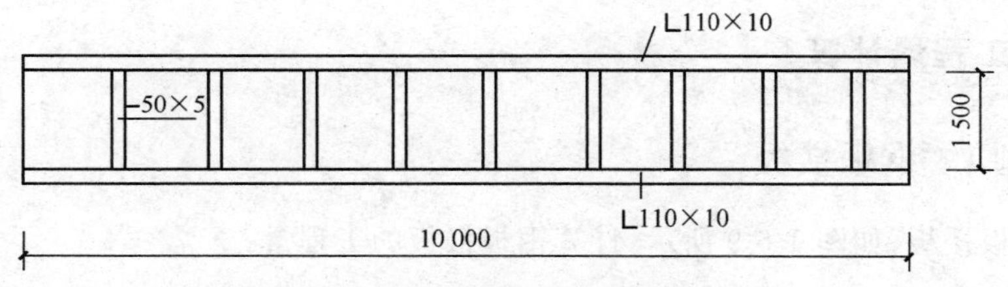

图 1-6-8　钢起重机梁示意图(单位:mm)

工程量计算过程及结果

轨道的工程量＝16.69×10×2＝333.8 kg≈0.334 t

加强板的工程量＝39.2×0.05×1.5×9＝26.46 kg≈0.026 t

钢吊车梁的工程量＝0.334＋0.026＝0.360 t

第五节　钢板楼板、墙板

一、清单工程量计算规则（表 1-6-5）

表 1-6-5　钢板楼板、墙板工程量计算规则

项目编码	项目名称	项目特征	计量单位	工程量计算规则	工程内容
010605001	钢板楼板	1.钢材品种、规格 2.钢板厚度 3.螺栓种类 4.防火要求	m^2	按设计图示尺寸以铺设水平投影面积计算。不扣除单个面积≤0.3 m^2 柱、垛及孔洞所占面积	1.拼装 2.安装 3.探伤 4.补刷油漆
010605002	钢板墙板	1.钢材品种、规格 2.钢板厚度、复合板厚度 3.螺栓种类 4.复合板夹芯材料种类、层数、型号、规格 5.防火要求		按设计图示尺寸以铺挂展开面积计算。不扣除单个面积≤0.3 m^2 的梁、孔洞所占面积，包角、包边，窗台泛水等不另加面积	

二、清单工程量计算

计算实例 1　钢板楼板

某压型钢板楼板，如图 1-6-9 所示，计算钢板楼板的工程量。

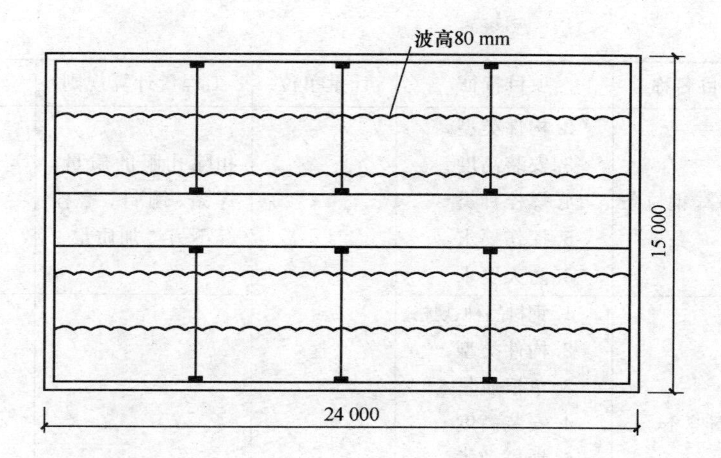

图 1-6-9　楼板平面图(单位:mm)

工程量计算过程及结果

钢板楼板的工程量＝24×15＝360.00 m²

计算实例 2　钢板墙板

某压型钢板墙板,如图 1-6-10 所示,计算钢板墙板的工程量。

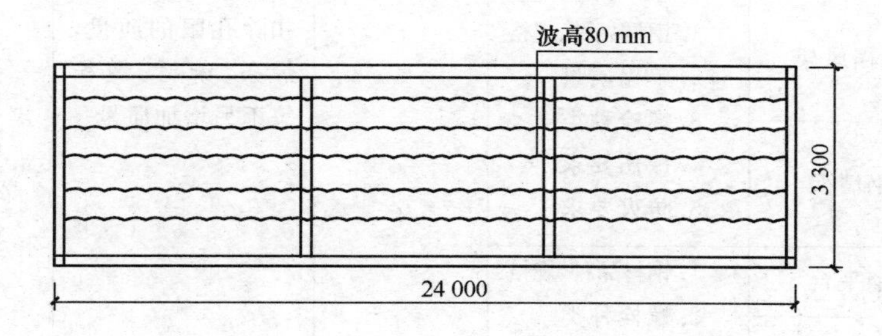

图 1-6-10　墙板布置图(单位:mm)

工程量计算过程及结果

钢板墙板的工程量＝24×3.3＝79.20 m²

第六节　钢 构 件

一、清单工程量计算规则(表 1-6-6)

表 1-6-6　钢构件工程量计算规则

项目编码	项目名称	项目特征	计量单位	工程量计算规则	工程内容
010606001	钢支撑、钢拉条	1. 钢材品种、规格	t	按设计图示尺寸以质量计算,不	1. 拼装 2. 安装

续上表

项目编码	项目名称	项目特征	计量单位	工程量计算规则	工程内容
010606001	钢支撑、钢拉条	2. 构件类型 3. 安装高度 4. 螺栓种类 5. 探伤要求 6. 防火要求	t	扣除孔眼的质量，焊条、铆钉、螺栓等不另增加质量	3. 探伤 4. 补刷油漆
010606002	钢檩条	1. 钢材品种、规格 2. 构件类型 3. 单根质量 4. 安装高度 5. 螺栓种类 6. 探伤要求 7. 防火要求		按设计图示尺寸以质量计算，不扣除孔眼的质量，焊条、铆钉、螺栓等不另增加质量	1. 拼装 2. 安装 3. 探伤 4. 补刷油漆
010606003	钢天窗架	1. 钢材品种、规格 2. 单榀质量 3. 安装高度 4. 螺栓种类 5. 探伤要求 6. 防火要求			
010606004	钢挡风架	1. 钢材品种、规格 2. 单榀质量 3. 螺栓种类 4. 探伤要求 5. 防火要求			
010606005	钢墙架				
010606006	钢平台	1. 钢材品种、规格 2. 螺栓种类 3. 防火要求			
010606007	钢走道				
010606008	钢梯	1. 钢材品种、规格 2. 钢梯形式 3. 螺栓种类 4. 防火要求、			
010606009	钢护栏	1. 钢材品种、规格 2. 防火要求			
010606010	钢漏斗	1. 钢材品种、规格 2. 漏斗、天沟形式 3. 安装高度 4. 探伤要求		按设计图示尺寸以质量计算，不扣除孔眼的质量，焊条、铆钉、螺栓等不另增加质量，依附漏斗或天沟的型钢并入漏斗或天沟工程量内	

续上表

项目编码	项目名称	项目特征	计量单位	工程量计算规则	工程内容
010606011	钢板天沟	1. 钢材品种、规格 2. 漏斗、天沟形式 3. 安装高度 4. 探伤要求	t	按设计图示尺寸以质量计算，不扣除孔眼的质量，焊条、铆钉、螺栓等不另增加质量，依附漏斗或天沟的型钢并入漏斗或天沟工程量内	1. 拼装 2. 安装 3. 探伤 4. 补刷油漆
010606012	钢支架	1. 钢材品种、规格 2. 安装高度 3. 防火要求		按设计图示尺寸以质量计算，不扣除孔眼的质量，焊条、铆钉、螺栓等不另增加质量	
010606013	零星钢构件	1. 构件名称 2. 钢材品种、规格			

二、清单工程量计算

计算实例 1　钢支撑、钢拉条

某厂房上柱间支撑，如图 1-6-11 所示，共 6 组，∟63×6 单位长度理论质量为 5.72 kg，−8 钢板的单位面积质量为 62.8 kg。计算柱间钢支撑的工程量。

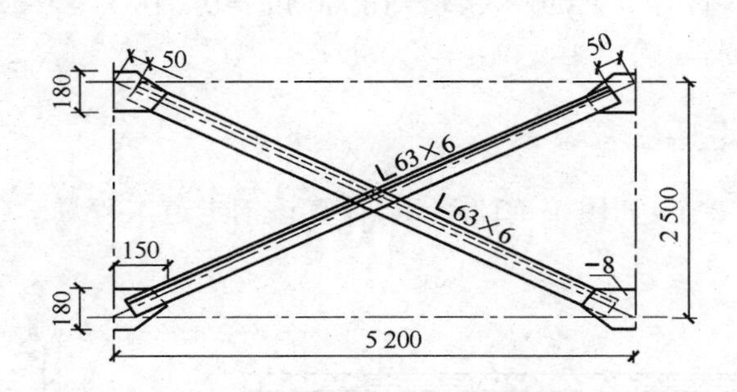

图 1-6-11　上柱间支撑(单位：mm)

工程量计算过程及结果

(1)杆件质量＝杆件设计图示长度×单位理论质量

∟63×6 角钢质量＝$(\sqrt{5.2^2+2.5^2}-0.05\times2)\times5.72\times2=64.86$ kg

(2)多边形钢板质量＝最大对角线长度×最大宽度×面密度

-8 钢板质量=0.18×0.15×62.8×4=6.78 kg

钢支撑的工程量=(64.86+6.78)×6=429.84 kg=0.430 t

计算实例 2 钢檩条

某钢檩条示意图,如图 1-6-12 所示,计算该钢檩条的工程量。(8 mm 厚钢板的理论质量为 62.8 kg/m²,6 mm 厚钢板的理论质量为 47.1 kg/m²)

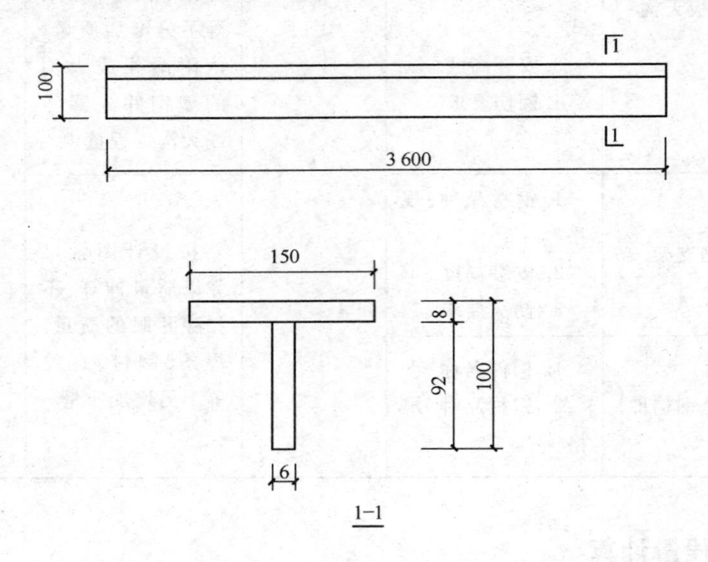

图 1-6-12 钢檩条示意图(单位:mm)

工程量计算过程及结果

(1)翼缘的工程量=62.8×0.15×3.6=33.912 kg=0.034 t

(2)腹板的工程量=47.1×0.092×3.6=15.60 kg=0.016 t

(3)钢檩条的工程量=0.034+0.016=0.050 t

计算实例 3 钢走道

某厂房钢走道共有 2 个,如图 1-6-13 所示,计算该钢走道工程量。(10 mm 厚钢板的理论质量为 78.5 kg/m²)

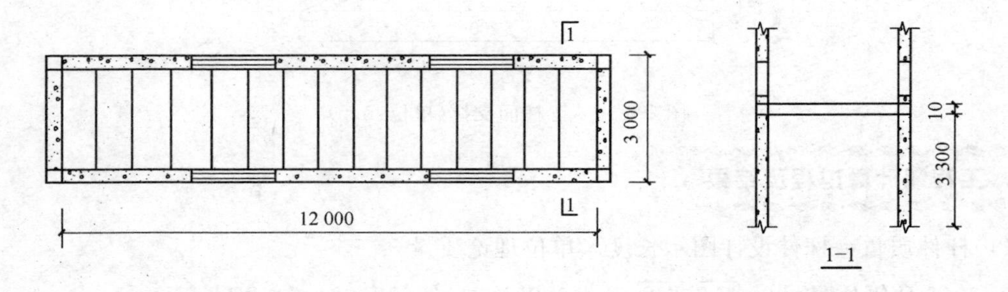

图 1-6-13 钢走道示意图(单位:mm)

工程量计算过程及结果

钢走道的工程量＝78.5×3×12×2＝5 652 kg＝5.652 t

计算实例 4　钢梯

某踏步式钢梯，如图 1-6-14 所示，计算该钢梯工程量。（钢材－180 mm×6 mm 单位长度质量为 8.48 kg，钢材－200 mm×5 mm 单位长度质量为 7.85 kg，∟110 mm×10 mm 单位长度质量为 16.69 kg，∟200 mm×125 mm×16 mm 单位长度质量为 39.045 kg，∟50 mm×5 mm单位长度质量为 3.77 kg，∟56 mm×5 mm 单位长度质量为 4.251 kg）

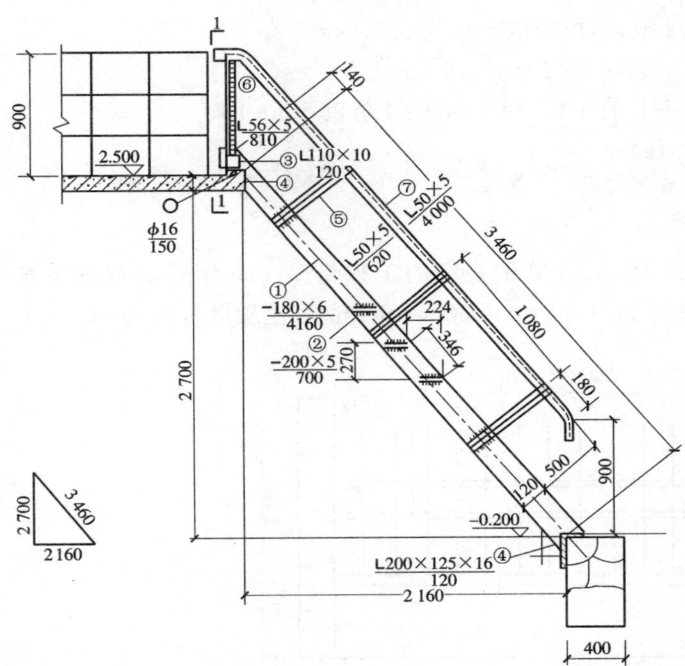

钢筋(板)	根(块)数
①−180 mm×6 mm	2
②−200 mm×5 mm	9
③∟110 mm×10 mm	2
④∟200 mm×125 mm×16 mm	4
⑤∟50 mm×5 mm(0.62 m)	6
⑥∟56 mm×5 mm	2
⑦∟50 mm×5 mm(4.0 m)	2

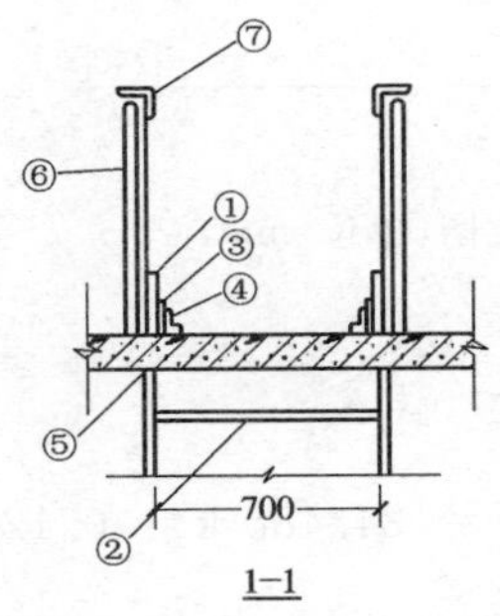

图 1-6-14　踏步式钢梯(单位：mm)

工程量计算过程及结果

①钢梯边梁，扁钢－180 mm×6 mm，l＝4.16 m，2 块；单位长度质量为 8.48 kg。

$$8.48\times4.16\times2=70.55\ \text{kg}$$

②钢踏步，－200 mm×5 mm，l=0.7 m，9 块，单位长度质量为 7.85 kg。

7.85×0.7×9=49.46 kg

③∟110 mm×10 mm，l=0.12 m，2 根，单位长度质量为 16.69 kg。

16.69×0.12×2=4.01 kg

④∟200 mm×125 mm×16 mm，l=0.12m，4 根，单位长度质量为 39.045 kg。

39.045×0.12×4=18.74 kg

⑤∟50 mm×5 mm，l=0.62 m，6 根，单位长度质量为 3.77 kg。

3.77×0.62×6=14.02 kg

⑥∟56 mm×5 mm，l=0.81 m，2 根，单位长度质量为 4.251 kg。

4.251×0.81×2=6.89 kg

⑦∟50 mm×5 mm，l=4.0 m，2 根，单位长度质量为 3.77 kg。

3.77×4×2=30.16 kg

钢材的工程量=70.55+49.46+4.01+18.74+14.02+6.89+30.16
=193.83 kg=0.194 t

计算实例 5　钢护栏

某一榀围墙钢栏杆，如图 1-6-15 所示，计算钢栏杆的工程量。（ϕ20 钢管的理论质量为 2.47 kg/m，6 mm 厚钢板的理论质量为 47.1 kg/m^2，∟50×4 角钢的理论质量为 3.059 kg/m）

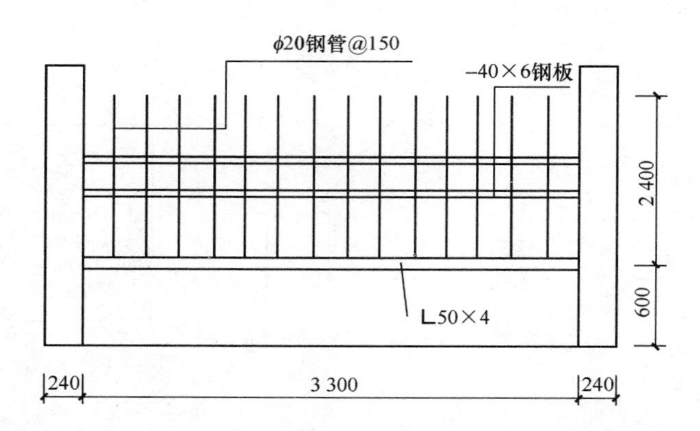

图 1-6-15　钢栏杆示意图(单位：mm)

工程量计算过程及结果

(1)ϕ20 钢管工程量=$2.47\times2.4\times\left(\dfrac{3.3}{0.15}-1\right)$=124.488 kg=0.124 t

(2)6 mm 厚钢板的工程量=47.1×0.04×3.3×2=12.43 kg=0.012 t

(3)∟50×4 角钢的工程量=3.059×3.3=10.09 kg=0.010 t

(4)钢栏杆的工程量=0.124+0.012+0.010=0.146 t

计算实例 6　钢漏斗

某圆形漏斗，如图 1-6-16 所示，钢板厚为 3 mm，上半部分为一缺口扇形围成，下口为一圆

柱形，计算该漏斗的工程量。（3 mm 厚钢板的理论质量为 2.36 kg/m^2）

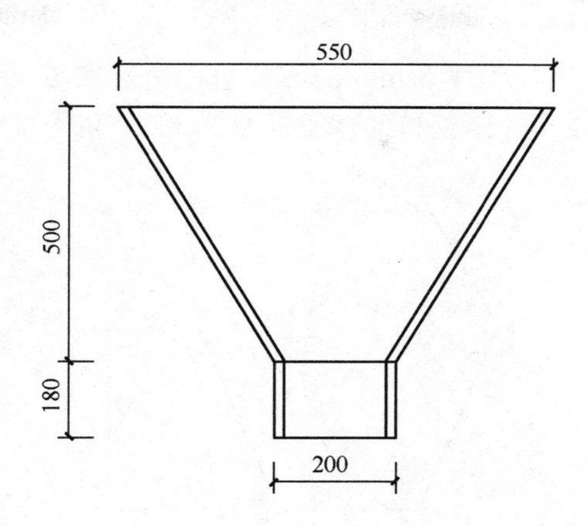

图 1-6-16　漏斗立面图（单位：mm）

工程量计算过程及结果

（1）上半部分工程量＝2.36×3.14×0.55×0.5＝2.04 kg

（2）下半部分工程量＝2.36×0.2×3.14×0.18＝0.27 kg

（3）钢漏斗的工程量＝2.04＋0.27＝2.31 kg＝0.002 t

计算实例 7　零星钢构件

例 1　某零星钢构件的 H 型钢规格为 200 mm×125 mm×6 mm×8 mm，如图 1-6-17 所示，其长度为 9.25 m，共有 3 块这样规格的型钢，计算零星钢构件的工程量。（6 mm 钢板的理论质量为 47.1 kg/m^2，8 mm 钢板的理论质量为 62.8 kg/m^2）

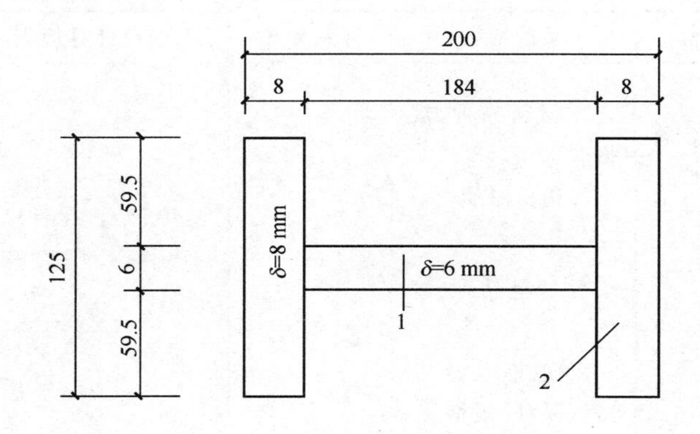

图 1-6-17　某 H 型钢示意图（单位：mm）

1—腹板；2—翼缘

工程量计算过程及结果

钢板质量＝理论质量×矩形面积

（1）6 mm 钢板工程量＝47.1×0.184×9.25＝80.164 kg＝0.080 t

(2)8 mm 钢板工程量＝62.8×0.125×9.25×2＝145.225 kg＝0.145 t

(3)3 块型钢的工程量＝(0.080＋0.145)×3＝0.675 t

例 2 某零星钢构件的钢板为厚 8 mm 的不等边六边形钢板，如图 1-6-18 所示，计算该零星钢构件钢板的工程量。(8 mm 厚钢板的理论质量为 62.8 kg/m^2)

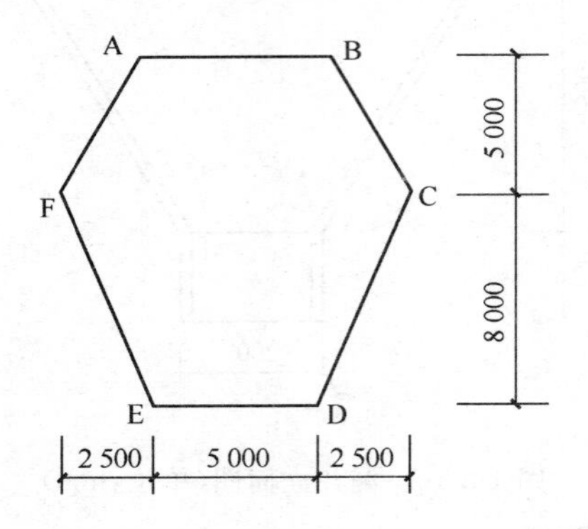

图 1-6-18 六边形钢板尺寸示意图(单位：mm)

工程量计算过程及结果

零星钢构件钢板的工程量＝(2.5＋5＋2.5)×(5＋8)×62.8＝8 164 kg＝8.164 t

第七节 金属制品

一、清单工程量计算规则(表 1-6-7)

表 1-6-7 金属制品工程量计算规则

项目编码	项目名称	项目特征	计量单位	工程量计算规则	工程内容
010607001	成品空调金属百页护栏	1. 材料品种、规格 2. 边框材质	m^2	按设计图示尺寸以框外围展开面积计算	1. 安装 2. 校正 3. 预埋铁件及安螺栓
010607002	成品栅栏	1. 材料品种、规格 2. 边框及立柱型钢品种、规格			1. 安装 2. 校正 3. 预埋铁件 4. 安螺栓及金属立柱
010607003	成品雨篷	1. 材料品种、规格 2. 雨篷宽度 3. 凉衣杆品种、规格	1. m 2. m^2	1. 以米计量，按设计图示接触边以米计算 2. 以平方米计量，按设计图示尺寸以展开面积计算	1. 安装 2. 校正 3. 预埋铁件及安螺栓

续上表

项目编码	项目名称	项目特征	计量单位	工程量计算规则	工程内容
010607004	金属网栏	1.材料品种、规格 2.边框及立柱型钢品种、规格	m^2	按设计图示尺寸以框外围展开面积计算	1.安装 2.校正 3.安螺栓及金属立柱
010607005	砌块墙钢丝网	1.材料品种、规格 2.加固方式			1.铺贴 2.铆固
010607006	后浇带金属网				

二、清单工程量计算

计算实例1　成品雨篷

某工程采用塑料成品雨棚，雨棚长8 m，两边各有0.1 m不与墙面接触，计算此雨棚的工程量。(按设计图示接触边以米计算)。

工程量计算过程及结果

成品雨棚的工程量＝8－0.1×2＝7.8 m

计算实例2　砌块墙钢丝网

某工程有一砌块墙需要采用钢丝网加固，墙高2 m，墙厚0.3 m，墙宽6 m，计算砌块墙钢丝网加固的工程量。

工程量计算过程及结果

成品雨篷的工程量＝2×0.3×6＝3.6 m^3

第七章　木结构工程

第一节　木屋架

一、清单工程量计算规则(表 1-7-1)

表 1-7-1　木屋架工程量计算规则

项目编码	项目名称	项目特征	计量单位	工程量计算规则	工程内容
010701001	木屋架	1. 跨度 2. 材料品种、规格 3. 刨光要求 4. 拉杆及夹板种类 5. 防护材料种类	1. 榀 2. m^3	1. 以榀计量，按设计图示数量计算 2. 以立方米计量，按设计图示的规格尺寸以体积计算	1. 制作 2. 运输 3. 安装 4. 刷防护材料
010701002	钢木屋架	1. 跨度 2. 木材品种、规格 3. 刨光要求 4. 钢材品种、规格 5. 防护材料种类	榀	以榀计量，按设计图示数量计算	

二、清单工程量计算

计算实例 1　木屋架

某方木屋架，如图 1-7-1 所示，跨度 12 m，共 12 榀，木屋架刷底油一遍、调合漆两遍，计算木屋架工程量。

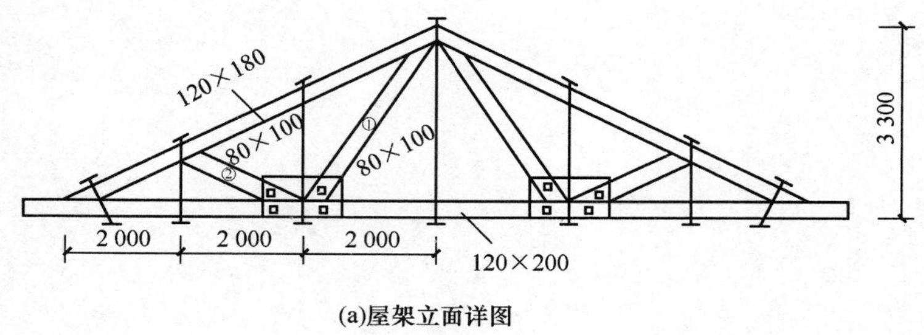

(a)屋架立面详图

图　1-7-1

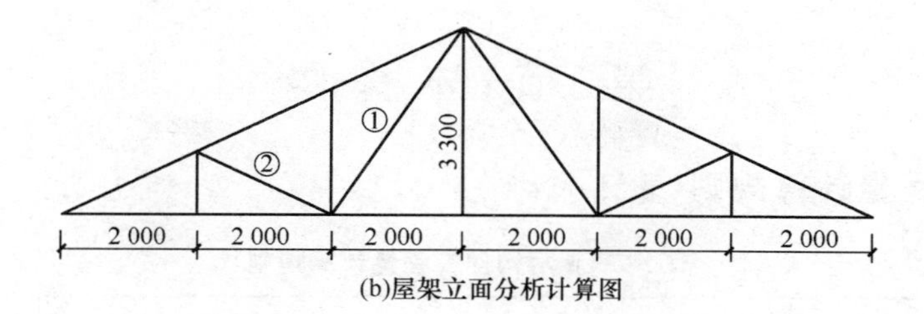

(b)屋架立面分析计算图

图 1-7-1 某屋架示意图(单位:mm)

工程量计算过程及结果

木屋架的工程量=12 榀

计算实例 2 钢木屋架

某钢木屋架,如图 1-7-2 所示,上弦、斜撑采用木材,下弦、中柱采用钢材,跨度 7.2 m,共 10 榀,屋架刷调合漆两遍,计算钢木屋架工程量。

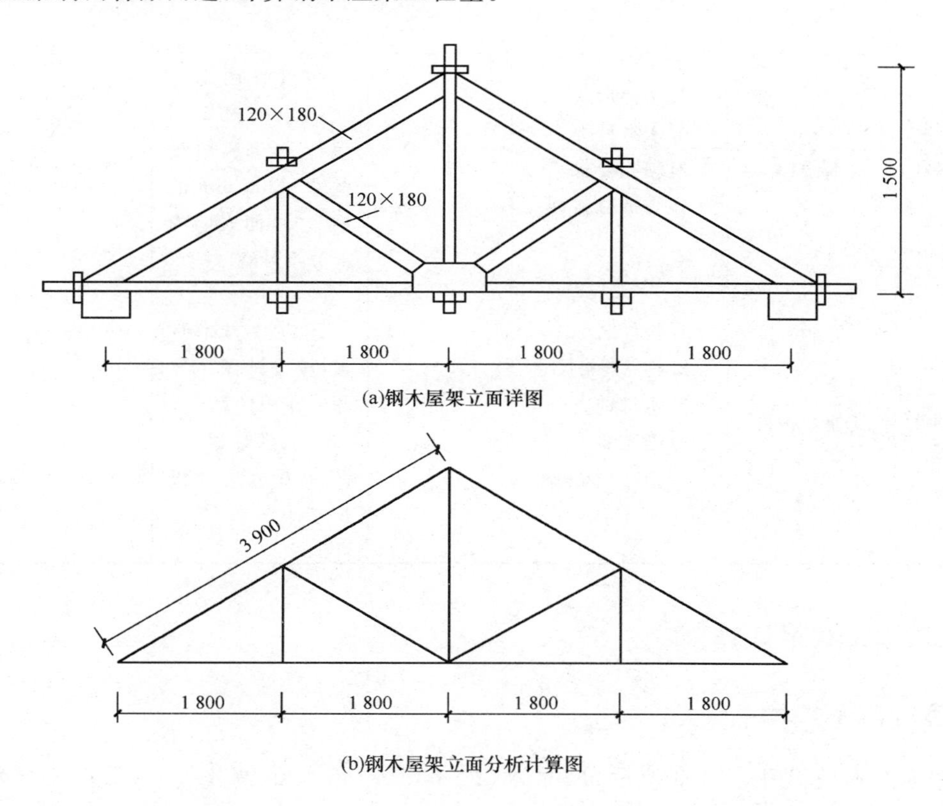

(a)钢木屋架立面详图

(b)钢木屋架立面分析计算图

图 1-7-2 某钢木屋架示意图(单位:mm)

工程量计算过程及结果

钢木屋架的工程量=10 榀

第二节 木构件

一、清单工程量计算规则（表1-7-2）

表1-7-2 木构件工程量计算规则

项目编码	项目名称	项目特征	计量单位	工程量计算规则	工程内容
010702001	木柱	1. 构件规格尺寸 2. 木材种类 3. 刨光要求 4. 防护材料种类	m^3	按设计图示尺寸以体积计算	1. 制作 2. 运输 3. 安装 4. 刷防护材料
010702002	木梁				
010702003	木檩		1. m^3 2. m	1. 以立方米计量，按设计图示尺寸以体积计算 2. 以米计量，按设计图示尺寸以长度计算	
010702004	木楼梯	1. 楼梯形式 2. 木材种类 3. 刨光要求 4. 防护材料种类	m^2	按设计图示尺寸以水平投影面积计算。不扣除宽度≤300 mm的楼梯井，伸入墙内部分不计算	
010702005	其他木构件	1. 构件名称 2. 构件规格尺寸 3. 木材种类 4. 刨光要求 5. 防护材料种类	1. m^3 2. m	1. 以立方米计量，按设计图示尺寸以体积计算 2. 以米计量，按设计图示尺寸以长度计算	

二、清单工程量计算

计算实例1 木柱

某工程方木柱，如图1-7-3所示，尺寸为300 mm×350 mm，高4.5 m，计算该方木柱工程量。

工程量计算过程及结果

木桩的工程量＝0.3×0.35×4.5＝0.47 m^3

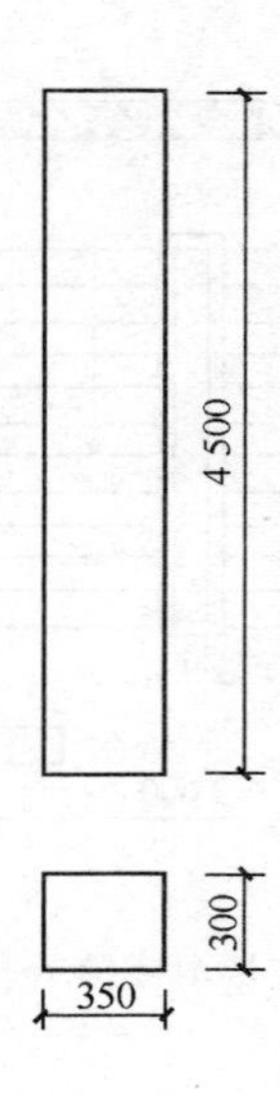

图 1-7-3 方木柱示意图(单位:mm)

计算实例 2 木梁

某圆形木梁,如图 1-7-4 所示,直径 25 cm,刷调合漆两遍,计算该圆形木梁工程量。

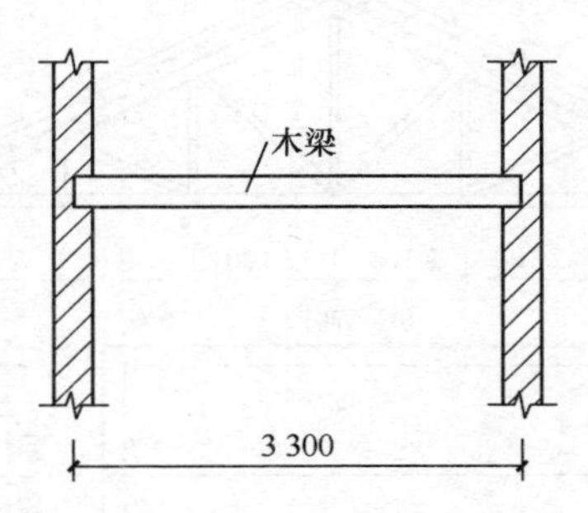

图 1-7-4 某圆形木梁示意图(单位:mm)

工程量计算过程及结果

圆形木梁的工程量$=3.3\times3.14\times\left(\frac{0.25}{2}\right)^2=0.16\ m^3$

计算实例 3 木楼梯

某住宅楼木楼梯,如图 1-7-5 所示(标准层),尺寸为 300 mm×150 mm,计算木楼梯工程量。

工程量计算过程及结果

木楼梯的工程量$=(3.6-0.24)\times(3.3+1.7)=16.80\ m^2$

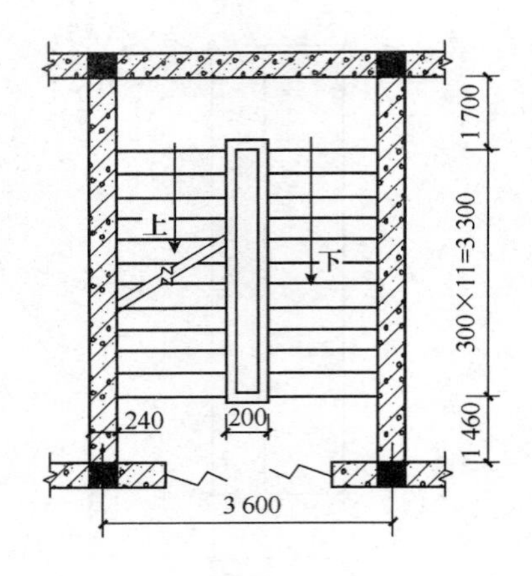

图 1-7-5 某住宅楼木楼梯示意图(单位:mm)

计算实例 4 其他木构件

例 1 某厂房屋顶,如图 1-7-6 所示,计算木基层的椽子、挂瓦条工程量。(按设计图示尺寸以长度计算)

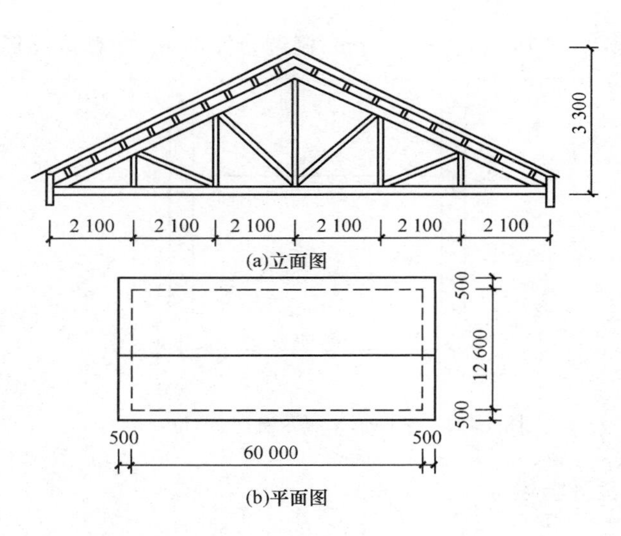

图 1-7-6 屋顶示意图(单位:mm)

工程量计算过程及结果

木基层的椽子、挂瓦条工程量=[(60+0.5×2)+(12.6+0.5×2)]×2=149.20 m

例 2 某屋顶,如图 1-7-7 所示,计算封檐板的工程量。(按设计图示尺寸以长度计算)

工程量计算过程及结果

封檐板的工程量=(45+0.5×2)×2=92.00 m

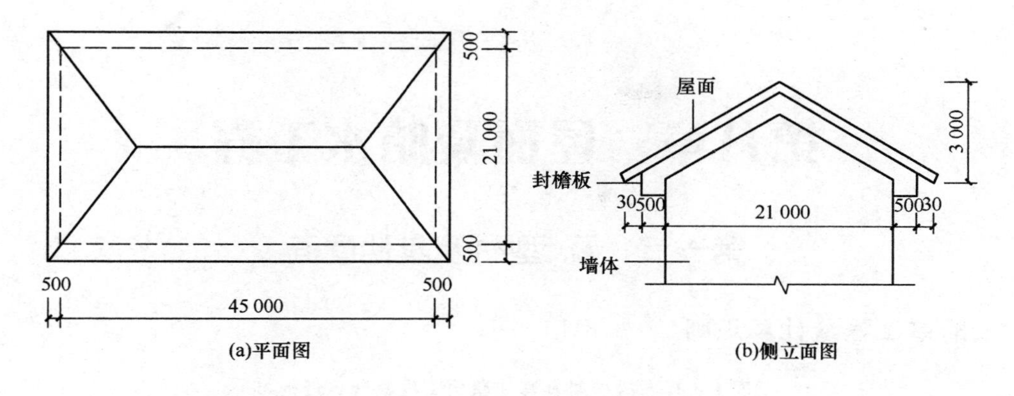

图 1-7-7　某屋顶示意图(单位:mm)

第八章　屋面及防水工程

第一节　瓦、型材及其他屋面

一、清单工程量计算规则(表 1-8-1)

表 1-8-1　瓦、型材及其他屋面工程量计算规则

项目编码	项目名称	项目特征	计量单位	工程量计算规则	工程内容
010901001	瓦屋面	1. 瓦品种、规格 2. 黏结层砂浆的配合比	m^2	按设计图示尺寸以斜面积计算 不扣除房上烟囱、风帽底座、风道、小气窗、斜沟等所占面积。小气窗的出檐部分不增加面积	1. 砂浆制作、运输、摊铺、养护 2. 安瓦、作瓦脊
010901002	型材屋面	1. 型材品种、规格 2. 金属檩条材料品种、规格 3. 接缝、嵌缝材料种类			1. 檩条制作、运输、安装 2. 屋面型材安装 3. 接缝、嵌缝
010901003	阳光板屋面	1. 阳光板品种、规格 2. 骨架材料品种、规格 3. 接缝、嵌缝材料种类 4. 油漆品种、刷漆遍数		按设计图示尺寸以斜面积计算 不扣除屋面面积≤0.3 m^2孔洞所占面积	1. 骨架制作、运输、安装、刷防护材料、油漆 2. 阳光板安装 3. 接缝、嵌缝
010901004	玻璃钢屋面	1. 玻璃钢品种、规格 2. 骨架材料品种、规格 3. 玻璃钢固定方式 4. 接缝、嵌缝材料种类 5. 油漆品种、刷漆遍数			1. 骨架制作、运输、安装、刷防护材料、油漆 2. 玻璃钢制作、安装 3. 接缝、嵌缝

续上表

项目编码	项目名称	项目特征	计量单位	工程量计算规则	工程内容
010901005	膜结构屋面	1. 膜布品种、规格 2. 支柱（网架）钢材品种、规格 3. 钢丝绳品种、规格 4. 锚固基座做法 5. 油漆品种、刷漆遍数	m^2	按设计图示尺寸以需要覆盖的水平投影面积计算	1. 膜布热压胶接 2. 支柱（网架）制作、安装 3. 膜布安装 4. 穿钢丝绳、锚头锚固 5. 锚固基座、挖土、回填 6. 刷防护材料，油漆

二、清单工程量计算

计算实例 1　瓦屋面

某四坡水屋面，如图 1-8-1 所示，尺寸设计小青瓦屋面坡度为 0.55，计算四坡水屋面工程量。

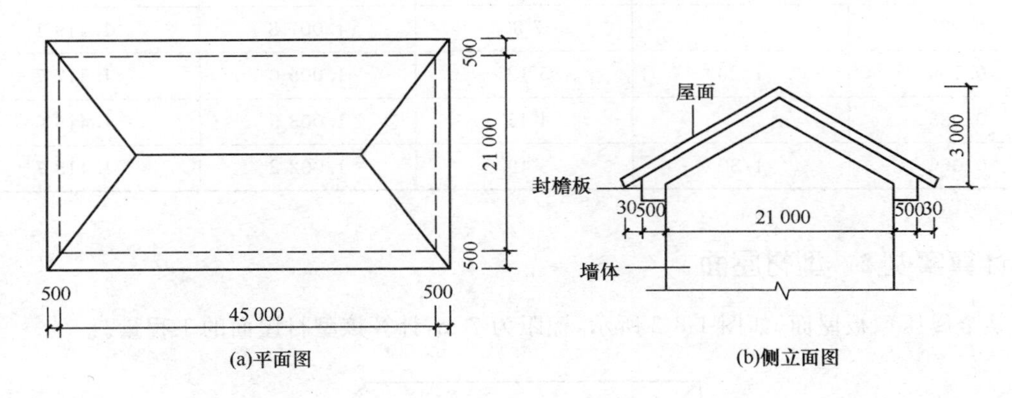

图 1-8-1　四坡水屋面示意图（单位：mm）

工程量计算过程及结果

四坡水屋面的工程量＝水平面积×坡度系数×C

＝9.0×24.0×1.141 3

＝246.52 m^2

式中　C——延长系数。

查表 1-8-2 得，C＝1.141 3。

表 1-8-2　屋面坡度系数表

坡度 B/A	坡度 $B/2A$	坡度 角度 α	延尺系数 C ($A=1$)	隅延尺系数 D ($A=1$)
1	1/2	45°	1.414 2	1.732 1
0.75		36°52′	1.250 0	1.600 8
0.70		35°	1.220 7	1.577 9
0.666	1/3	33°40′	1.201 5	1.562 0
0.65		33°01′	1.192 6	1.556 4
0.60		30°58′	1.166 2	1.536 2
0.577		30°	1.154 7	1.527 0
0.55		28°19′	1.141 3	1.517 0
0.50	1/4	26°34′	1.118 0	1.500 0
0.45		24°14′	1.096 6	1.483 9
0.40	1/5	21°48′	1.077 0	1.469 7
0.35		19°17′	1.059 4	1.456 9
0.30		16°42′	1.044 0	1.445 7
0.25		14°02′	1.030 8	1.436 2
0.20	1/10	11°19′	1.019 8	1.428 3
0.15		8°32′	1.011 2	1.422 1
0.125		7°8′	1.007 8	1.419 1
0.100	1/20	5°12′	1.005 0	1.417 7
0.083		4°45′	1.003 5	1.416 6
0.066	1/30	3°49′	1.002 2	1.415 7

计算实例 2　型材屋面

某金属压型板屋面，如图 1-8-2 所示，檩距为 7 m，计算该型材屋面的工程量。

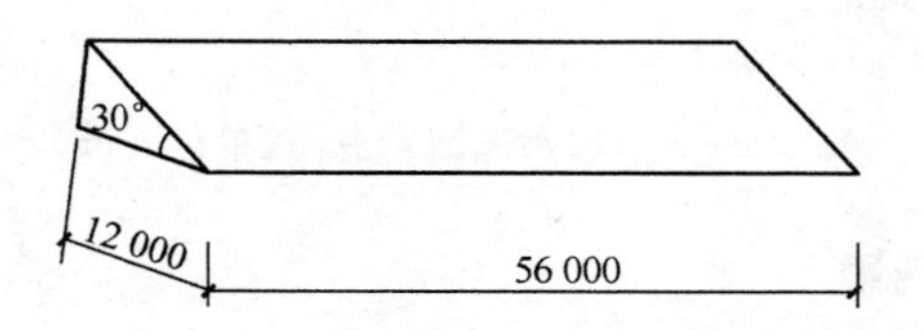

图 1-8-2　金属压型板单坡屋面示意图(单位：mm)

金属压型板屋面的工程量$=56\times12\times\frac{2\sqrt{3}}{3}=775.96\ \text{m}^2$

第二节　屋面防水及其他

一、清单工程量计算规则（表 1-8-3）

表 1-8-3　屋面防水及其他工程量计算规则

项目编码	项目名称	项目特征	计量单位	工程量计算规则	工程内容
010902001	屋面卷材防水	1. 卷材品种、规格、厚度 2. 防水层数 3. 防水层做法	m^2	按设计图示尺寸以面积计算 1. 斜屋顶（不包括平屋顶找坡）按斜面积计算，平屋顶按水平投影面积计算 2. 不扣除房上烟囱、风帽底座、风道、屋面小气窗和斜沟所占面积 3. 屋面的女儿墙、伸缩缝和天窗等处的弯起部分，并入屋面工程量内	1. 基层处理 2. 刷底油 3. 铺油毡卷材、接缝
010902002	屋面涂膜防水	1. 防水膜品种 2. 涂膜厚度、遍数 3. 增强材料种类			1. 基层处理 2. 刷基层处理剂 3. 铺布、喷涂防水层
010902003	屋面刚性层	1. 刚性层厚度 2. 混凝土种类 3. 混凝土强度等级 4. 嵌缝材料种类 5. 钢筋规格、型号		按设计图示尺寸以面积计算。不扣除房上烟囱、风帽底座、风道等所占面积	1. 基层处理 2. 混凝土制作、运输、铺筑、养护 3. 钢筋制安
010902004	屋面排水管	1. 排水管品种、规格 2. 雨水斗、山墙出水口品种、规格 3. 接缝、嵌缝材料种类 4. 油漆品种、刷漆遍数	m	按设计图示尺寸以长度计算。如设计未标注尺寸，以檐口至设计室外散水上表面垂直距离计算	1. 排水管及配件安装、固定 2. 雨水斗、山墙出水口、雨水箅子安装 3. 接缝、嵌缝 4. 刷漆
010902005	屋面排（透）气管	1. 排（透）气管品种、规格 2. 接缝、嵌缝材料种类 3. 油漆品种、刷漆遍数		按设计图示尺寸以长度计算	1. 排（透）气管及配件安装、固定 2. 铁件制作、安装 3. 接缝、嵌缝 4. 刷漆

续上表

项目编码	项目名称	项目特征	计量单位	工程量计算规则	工程内容
010902006	屋面(廊、阳台)泄(吐)水管	1.吐水管品种、规格 2.接缝、嵌缝材料种类 3.吐水管长度 4.油漆品种、刷漆遍数	根(个)	按设计图示数量计算	1.水管及配件安装、固定 2.接缝、嵌缝 3.刷漆
010902007	屋面天沟、檐沟	1.材料品种、规格 2.接缝、嵌缝材料种类	m^2	按设计图示数量计算	1.天沟材料铺设 2.天沟配件安装 3.接缝、嵌缝 4.刷防护材料
010902008	屋面变形缝	1.嵌缝材料种类 2.止水带材料种类 3.盖缝材料 4.防护材料种类	m	按设计图示尺寸以展开面积计算	1.清缝 2.填塞防水材料 3.止水带安装 4.盖缝制作、安装 5.刷防护材料

二、清单工程量计算

计算实例 1 屋面卷材防水

某屋面卷材防水工程,如图 1-8-3 所示,计算不保温二毡三油一砂屋面卷材防水的工程量。

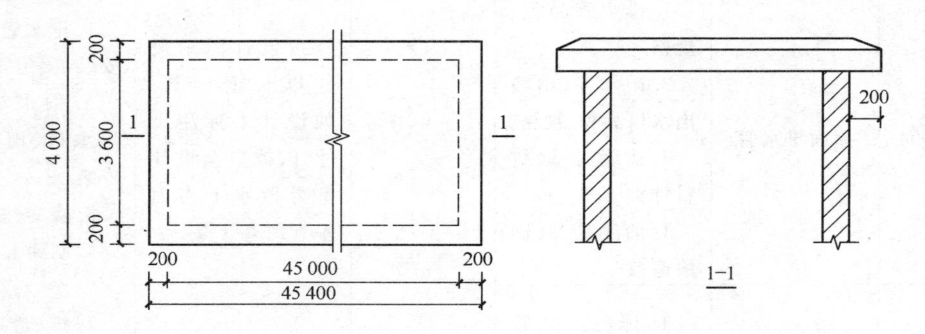

图 1-8-3 平面层防水工程(单位:mm)

工程量计算过程及结果

屋面卷材防水的工程量＝4.0×45.4＝181.60 m^2

计算实例 2 屋面刚性层

某屋面刚性层，如图 1-8-4 所示，采用 45 mm 厚 1 ： 2 防水砂浆，油膏嵌缝，55 mm 厚 C30 细石混凝土，计算该屋面刚性层的工程量。

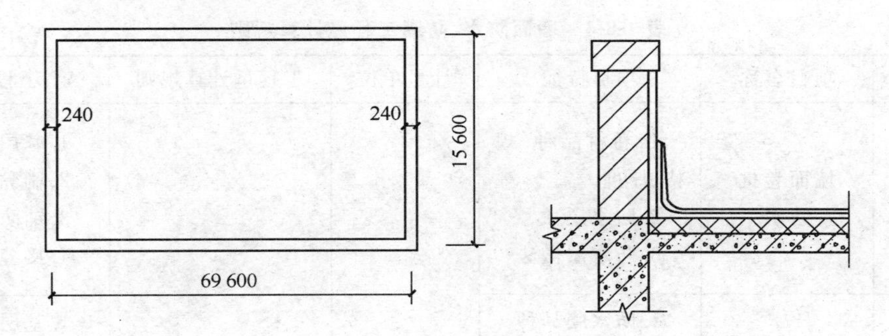

图 1-8-4 刚性防水屋面示意图(单位：mm)

工程量计算过程及结果

屋面刚性层的工程量＝(69.6＋0.24)×(15.6＋0.24)＝1 106.27 m^2

计算实例 3 屋面排水管

某屋面有铸铁管雨水口 6 个，塑料水斗 6 个，配套的塑料雨水排水管直径 100 mm，每根长度 19.8 m，计算塑料雨水排水管工程量。

工程量计算过程及结果

排水管的工程量＝6×19.8＝118.80 m

计算实例 4 屋面天沟、檐沟

某仓库屋面为铁皮排水天沟，如图 1-8-5 所示，长 15 m，计算屋面天沟工程量。

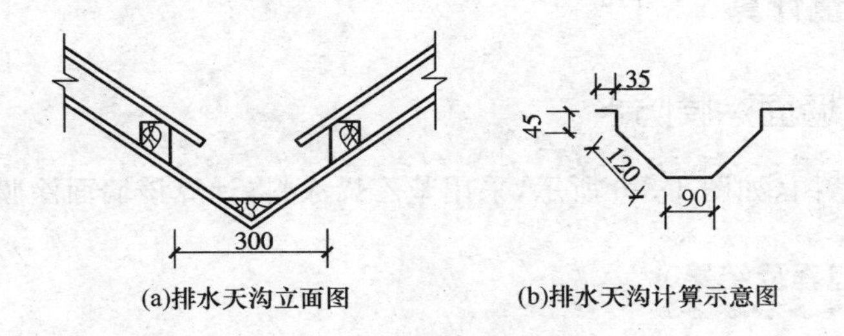

图 1-8-5 铁皮排水天沟示意图(单位：mm)

工程量计算过程及结果

屋面天沟的工程量＝15×(0.035×2＋0.045×2＋0.12×2＋0.09)＝7.35 m^2

第三节　墙面防水、防潮

一、清单工程量计算规则(表 1-8-4)

表 1-8-4　墙面防水、防潮工程量计算规则

项目编码	项目名称	项目特征	计量单位	工程量计算规则	工程内容
010903001	墙面卷材防水	1. 卷材品种、规格、厚度 2. 防水层数 3. 防水层做法	m^2	按设计图示尺寸以面积计算	1. 基层处理 2. 刷黏结剂 3. 铺防水卷材 4. 接缝、嵌缝
010903002	墙面涂膜防水	1. 防水膜品种 2. 涂膜厚度、遍数 3. 增强材料种类			1. 基层处理 2. 刷基层处理剂 3. 铺布、喷涂防水层
010903003	墙面砂浆防水(防潮)	1. 防水层做法 2. 砂浆厚度、配合比 3. 钢丝网规格			1. 基层处理 2. 挂钢丝网片 3. 设置分格缝 4. 砂浆制作、运输、摊铺、养护
010903004	墙面变形缝	1. 嵌缝材料种类 2. 止水带材料种类 3. 盖缝材料 4. 防护材料种类	m		1. 清缝 2. 填塞防水材料 3. 止水带安装 4. 盖缝制作、安装 5. 刷防护材料

二、清单工程量计算

计算实例 1　墙面涂膜防水

某墙基防水示意图,如图 1-8-6 所示,采用苯乙烯涂料,计算该墙面涂膜防水的工程量。

工程量计算过程及结果

(1)外墙基工程量=(7.2+6.3+7.2+6.3+4.8)×2×0.24=15.26 m^2

(2)内墙基工程量=[(4.8+6.3−0.24)×2+(7.2−0.24)×2+(6.3−0.24)]×0.24
=10.01 m^2

(3)涂膜防水的工程量=15.26+10.01=25.27 m^2

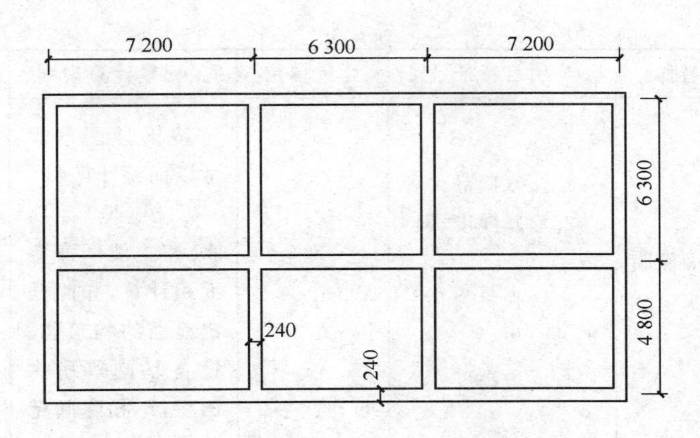

图 1-8-6　墙基防水示意图(单位:mm)

计算实例 2　墙面变形缝

某工程墙面变形缝宽 10 mm,长 5 000 mm,计算墙面变形缝的工程量。

工程量计算过程及结果

墙面变形缝的工程量=5 m

第四节　楼(地)面防水、防潮

一、清单工程量计算规则(表 1-8-5)

表 1-8-5　楼(地)面防水、防潮工程量计算规则

项目编码	项目名称	项目特征	计量单位	工程量计算规则	工程内容
010904001	楼(地)面卷材防水	1. 卷材品种、规格、厚度 2. 防水层数 3. 防水层做法 4. 反边高度	m^2	按设计图示尺寸以面积计算 1. 楼(地)面防水:按主墙间净空面积计算,扣除凸出地面的构筑物、设备基础等所占面积,不扣除间壁墙及单个面积≤0.3 m^2柱、垛、烟囱和孔洞所占面积 2. 楼(地)面防水反边高度≤300 mm算作地面防水,反边高度>300 mm按墙面防水计算	1. 基层处理 2. 刷黏结剂 3. 铺防水卷材 4. 接缝、嵌缝

续上表

项目编码	项目名称	项目特征	计量单位	工程量计算规则	工程内容
010904002	楼(地)面涂膜防水	1.防水膜品种 2.涂膜厚度、遍数 3.增强材料种类 4.反边高度	m^2	按设计图示尺寸以面积计算 1.楼(地)面防水:按主墙间净空面积计算,扣除凸出地面的构筑物、设备基础等所占面积,不扣除间壁墙及单个面积≤0.3 m^2 柱、垛、烟囱和孔洞所占面积 2.楼(地)面防水反边高度≤300 mm算作地面防水,反边高度>300 mm按墙面防水计算	1.基层处理 2.刷基层处理剂 3.铺布、喷涂防水层
010904003	楼(地)面砂浆防水(防潮)	1.防水层做法 2.砂浆厚度、配合比 3.反边高度			1.基层处理 2.砂浆制作、运输、摊铺、养护
010904004	楼(地)面变形缝	1.嵌缝材料种类 2.止水带材料种类 3.盖缝材料 4.防护材料种类	m	按设计图示以长度计算	1.清缝 2.填塞防水材料 3.止水带安装 4.盖缝制作、安装 5.刷防护材料

二、清单工程量计算

计算实例 1 楼(地)面卷材防水

某工程室内平面,如图 1-8-7 所示,计算三毡四油地面卷材防水层的工程量。

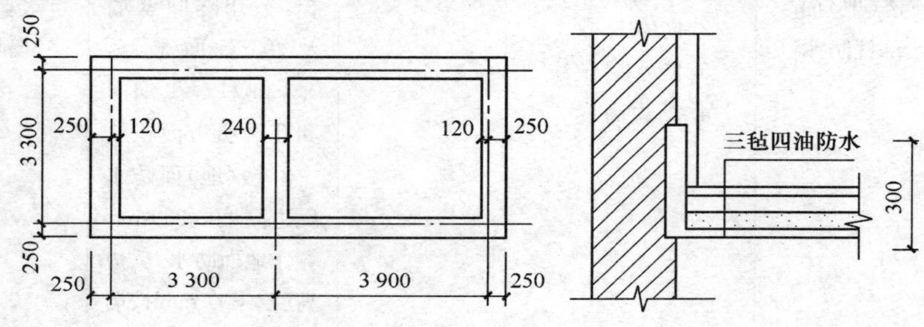

图 1-8-7 某工程室内平面图(单位:mm)

工程量计算过程及结果

地面卷材防水的工程量＝(3.3－0.12×2)×(3.3－0.12×2)＋(3.9－0.12×2)×(3.3－0.12×2)

$=20.56\ m^2$

计算实例 2　楼(地)面变形缝

某工程设置两条通北面伸缩缝，如图 1-8-8 所示，用油浸麻丝填缝，计算地面伸缩缝的工程量。

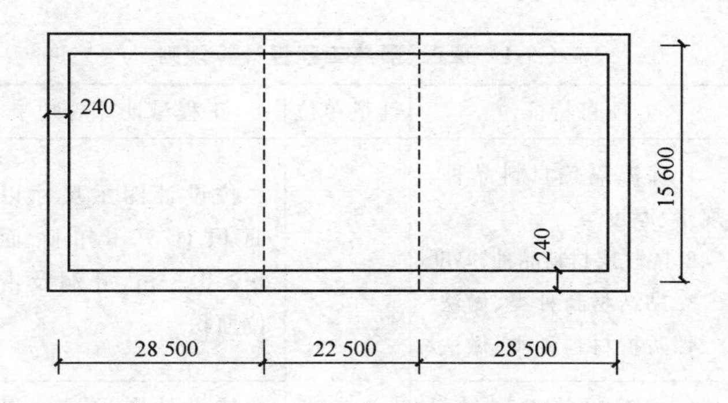

图 1-8-8　地面伸缩缝示意图(单位：mm)

工程量计算过程及结果

地面伸缩缝的工程量＝(15.6－0.24)×2＝30.72 m

第九章　保温、隔热、防腐工程

第一节　保温、隔热

一、清单工程量计算规则（表 1-9-1）

表 1-9-1　保温、隔热工程量计算规则

项目编码	项目名称	项目特征	计量单位	工程量计算规则	工程内容
011001001	保温隔热屋面	1.保温隔热材料品种、规格、厚度 2.隔气层材料品种、厚度 3.黏结材料种类、做法 4.防护材料种类、做法	m^2	按设计图示尺寸以面积计算。扣除面积＞0.3 m^2 孔洞及占位面积	1.基层清理 2.刷黏结材料 3.铺粘保温层 4.铺、刷（喷）防护材料
011001002	保温隔热天棚	1.保温隔热面层材料品种、规格、厚度 2.保温隔热材料品种、规格及厚度 3.黏结材料种类及做法 4.防护材料种类及做法		按设计图示尺寸以面积计算。扣除面积＞0.3 m^2 上柱、垛、孔洞所占面积，与天棚相连的梁按展开面积，计算并入天棚工程量内	
011001003	保温隔热墙面	1.保温隔热部位 2.保温隔热方式 3.踢脚线、勒脚线保温做法 4.龙骨材料品种、规格 5.保温隔热面层材料品种、规格、性能 6.保温隔热材料品种、规格及厚度 7.增强网及抗裂防水砂浆种类 8.黏结材料种类及做法 9.防护材料种类及做法		按设计图示尺寸以面积计算。扣除门窗洞口以及面积＞0.3 m^2 梁、孔洞所占面积；门窗洞口侧壁以及与墙相连的柱，并入保温墙体工程量内	1.基层清理 2.刷界面剂 3.安装龙骨 4.填贴保温材料 5.保温板安装 6.黏贴面层 7.铺设增强格网、抹抗裂、防水砂浆面层 8.嵌缝 9.铺、刷（喷）防护材料
011001004	保温柱、梁			按设计图示尺寸以面积计算 1.柱按设计图示柱断面保温层中心线展开长度乘保温层高度以面积计算，扣除面积＞0.3 m^2 梁所占面积 2.梁按设计图示梁断面保温层中心线展开长度乘保温层长度以面积计算	

续上表

项目编码	项目名称	项目特征	计量单位	工程量计算规则	工程内容
011001005	保温隔热楼地面	1. 保温隔热部位 2. 保温隔热材料品种、规格、厚度 3. 隔气层材料品种、厚度 4. 黏结材料种类、做法 5. 防护材料种类、做法	m^2	按设计图示尺寸以面积计算。扣除面积＞0.3 m^2 柱、垛、孔洞等所占面积。门洞、空圈、暖气包槽、壁龛的开口部分不增加面积	1. 基层清理 2. 刷黏结材料 3. 铺粘保温层 4. 铺、刷（喷）防护材料
011001006	其他保温隔热	1. 保温隔热部位 2. 保温隔热方式 3. 隔气层材料品种、厚度 4. 保温隔热面层材料品种、规格、性能 5. 保温隔热材料品种、规格及厚度 6. 黏结材料种类及做法 7. 增强网及抗裂防水砂浆种类 8. 防护材料种类及做法		按设计图示尺寸以展开面积计算。扣除面积＞0.3 m^2 孔洞及占位面积	1. 基层清理 2. 刷界面剂 3. 安装龙骨 4. 填贴保温材料 5. 保温板安装 6. 黏贴面层 7. 铺设增强格网、抹抗裂防水砂浆面层 8. 嵌缝 9. 铺、刷（喷）防护材料

二、清单工程量计算

计算实例 1　保温隔热屋面

某房屋保温层，如图 1-9-1 所示，已知保温层最薄处为 60 mm，坡度为 5%。计算保温隔热屋面的工程量。

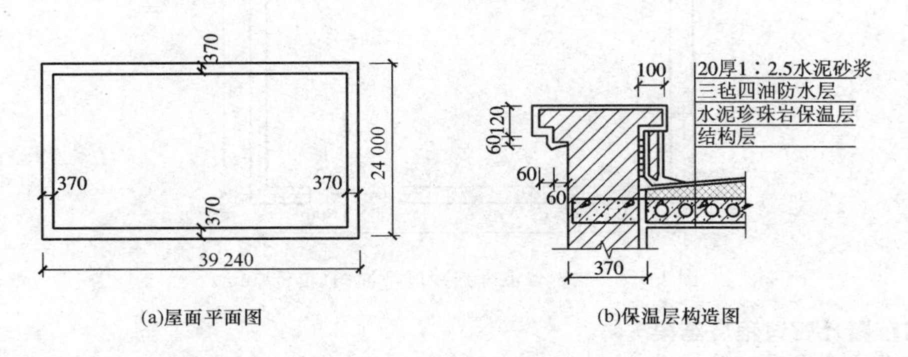

图 1-9-1　屋面保温层构造（单位：mm）

工程量计算过程及结果

屋面保温层的工程量＝(39.24－0.37×2)×(24－0.37×2)＝895.51 m^2

计算实例 2 保温隔热天棚

某屋面天棚，如图 1-9-2 所示，屋面天棚是由聚苯乙烯塑料板(1 000 mm×150 mm×50 mm)的保温面层，计算保温隔热天棚的工程量。

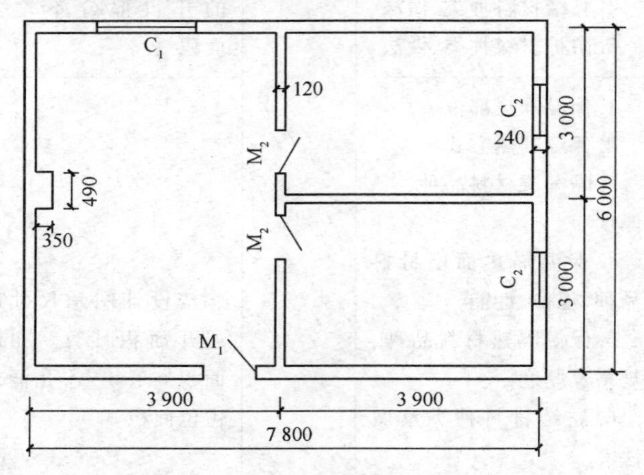

图 1-9-2 屋面天棚示意图(单位：mm)

工程量计算过程及结果

保温隔热天棚的工程量＝(3.9－0.12－0.06)×(6－0.24)＋(3.9－0.12－0.06)×(3－0.12－0.06)×2

＝42.41 m^2

计算实例 3 保温隔热墙面

某冷库平面图，如图 1-9-3 所示，采用软木保温层，厚度 15 mm，顶棚做带木龙骨保温层，计算该冷库室内软木保温隔热墙面的工程量。

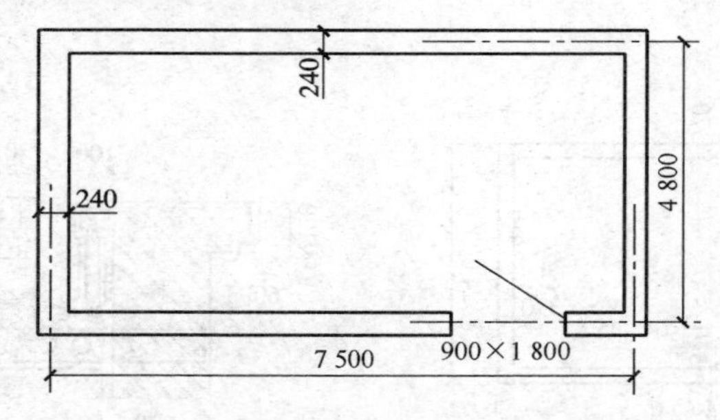

图 1-9-3 软木保温隔热冷库平面图(单位：mm)

工程量计算过程及结果

保温隔热墙面的工程量＝[(7.5－0.24)＋(4.8－0.24)]×2－0.9×1.8＝22.02 m^2

计算实例 4　保温柱、梁

某保温方柱，如图 1-9-4 所示，柱高 3.9 m，计算聚苯乙烯泡沫塑料板保温方柱的工程量。

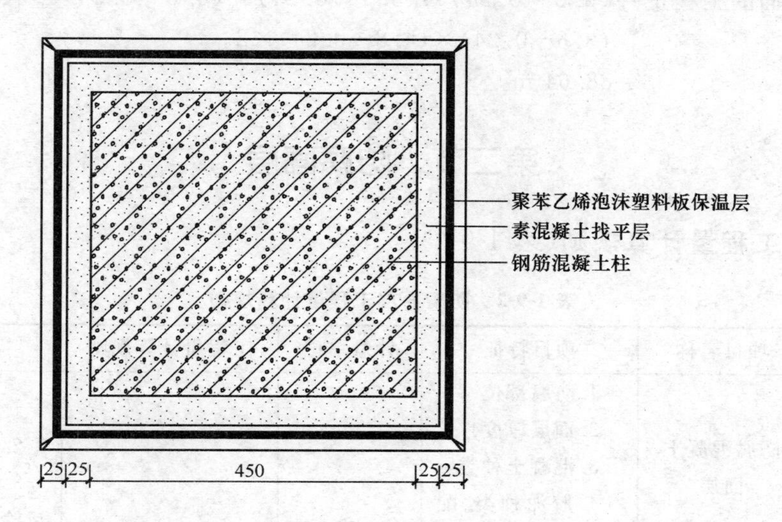

图 1-9-4　保温方柱示意图(单位：mm)

工程量计算过程及结果

保温方柱中心线展开长度 $L=(0.45+0.025\times2+0.025\div2\times2)\times4=2.1$ m

保温方柱的工程量$=2.1\times3.9=8.19$ m^2

计算实例 5　保温隔热楼地面

某工程楼地面，如图 1-9-5 所示，楼地面采用 60 mm 厚的沥青铺加气混凝土块隔热层，计算隔热楼地面的工程量。

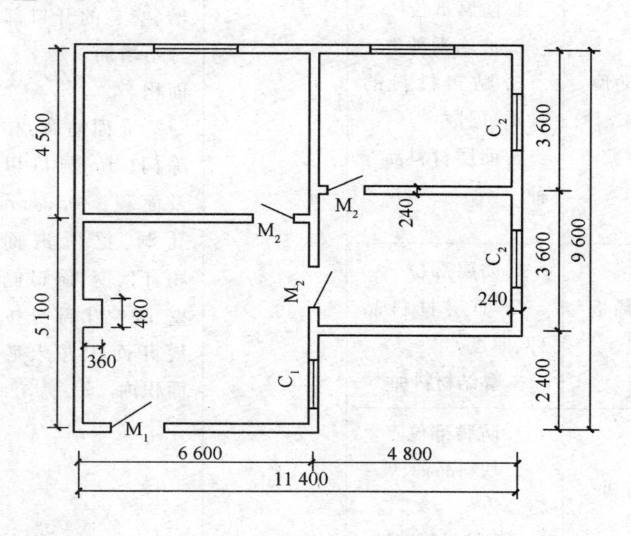

图 1-9-5　楼地面示意图(单位：mm)

工程量计算过程及结果

隔热楼地面的工程量＝(6.6－0.24)×(5.1－0.24)＋(6.6－0.24)×(4.5－0.24)＋(3.6－0.24)×(4.8－0.24)×2

＝88.64 m^2

第二节　防腐面层

一、清单工程量计算规则(表 1-9-2)

表 1-9-2　防腐面层工程量计算规则

项目编码	项目名称	项目特征	计量单位	工程量计算规则	工程内容
011002001	防腐混凝土面层	1. 防腐部位 2. 面层厚度 3. 混凝土种类 4. 胶泥种类、配合比	m^2	按设计图示尺寸以面积计算 1. 平面防腐：扣除凸出地面的构筑物、设备基础等以及面积＞0.3 m^2 孔洞、柱、垛等所占面积，门洞、空圈、暖气包槽、壁龛的开口部分不增加面积 2. 立面防腐：扣除门、窗、洞口以及面积＞0.3 m^2 孔洞、梁所占面积，门、窗、洞口侧壁、垛突出部分按展开面积并入墙面积内	1. 基层清理 2. 基层刷稀胶泥 3. 混凝土制作、运输、摊铺、养护
011002002	防腐砂浆面层	1. 防腐部位 2. 面层厚度 3. 砂浆、胶泥种类、配合比			1. 基层清理 2. 基层刷稀胶泥 3. 砂浆制作、运输、摊铺、养护
011002003	防腐胶泥面层	1. 防腐部位 2. 面层厚度 3. 胶泥种类、配合比			1. 基层清理 2. 胶泥调制、摊铺
011002004	玻璃钢防腐面层	1. 防腐部位 2. 玻璃钢种类 3. 贴布材料的种类、层数 4. 面层材料品种			1. 基层清理 2. 刷底漆、刮腻子 3. 胶浆配制、涂刷 4. 黏布、涂刷面层
011002005	聚氯乙烯板面层	1. 防腐部位 2. 面层材料品种、厚度 3. 黏结材料种类			1. 基层清理 2. 配料、涂胶 3. 聚氯乙烯板铺设
011002006	块料防腐面层	1. 防腐部位 2. 块料品种、规格 3. 黏结材料种类 4. 勾缝材料种类			1. 基层清理 2. 铺贴块料 3. 胶泥调制、勾缝

续上表

项目编码	项目名称	项目特征	计量单位	工程量计算规则	工程内容
011002007	池、槽块料防腐面层	1. 防腐池、槽名称、代号 2. 块料品种、规格 3. 黏结材料种类 4. 勾缝材料种类	m^2	按设计图示尺寸以展开面积计算	1. 基层清理 2. 铺贴块料 3. 胶泥调制、勾缝

二、清单工程量计算

计算实例 1 防腐混凝土面层

例 1 某耐酸沥青混凝土地面及踢脚板房屋示意图，如图 1-9-6 所示，防腐混凝土面层的工程量（踢脚板高度为 120 mm）。

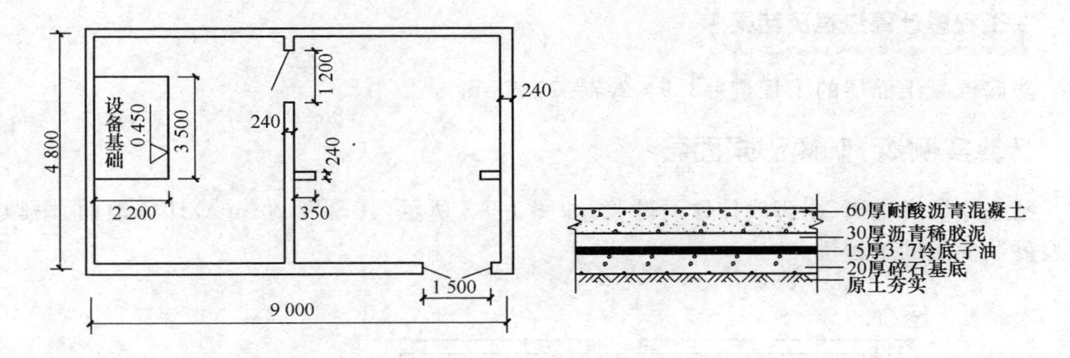

图 1-9-6 耐酸沥青混凝土地面及踢脚板示意图（单位：mm）

工程量计算过程及结果

防腐混凝土地面的工程量＝(9－0.24)×(4.8－0.24)－2.2×3.5－(4.8－0.24)×0.24＋1.2×0.24－0.35×0.24×2

＝31.28 m^2

防腐混凝土踢脚板长度＝(9－0.24＋4.8－0.24)×2－1.5＋0.12×2＋2.2×2＋(4.8－0.24－1.2)×2＋0.35×4

＝37.9 m

防腐混凝土踢脚板的工程量＝37.9×0.12＝4.55 m^2

例 2 某重晶石防腐混凝土台阶，如图 1-9-7 所示，计算该台阶防腐混凝土面层的工程量。

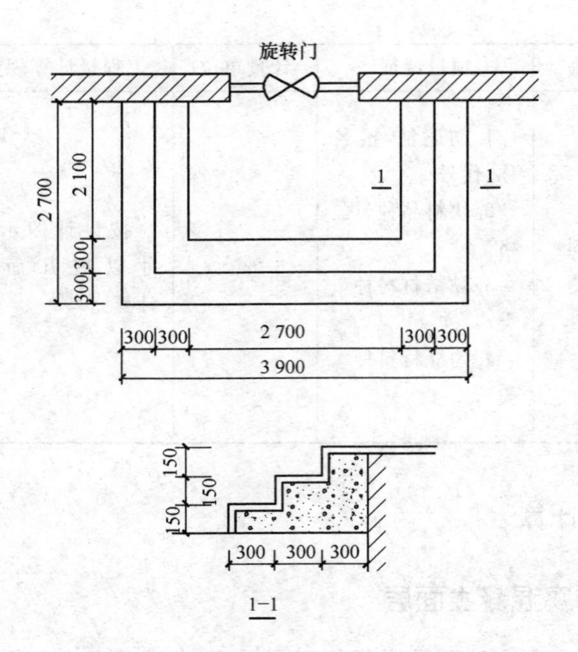

图 1-9-7 重晶石混凝土台阶示意图(单位:mm)

工程量计算过程及结果

防腐混凝土面层的工程量＝3.9×2.7＝10.53 m²

计算实例 2 防腐砂浆面层

某仓库防腐地面、踢脚线抹铁屑砂浆，如图 1-9-8 所示，其厚度 20 mm，计算地面、踢脚线防腐砂浆面层的工程量。

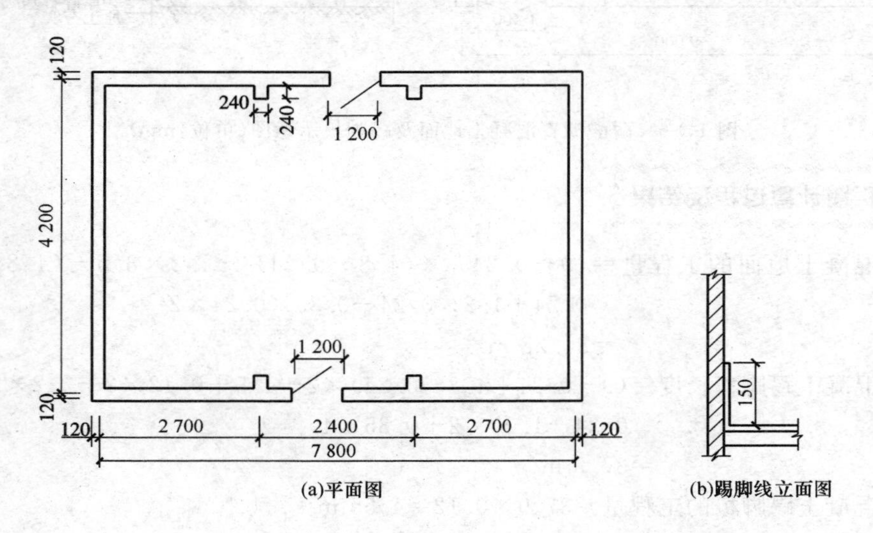

图 1-9-8 仓库防腐地面、踢脚线尺寸(单位:mm)

工程量计算过程及结果

(1)防腐地面的工程量＝设计图示净长×净宽－应扣面积、耐酸防腐

＝(7.8－0.24)×(4.2－0.24)＝29.94 m^2

(2)防腐踢脚线的工程量＝(踢脚线净长＋门、垛侧面宽度－门宽)×净高

＝[(4.2－0.24＋7.8－0.24－1.2)×2＋0.24×8＋0.12×4]×0.15

＝3.46 m^2

说明:0.24×8 为 4 个墙垛的侧面长度和 0.12×4 为两扇门的侧面一半长度和。

计算实例 3　块料防腐面层

某地面,如图 1-9-9 所示,共采用双层耐酸沥青胶泥黏青石板(180 mm×110 mm×30 mm),踢脚板高为 120 mm,厚度为 20 mm,计算块料防腐面层的工程量。

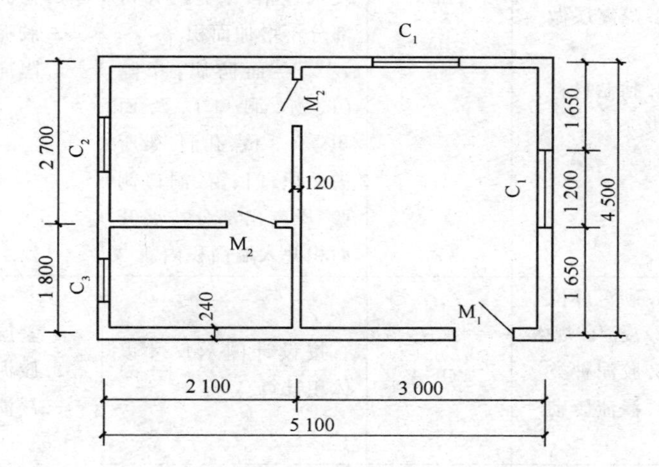

编号	宽度
M_1	1 200
M_2	900
C_1	1 200
C_2	1 000
C_3	800

图 1-9-9　某地面示意图(单位:mm)

工程量计算过程及结果

地面的工程量＝(5.1－0.24)×(4.5－0.24)＋1.2×0.24－0.12×(2.1－0.12－0.06－0.9)－0.12×(4.5－0.24－0.9)

＝20.47 m^2

踢脚板长度＝(5.1－0.24＋4.5－0.24) ×2－1.2＋(2.1－0.12－0.06－0.9)×2＋(3.6－0.24－0.9)×2＋0.12×2

＝24.24 m

踢脚板的工程量＝24.24×0.12＝2.91 m^2

第三节 其他防腐

一、清单工程量计算规则(表 1-9-3)

表 1-9-3 其他防腐工程量计算规则

项目编码	项目名称	项目特征	计量单位	工程量计算规则	工程内容
011003001	隔离层	1. 隔离层部位 2. 隔离层材料品种 3. 隔离层做法 4. 粘贴材料种类	m^2	按设计图示尺寸以面积计算 1. 平面防腐:扣除凸出地面的构筑物、设备基础等以及面积>0.3 m^2 孔洞、柱、垛等所占面积,门洞、空圈、暖气包槽、壁龛的开口部分不增加面积 2. 立面防腐:扣除门、窗、洞口以及面积>0.3 m^2 孔洞、梁所占面积,门、窗、洞口侧壁、垛突出部分按展开面积并入墙面积内	1. 基层清理、刷油 2. 煮沥青 3. 胶泥调制 4. 隔离层铺设
011003002	砌筑沥青浸渍砖	1. 砌筑部位 2. 浸渍砖规格 3. 胶泥种类 4. 浸渍砖砌法	m^3	按设计图示尺寸以体积计算	1. 基层清理 2. 胶泥调制 3. 浸渍砖铺砌
011003003	防腐涂料	1. 涂刷部位 2. 基层材料类型 3. 刮腻子的种类、遍数 4. 涂料品种、刷涂遍数	m^2	按设计图示尺寸以面积汁算 1. 平面防腐:扣除凸出地面的构筑物、设备基础等以及面积>0.3 m^2 孔洞、柱、垛等所占面积,门洞、空圈、暖气包槽、壁龛的开口部分不增加面积 2. 立面防腐:扣除门、窗、洞口以及面积>0.3 m^2 孔洞、梁所占面积,门、窗、洞口侧壁、垛突出部分按展开面积并入墙面积内	1. 基层清理 2. 刮腻子 3. 刷涂料

二、清单工程量计算

计算实例1 隔离层

某住宅楼面，如图1-9-10所示，地面与踢脚板均为耐酸沥青胶泥卷材隔离层，如图1-9-11所示，计算隔离层的工程量(踢脚板高120 mm)。

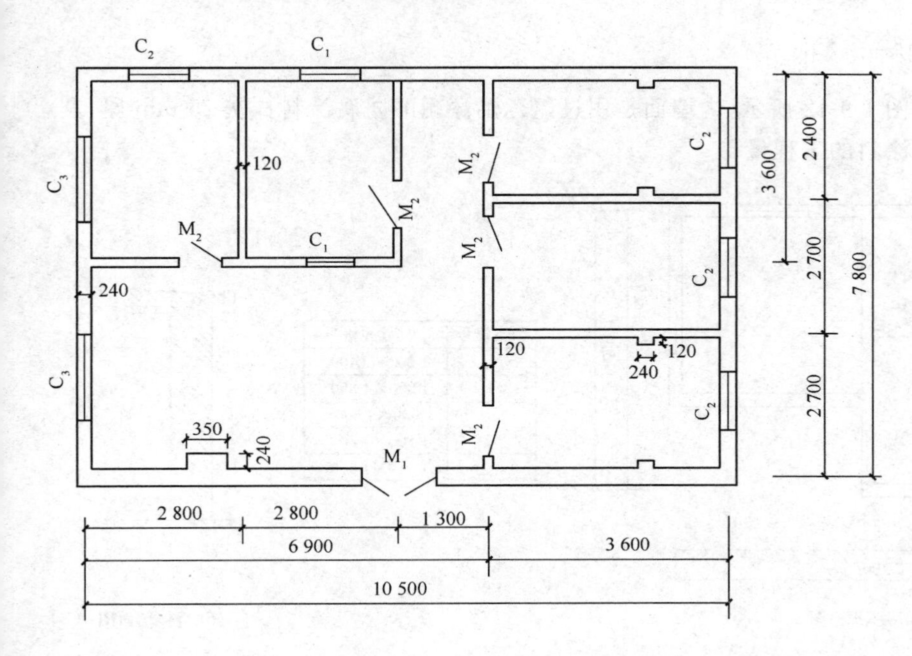

门窗符号	尺寸规格
M_1	1 500×2 400
M_2	1 000×1 800
C_1	900×1 200
C_2	1 200×1 800
C_3	1 500×1 800

图1-9-10 某楼面示意图(单位:mm)

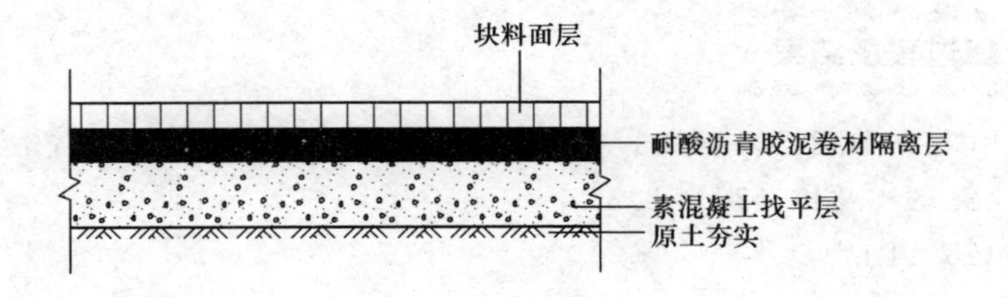

图1-9-11 楼面隔离层详图

工程量计算过程及结果

地面隔离层工程量＝(10.5－0.24)×(7.8－0.24)－0.24×0.35－0.12×0.24×4－(3.6－0.12－0.06)×0.12×2－(7.8－0.24)×0.12－(3.6－0.12－0.06)×0.12×2－(2.8＋2.8－0.12－0.06)×0.12＋5×0.12×1

＝74.77 m^2

踢脚板隔离层长度＝[(3.6－0.12－0.06)＋(2.7－0.12－0.06)] ×2＋[(3.6－0.12－0.06)＋(2.7－0.06－0.06)] ×2＋[(3.6－0.12－0.06)＋(2.4－

0.12－0.06)]×2＋[(2.8－0.12－0.06)＋(3.6－0.12－0.06)]×2＋[(2.8－0.06－0.06)＋(3.6－0.12－0.06)]×2＋[(6.9－0.12－0.06)＋(7.8－3.6－0.12－0.06)]×2＋(3.6－0.06)×2－1.5－5×1×2＋0.12×5×2＋0.24×2＋0.12×8＋0.12×2

＝79.38 m

踢脚板隔离层的工程量＝79.38×0.12＝9.53 m²

计算实例 2 防腐涂料

某房屋平面图，如图 1-9-12 所示，内墙面是用过氯乙烯漆耐酸防腐涂料抹灰 25 mm 厚，其中底漆一遍，计算防腐涂料的工程量。

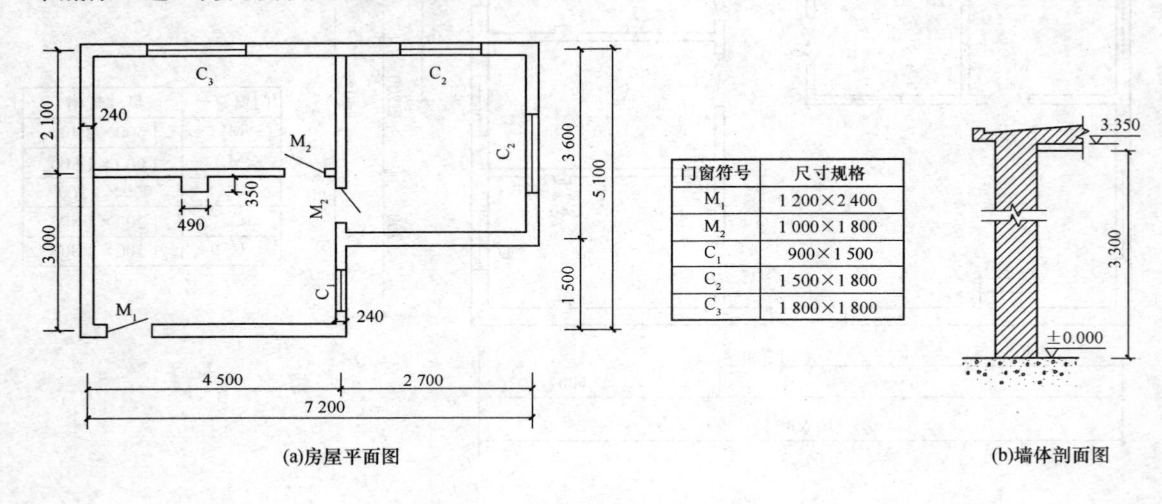

门窗符号	尺寸规格
M_1	1 200×2 400
M_2	1 000×1 800
C_1	900×1 500
C_2	1 500×1 800
C_3	1 800×1 800

图 1-9-12 某墙面示意图(单位：mm)

工程量计算过程及结果

墙面面积＝[(2.1－0.24)×2＋(3－0.24)×2＋(4.5－0.24)×4＋(3.6－0.24)×2＋(2.7－0.24)×2]×3.3

＝125.14 m²

门窗洞口面积＝1.2×2.4＋1×1.8×2×2＋0.9×1.5＋1.5×1.8×2＋1.8×1.8

＝20.07 m²

砖垛展开面积＝0.35×2×3.3＝2.31 m²

防腐涂料的工程量＝125.14－20.07＋2.31＝107.38 m²

第十章　楼地面装饰工程

第一节　整体面层及找平层

一、清单工程量计算规则(表 1-10-1)

表 1-10-1　整体面层及找平层工程量计算规则

项目编码	项目名称	项目特征	计量单位	工程量计算规则	工程内容
011101001	水泥砂浆楼地面	1. 找平层厚度、砂浆配合比 2. 素水泥浆遍数 3. 面层厚度、砂浆配合比 4. 面层做法要求	m^2	按设计图示尺寸以面积计算。扣除凸出地面构筑物、设备基础、室内铁道、地沟等所占面积,不扣除间壁墙及≤0.3 m^2 柱、垛、附墙烟囱及孔洞所占面积。门洞、空圈、暖气包槽、壁龛的开口部分不增加面积	1. 基层清理 2. 抹找平层 3. 抹面层 4. 材料运输
011101002	现浇水磨石楼地面	1. 找平层厚度、砂浆配合比 2. 面层厚度、水泥石子浆配合比 3. 嵌条材料种类、规格 4. 石子种类、规格、颜色 5. 颜料种类、颜色 6. 图案要求 7. 磨光、酸洗、打蜡要求			1. 基层清理 2. 抹找平层 3. 面层铺设 4. 嵌缝条安装 5. 磨光、酸洗打蜡 6. 材料运输
011101003	细石混凝土楼地面	1. 找平层厚度、砂浆配合比 2. 面层厚度、混凝土强度等级			1. 基层清理 2. 抹找平层 3. 面层铺设 4. 材料运输
011101004	菱苦土楼地面	1. 找平层厚度、砂浆配合比 2. 面层厚度 3. 打蜡要求			1. 基层清理 2. 抹找平层 3. 面层铺设 4. 打蜡 5. 材料运输

续上表

项目编码	项目名称	项目特征	计量单位	工程量计算规则	工程内容
011101005	自流坪楼地面	1. 找平层砂浆配合比、厚度 2. 界面剂材料种类 3. 中层漆材料种类、厚度 4. 面漆材料种类、厚度 5. 面层材料种类	m^2	按设计图示尺寸以面积计算。扣除凸出地面构筑物、设备基础、室内铁道、地沟等所占面积，不扣除间壁墙及≤0.3 m^2 柱、垛、附墙烟囱及孔洞所占面积。门洞、空圈、暖气包槽、壁龛的开口部分不增加面积	1. 基层处理 2. 抹找平层 3. 涂界面剂 4. 涂刷中层漆 5. 打磨、吸尘 6. 镘自流平面漆(浆) 7. 拌合自流平浆料 8. 铺面层
011101006	平面砂浆找平层	找平层厚度、砂浆配合比		按设计图示尺寸以面积计算	1. 基层清理 2. 抹找平层 3. 材料运输

二、清单工程量计算

计算实例 1　水泥砂浆楼地面

某住宅室内水泥砂石浆(厚 20 mm)地面如图 1-10-1 所示，计算水泥砂浆楼地面的工程量。

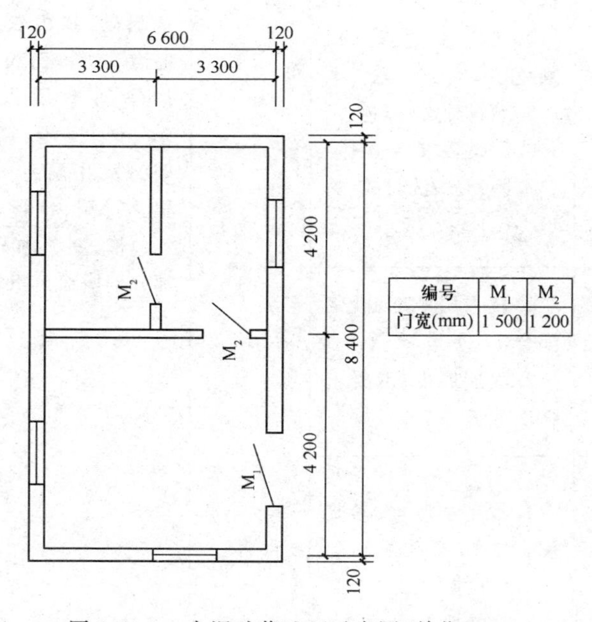

图 1-10-1　水泥砂浆地面示意图(单位：mm)

工程量计算过程及结果

水泥砂浆楼地面的工程量＝(4.2－0.24)×(6.6－0.24)＋(3.3－0.24)×(4.2－0.24)×2

＝49.43 m^2

计算实例 2 现浇水磨石楼地面

某住宅楼二层示意图如图 1-10-2 所示，住宅楼二层房间(不包括卫生间、厨房和楼梯)及走廊的地面为现浇水磨石楼地面(C20 细石混凝土找平层厚 40 mm)，内外墙均厚 240 mm。计算现浇水磨石楼地面工程量。

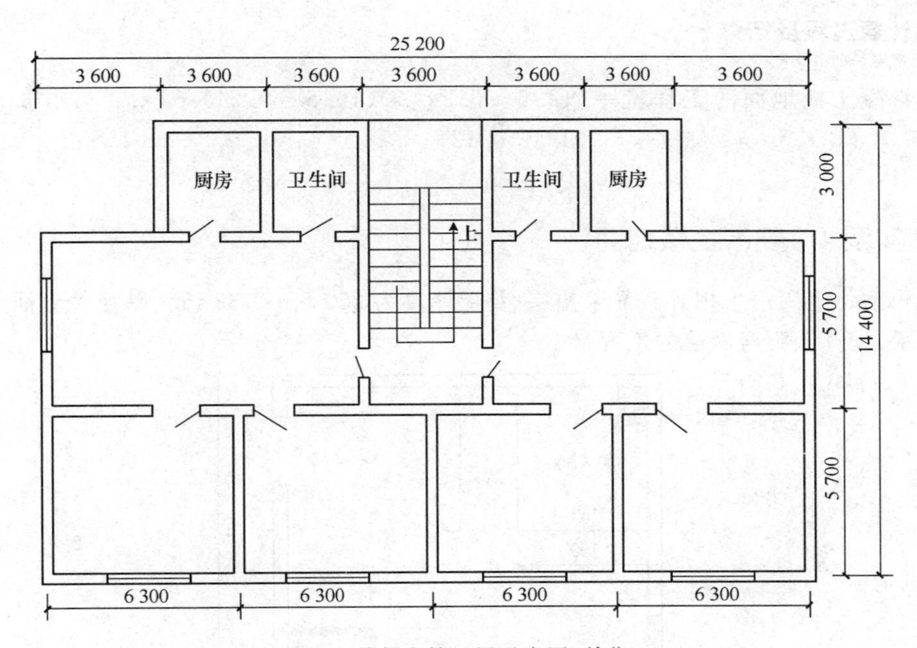

图 1-10-2 某住宅楼二层示意图(单位:mm)

工程量计算过程及结果

现浇水磨石楼地面的工程量＝(5.7－0.24)×(6.3－0.24)×4＋(5.7－0.24)×(3.6×3－0.24)×2

＝247.67 m^2

计算实例 3 细石混凝土楼地面

某细石混凝土楼地面平面示意图如图 1-10-3 所示，计算细石混凝土楼地面的工程量。

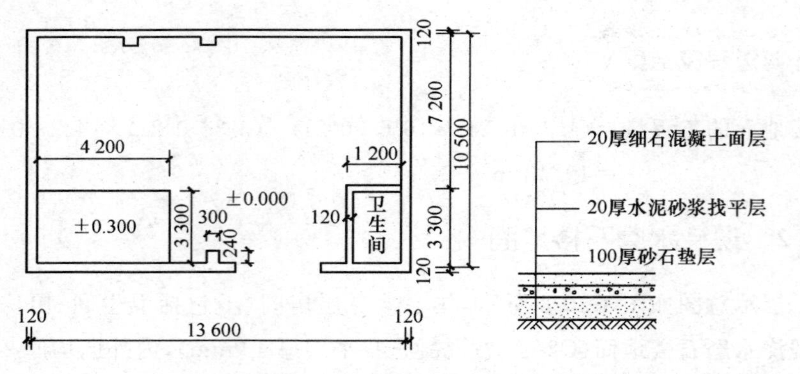

图 1-10-3 细石混凝土楼地面平面示意图(单位:mm)

工程量计算过程及结果

细石混凝土楼地面的工程量＝(13.6－0.24)×(10.5－0.24)－(4.2×3.3)－1.2×(3.3－0.12)

＝119.39 m²

计算实例 4 菱苦土楼地面

某大户型住宅厨房采用碎砖灌浆垫层(垫层厚度为 250 mm),30 mm 厚菱苦土面层,如图 1-10-4 所示,计算该厨房面层的工程量。

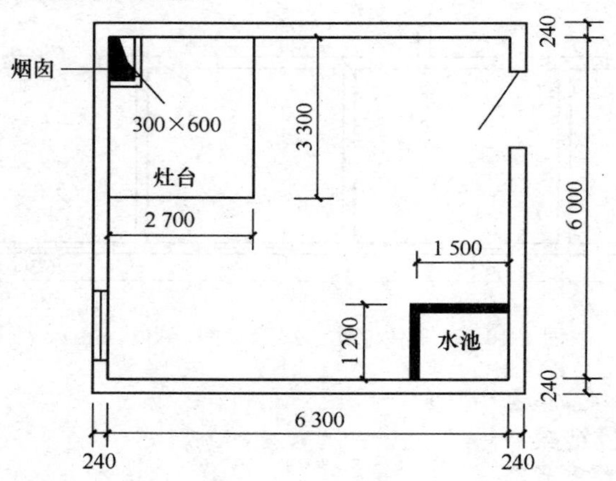

图 1-10-4 厨房平面图(单位:mm)

工程量计算过程及结果

菱苦土面层的工程量＝6.3×6－2.7×3.3－1.2×1.5

＝27.09 m²

注:此题中的烟囱不同于构筑物中烟囱,它属于附墙烟囱,故在菱苦土楼地面工程量中可忽略不计。

第二节　块料面层

一、清单工程量计算规则(表 1-10-2)

表 1-10-2　块料面层工程量计算规则

项目编码	项目名称	项目特征	计量单位	工程量计算规则	工程内容
011102001	石材楼地面	1.找平层厚度、砂浆配合比 2.结合层厚度、砂浆配合比 3.面层材料品种、规格、颜色 4.嵌缝材料种类 5.防护层材料种类 6.酸洗、打蜡要求	m^2	按设计图示尺寸以面积计算。门洞、空圈、暖气包槽、壁龛的开口部分并入相应的工程量内	1.基层清理 2.抹找平层 3.面层铺设、磨边 4.嵌缝 5.刷防护材料 6.酸洗、打蜡 7.材料运输
011102002	碎石材楼地面				
011102003	块料楼地面				

二、清单工程量计算

计算实例 1　石材楼地面

某石材门厅示意图如图 1-10-5 所示,计算门厅镶贴花岗岩地面面层工程量。(墙厚为 240 mm)

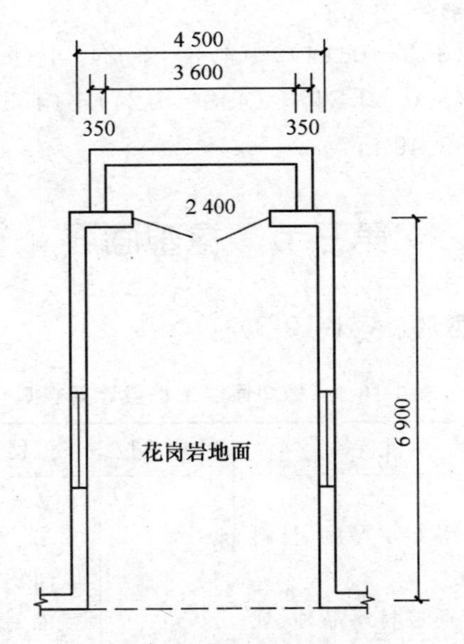

图 1-10-5　某石材门厅示意图(单位:mm)

工程量计算过程及结果

门厅镶贴花岗岩地面面层的工程量＝(4.5－0.24)×(6.9－0.12＋0.12)

＝29.39 m^2

计算实例 2　块料楼地面

某彩色镜面水磨石块料楼地面示意图如图 1-10-6 所示，计算块料楼地面的工程量。

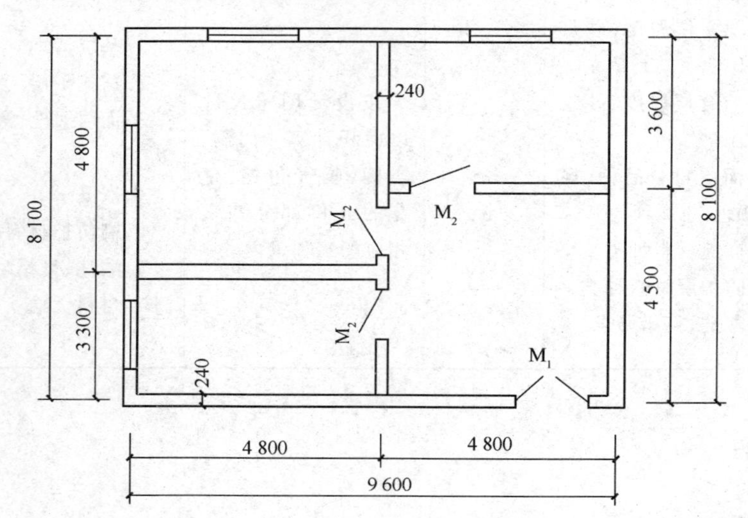

编号	M_1	M_2
尺寸	2 100×2 400	1 200×2 100

图 1-10-6　彩色镜面水磨石楼地面示意图(单位:mm)

工程量计算过程及结果

块料楼地面的工程量＝(3.3－0.24)×(4.8－0.24)＋(4.8－0.24)×(4.8－0.24)＋(3.6－0.24)×(4.8－0.24)＋(4.5－0.24)×(4.8－0.24)

＝69.49 m^2

第三节　橡塑面层

一、清单工程量计算规则(表 1-10-3)

表 1-10-3　橡塑面层工程量计算规则

项目编码	项目名称	项目特征	计量单位	工程量计算规则	工程内容
011103001	橡胶板楼地面	1. 黏结层厚度、材料种类 2. 面层材料品种、规格、颜色 3. 压线条种类	m^2	按设计图示尺寸以面积计算。门洞、空圈、暖气包槽、壁龛的开口部分并入相应的工程量内	1. 基层清理 2. 面层铺贴 3. 压缝条装钉 4. 材料运输
011103002	橡胶板卷材楼地面				

续上表

项目编码	项目名称	项目特征	计量单位	工程量计算规则	工程内容
011103003	塑料板楼地面	1. 黏结层厚度、材料种类 2. 面层材料品种、规格、颜色 3. 压线条种类	m^2	按设计图示尺寸以面积计算。门洞、空圈、暖气包槽、壁龛的开口部分并入相应的工程量内	1. 基层清理 2. 面层铺贴 3. 压缝条装钉 4. 材料运输
011103004	塑料卷材楼地面				

二、清单工程量计算

计算实例 1　橡胶板楼地面

某地面贴橡胶板面层，其示意图如图 1-10-7 所示，计算橡胶板楼地面的工程量。

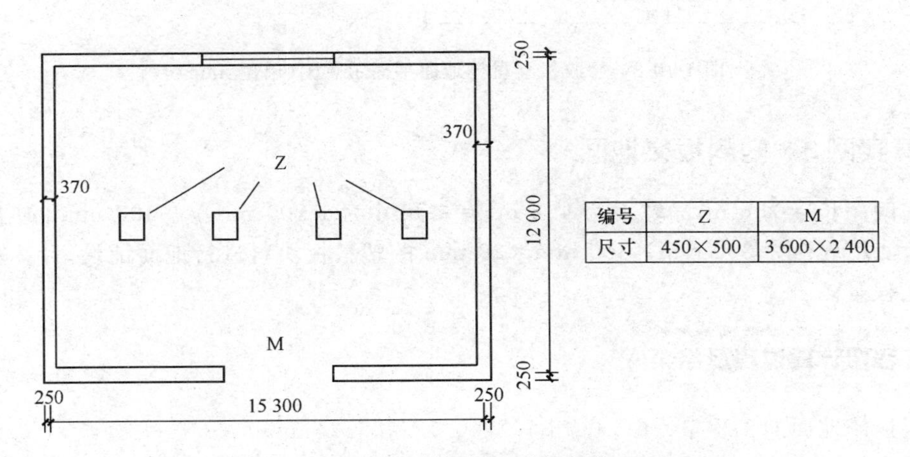

图 1-10-7　地面贴橡胶板面层(单位:mm)

工程量计算过程及结果

橡胶板楼地面的工程量＝[15.3－(0.37－0.25)×2]×[12－(0.37－0.25)×2]－0.45×0.5×4＋3.6×0.37
＝177.54 m^2

计算实例 2　橡胶板卷材楼地面

某橡胶板卷材楼地面平面示意图如图 1-10-8 所示，地面面层为橡胶板，计算橡胶板卷材楼地面的工程量。

工程量计算过程及结果

橡胶板卷材楼地面的工程量＝室内地面工程量＋门洞地面工程量

(1)室内地面工程量＝(14.4－0.24)×(3.6－0.12－0.06)＋(3.9－0.12－0.06)×(3.6－0.12－0.06)×2＋(3.9－0.12－0.06)×(3.6－0.12)×2
＝99.76 m^2

(2)门洞地面工程量＝1.2×0.12×4＋2.4×0.24＝1.15 m^2

橡胶板卷材楼地面的工程量＝99.76＋1.15＝100.91 m^2

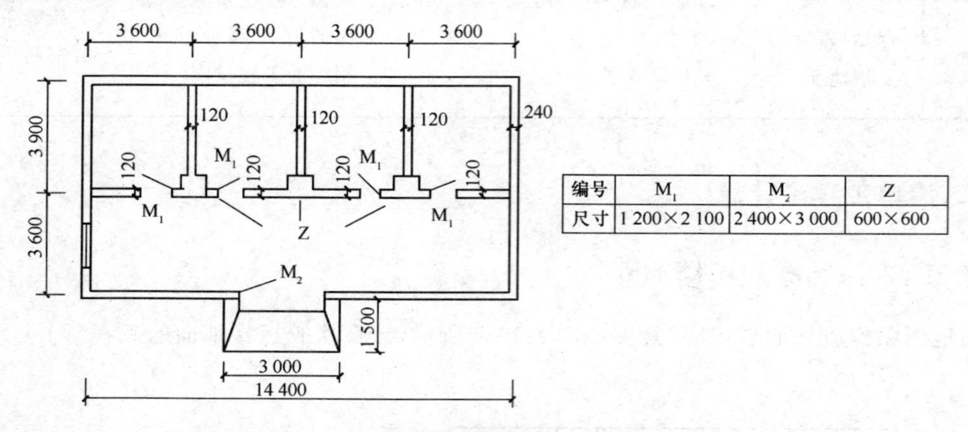

编号	M_1	M_2	Z
尺寸	1 200×2 100	2 400×3 000	600×600

图 1-10-8　橡胶板卷材楼地面平面示意图(单位:mm)

计算实例 3　塑料板楼地面

某房间净长度为 6 m,净宽度为 4.2 m,有一尺寸为 1 200 mm×2 100 mm 的门,墙厚为 240 mm,使用规格为 300 mm×300 mm×20 mm 的塑料板块料进行地面铺设,计算塑料板楼地面的工程量。

工程量计算过程及结果

塑料板楼地面的工程量＝6×4.2＋1.2×0.12＝25.34 m^2

计算实例 4　塑料卷材楼地面

某塑料卷材楼地面示意图如图 1-10-9 所示,计算塑料卷材楼地面的工程量。

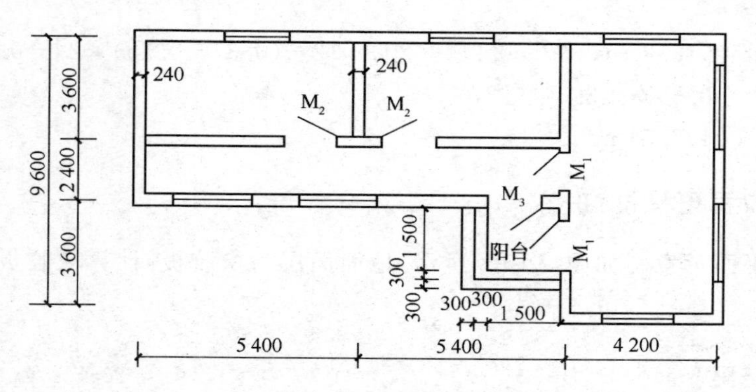

编号	尺寸
M_1	2 100×2 700
M_2	1 200×2 400
M_3	1 500×2 400

图 1-10-9　塑料卷材楼地面示意图(单位:mm)

工程量计算过程及结果

塑料卷材楼地面的工程量＝室内地面工程量＋门洞地面工程量

(1)室内地面工程量＝(5.4－0.24)×(3.6－0.24)×2＋(5.4×2－0.24)×(2.4－0.24)＋(4.2－0.24)×(9.6－0.24)

＝94.56 m^2

(2)门洞地面工程量＝2×2.1×0.24＋2×1.2×0.24＋1.5×0.24

＝1.94 m^2

塑料卷材楼地面的工程量＝94.56＋1.94

＝96.50 m^2

注：在计算塑料卷材楼地面的工程量时，阳台面积不算在其中。

第四节　其他材料面层

一、清单工程量计算规则(表 1-10-4)

表 1-10-4　其他材料面层工程量计算规则

项目编码	项目名称	项目特征	计量单位	工程量计算规则	工程内容
011104001	地毯楼地面	1.面层材料品种、规格、颜色 2.防护材料种类 3.黏结材料种类 4.压线条种类	m^2	按设计图示尺寸以面积计算。门洞、空圈、暖气包槽、壁龛的开口部分并入相应的工程量内	1.基层清理 2.铺贴面层 3.刷防护材料 4.装钉压条 5.材料运输
011104002	竹、木(复合)地板	1.龙骨材料种类、规格、铺设间距 2.基层材料种类、规格 3.面层材料品种、规格、颜色 4.防护材料种类			1.基层清理 2.龙骨铺设 3.基层铺设 4.面层铺贴 5.刷防护材料 6.材料运输
011104003	金属复合地板				
011104004	防静电活动地板	1.支架高度、材料种类 2.面层材料品种、规格、颜色 3.防护材料种类			1.基层清理 2.固定支架安装 3.活动面层安装 4.刷防护材料 5.材料运输

二、清单工程量计算

计算实例 1　地毯楼地面

某地毯楼地面示意图如图 1-10-10 所示，计算该地毯楼地面的工程量。

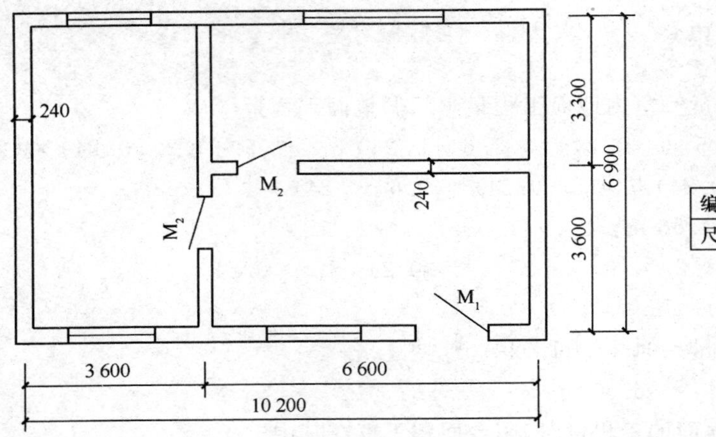

编号	M_1	M_2
尺寸	1 500×2 400	1 200×2 100

图 1-10-10　地毯楼地面示意图(单位:mm)

工程量计算过程及结果

地毯楼地面的工程量＝(3.6－0.24)×(6.9－0.24)＋(6.6－0.24)×(3.6－0.24)＋6.6－0.24)×(3.3－0.24)＋2×1.2×0.24＋1.5×0.12

＝63.97 m^2

计算实例 2　竹、木(复合)地板

某竹、木(复合)地板平面示意图如图 1-10-11 所示,计算竹、木(复合)地板的工程量。(做法:竹、木(复合)地板铺在楞木上,大楞木 50 mm×60 mm,中距为 500 mm,小楞木 50 mm×50 mm,中距为 1 000 mm)

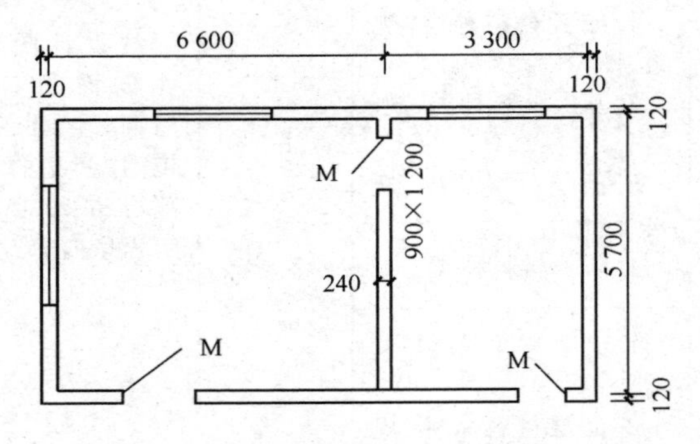

图 1-10-11　某竹、木(复合)地板平面示意图(单位:mm)

工程量计算过程及结果

竹、木(复合)地板的工程量＝(6.6－0.24)×(5.7－0.24)＋(3.3－0.24)×(5.7－0.24)＋0.9×0.24×2＋0.9×0.12

＝51.98 m^2

计算实例 3　金属复合地板

金属复合地板平面示意图如图 1-10-12 所示，计算金属复合地板的工程量。

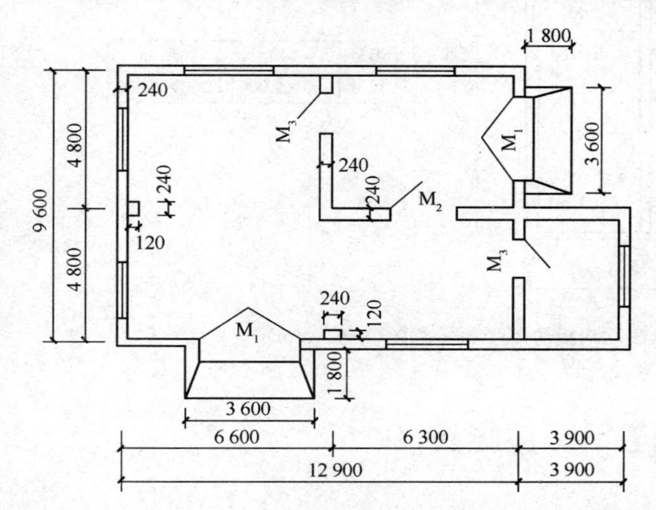

编号	M_1	M_2	M_3
尺寸	3 000×3 600	2 400×3 000	1 800×2 700

图 1-10-12　金属复合地板平面示意图(单位:mm)

工程量计算过程及结果

金属复合地板的工程量＝室内地面工程量＋门洞地面工程量

室内地面工程量＝(6.6－0.24)×(9.6－0.24)＋(4.8－0.24)×6.3＋(4.8－0.24)×(6.3－0.24)＋(3.9－0.24)×(4.8－0.24)

＝132.58 m^2

门洞地面工程量＝3×0.24×2＋2.4×0.24＋1.8×0.24×2＝2.88 m^2

金属复合地板的工程量＝132.58＋2.88＝135.46 m^2

计算实例 4　防静电活动地板

某防静电活动地板房屋平面示意图如图 1-10-13 所示，房间铺设硬木拼花地板粘贴在毛地板上(不包括厨房、卫生间和阳台)，计算防静电活动地板的工程量。(除阳台外墙体外，其他墙体墙厚均为 240 mm)

工程量计算过程及结果

防静电活动地板的工程量＝(4.2－0.24)×(4.2－0.24)×2＋(2.4＋1.8＋4.2－0.24)×(2.4－0.24)＋2.4×(4.2－0.24)＋(6.6－0.24)×(3.6－0.24)＋0.9×0.24×3＋0.9×0.12×3＋1.2×0.12

＝80.98 m^2

说明：计算室内地面工程量时，未计入厨房、卫生间和阳台的工程量。计算门洞地面工程量时，与厨房、卫生间、阳台相连接的门洞面积，只用墙厚一半进行计算。

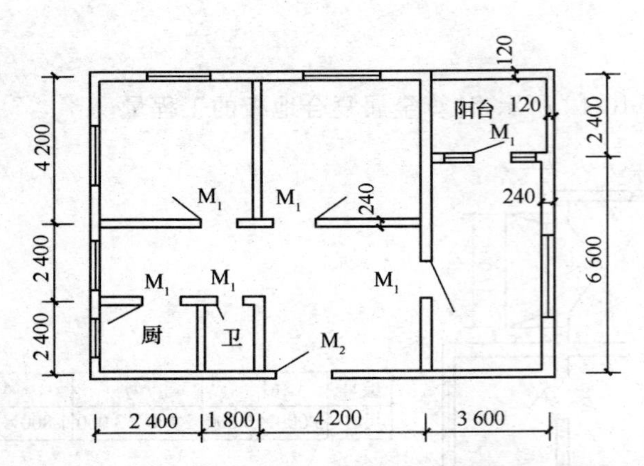

编号	M_1	M_2
尺寸	900×2 000	1 200×2 000

图 1-10-13 防静电活动地板房屋平面示意图(单位:mm)

第五节 踢脚线

一、清单工程量计算规则(表 1-10-5)

表 1-10-5 踢脚线工程量计算规则

项目编码	项目名称	项目特征	计量单位	工程量计算规则	工程内容
011105001	水泥砂浆踢脚线	1. 踢脚线高度 2. 底层厚度、砂浆配合比 3. 面层厚度、砂浆配合比	1. m^2 2. m	1. 以平方米计量,按设计图示长度乘高度以面积计算 2. 以米计量,按延长米计算	1. 基层清理 2. 底层和面层抹灰 3. 材料运输
011105002	石材踢脚线	1. 踢脚线高度 2. 粘贴层厚度、材料种类 3. 面层材料品种、规格、颜色 4. 防护材料种类			1. 基层清理 2. 底层抹灰 3. 面层铺贴、磨边 4. 擦缝 5. 磨光、酸洗、打蜡 6. 刷防护材料 7. 材料运输
011105003	块料踢脚线				
011105004	塑料板踢脚线	1. 踢脚线高度 2. 黏结层厚度、材料种类 3. 面层材料种类、规格、颜色			1. 基层清理 2. 基层铺贴 3. 面层铺贴 4. 材料运输
011105005	木质踢脚线	1. 踢脚线高度 2. 基层材料种类、规格 3. 面层材料品种、规格、颜色			
011105006	金属踢脚线				
011105007	防静电踢脚线				

二、清单工程量计算

计算实例 1　水泥砂浆踢脚线

某石材踢脚线建筑二层平面图，如前面图 1-10-2 所示，内外墙均厚 240 mm，计算住宅楼二层房间（不包括卫生间，厨房和楼梯）水泥砂浆踢脚线工程量。（做法：水泥砂浆踢脚线，踢脚线高为 150 mm）

工程量计算过程及结果

水泥砂浆踢脚线的工程量＝［(6.3－0.24＋5.7－0.24)×2×4＋(5.7－0.24＋3.6×3－0.24)×2×2］×0.15

＝23.44 m^2

计算实例 2　石材踢脚线

某石材踢脚线建筑平面图如图 1-10-14 所示，计算石材踢脚线（非成品，踢脚线高为 150 mm）的工程量。（墙厚均为 240 mm）

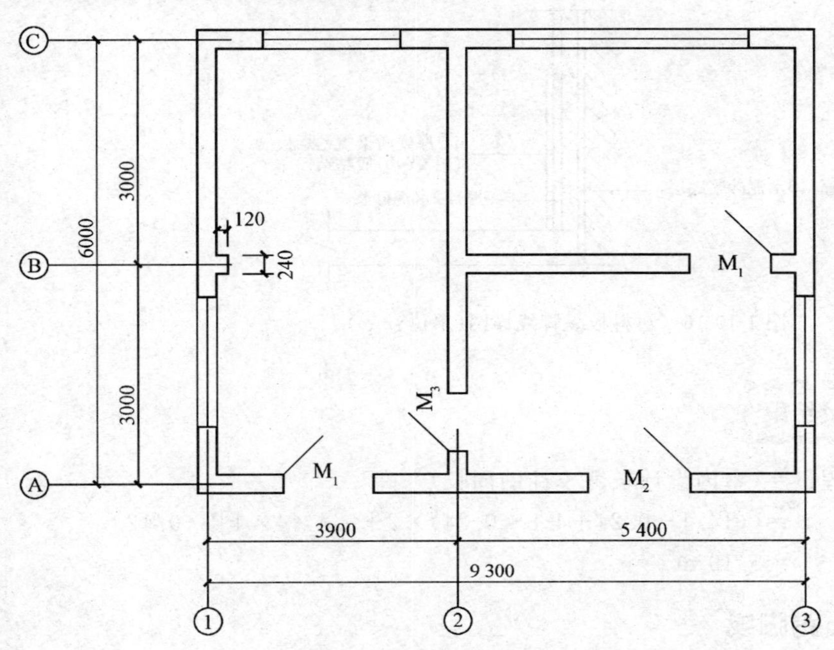

编号	门宽
M_1	1 000
M_2	1 200
M_3	900

图 1-10-14　某石材踢脚线建筑平面图（单位：mm）

工程量计算过程及结果

石材踢脚线的工程量＝［(3.9－0.24＋6－0.24)×2＋(5.4－0.24＋3－0.24)×2×2］×0.15

＝7.58 m^2

计算实例 3　塑料板踢脚线

某厂房平面示意图和塑料板踢脚线详图分别如图 1-10-15 和图 1-10-16 所示，踢脚线为 120 mm高粘贴硬质聚氯乙烯板（非成品），计算塑料板踢脚线的工程量。

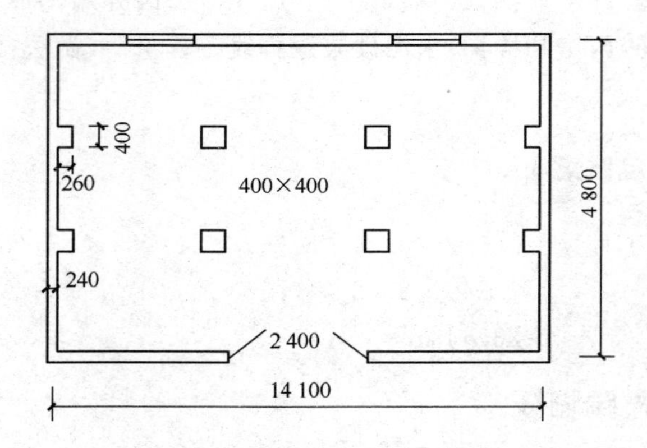

图 1-10-15　厂房平面示意图（单位：mm）

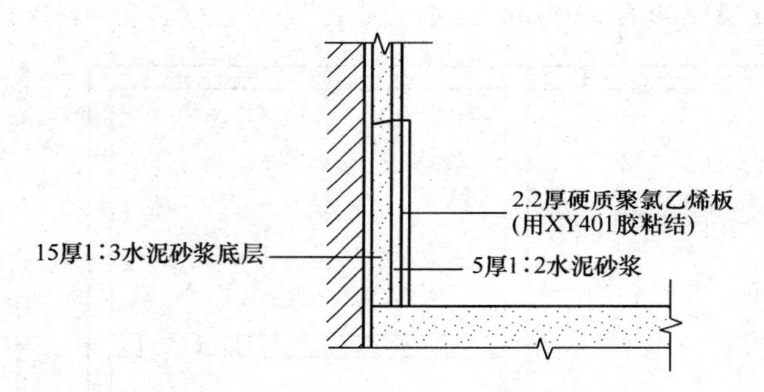

图 1-10-16　塑料板踢脚线详图（单位：mm）

工程量计算过程及结果

塑料板踢脚线的工程量＝(室内设计长度＋柱的周长)×高

＝[(14.1－0.24＋4.8－0.24)×2＋0.4×4×4]×0.12

＝5.19 m^2

计算实例 4　木质踢脚线

某房屋平面示意图，如前面图 1-10-13 所示，踢脚线为 120 mm 高成品木质踢脚线，计算木质踢脚线的工程量。（墙厚均为 240 mm）

工程量计算过程及结果

房间踢脚线长度＝(4.2－0.24＋4.2－0.24)×2×2＋(2.4－0.24＋2.4＋1.8＋4.2－0.24)×2＋(3.6－0.24＋6.6－0.24)×2

＝71.76 m^2

应增加的侧壁长度＝0.24×6＋0.12×8＝2.4 m^2

踢脚线的工程量＝(71.76＋2.4)×0.12＝8.90 m^2

计算实例 5　金属踢脚线

某房屋平面示意图如前面图 1-10-12 所示，房屋踢脚板为 150 mm 高不锈钢非成品踢脚板，其做法如图 1-10-17 所示，计算金属踢脚板的工程量。(墙厚均为 240 mm)

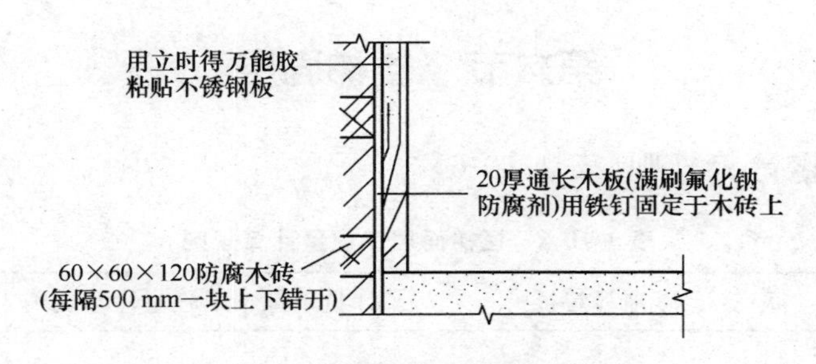

图 1-10-17　金属踢脚板详图(单位:mm)

工程量计算过程及结果

金属踢脚线的工程量＝[(9.6－0.24＋6.6－0.24)×2＋(6.3－0.24)×4＋(4.8－0.24)×2＋(3.9－0.24＋4.8－0.24)×2]×0.15

＝12.19 m^2

计算实例 6　防静电踢脚线

某防静电踢脚线房屋平面示意图如图 1-10-18 所示，房屋踢脚线为 150 mm 高的非成品防静电踢脚线，计算该房屋防静电踢脚线的工程量。(墙厚均为 240 mm)

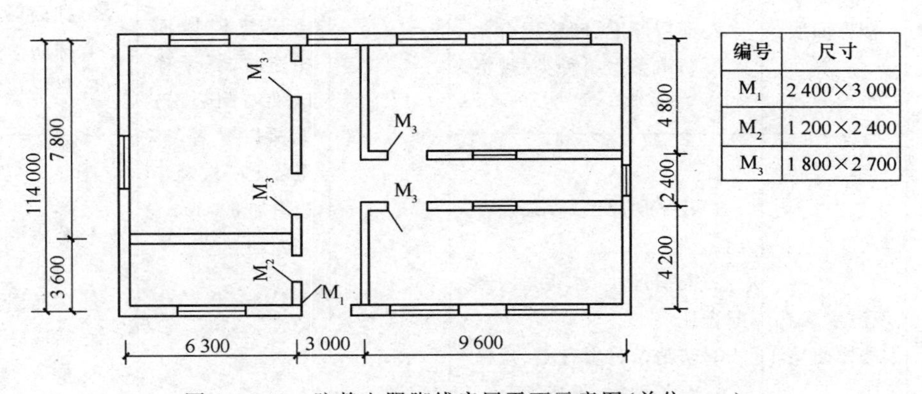

图 1-10-18　防静电踢脚线房屋平面示意图(单位:mm)

工程量计算过程及结果

防静电踢脚线的工程量＝[(6.3－0.24＋7.8－0.24)×2＋(6.3－0.24＋3.6－0.24)×2＋(11.4－0.24＋3－0.24)×2＋(4.8－0.24＋9.6－0.24)×2＋(4.2－0.24＋9.6－0.24)×2＋9.6×2]×0.15
＝22.14 m^2

第六节　楼梯面层

一、清单工程量计算规则(表 1-10-6)

表 1-10-6　楼梯面层工程量计算规则

项目编码	项目名称	项目特征	计量单位	工程量计算规则	工程内容
011106001	石材楼梯面层	1.找平层厚度、砂浆配合比 2.黏结层厚度、材料种类 3.面层材料品种、规格、颜色 4.防滑条材料种类、规格 5.勾缝材料种类 6.防护材料种类 7.酸洗、打蜡要求	m^2	按设计图示尺寸以楼梯(包括踏步、休息平台及≤500 mm的楼梯井)水平投影面积计算。楼梯与楼地面相连时,算至梯口梁内侧边沿;无梯口梁者,算至最上一层踏步边沿加300 mm	1.基层清理 2.抹找平层 3.面层铺贴、磨边 4.贴嵌防滑条 5.勾缝 6.刷防护材料 7.酸洗、打蜡 8.材料运输
011106002	块料楼梯面层				
011106003	拼碎块料面层				
011106004	水泥砂浆楼梯面层	1.找平层厚度、砂浆配合比 2.面层厚度、砂浆配合比 3.防滑条材料种类、规格			1.基层清理 2.抹找平层 3.抹面层 4.抹防滑条 5.材料运输
011106005	现浇水磨石楼梯面层	1.找平层厚度、砂浆配合比 2.面层厚度、水泥石子浆配合比 3.防滑条材料种类、规格 4.石子种类、规格、颜色 5.颜料种类、颜色 6.磨光、酸洗打蜡要求			1.基层清理 2.抹找平层 3.抹面层 4.贴嵌防滑条 5.磨光、酸洗、打蜡 6.材料运输

续上表

项目编码	项目名称	项目特征	计量单位	工程量计算规则	工程内容
011106006	地毯楼梯面层	1. 基层种类 2. 面层材料品种、规格、颜色 3. 防护材料种类 4. 黏结材料种类 5. 固定配件材料种类、规格	m^2	按设计图示尺寸以楼梯（包括踏步、休息平台及≤500 mm的楼梯井）水平投影面积计算。楼梯与楼地面相连时，算至梯口梁内侧边沿；无梯口梁者，算至最上一层踏步边沿加300 mm	1. 基层清理 2. 铺贴面层 3. 固定配件安装 4. 刷防护材料 5. 材料运输
011106007	木板楼梯面层	1. 基层材料种类、规格 2. 面层材料品种、规格、颜色 3. 黏结材料种类 4. 防护材料种类			1. 基层清理 2. 基层铺贴 3. 面层铺贴 4. 刷防护材料 5. 材料运输
011106008	橡胶板楼梯面层	1. 黏结层厚度、材料种类 2. 面层材料品种、规格、颜色 3. 压线条种类			1. 基层清理 2. 面层铺贴 3. 压缝条装钉 4. 材料运输
011106009	塑料板楼梯面层				

二、清单工程量计算

计算实例1 石材楼梯面层

某石材楼梯面层平面示意图如图1-10-19所示，墙厚为240 mm，墙面抹灰厚度为30 mm，计算石材楼梯面层的工程量(计算一层)。

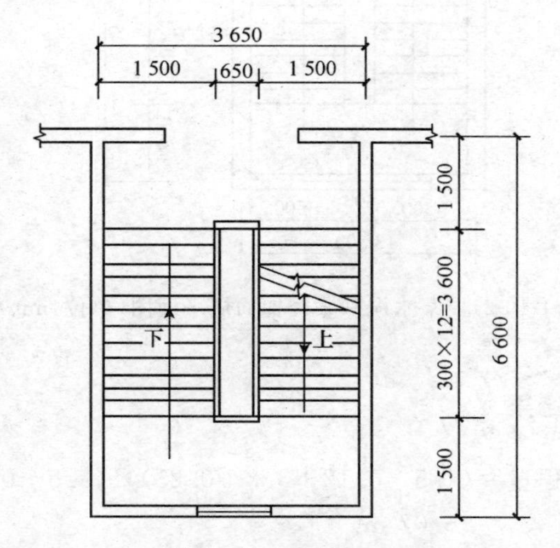

图1-10-19 石材楼梯面层平面示意图(单位：mm)

工程量计算过程及结果

石材楼梯面层的工程量＝(3.65－0.24－0.03×2)×(1.5＋3.6－0.12－0.03＋0.3)－0.65×3.6

＝15.25 m²

计算实例 2　块料楼梯面层

某块料楼梯面层平面示意图如图 1-10-20 所示，该楼梯为地砖面层水泥砂浆粘贴，楼梯梁宽为 300 mm，计算楼梯面层工程量(计算一层)。(墙厚均为 240 mm)

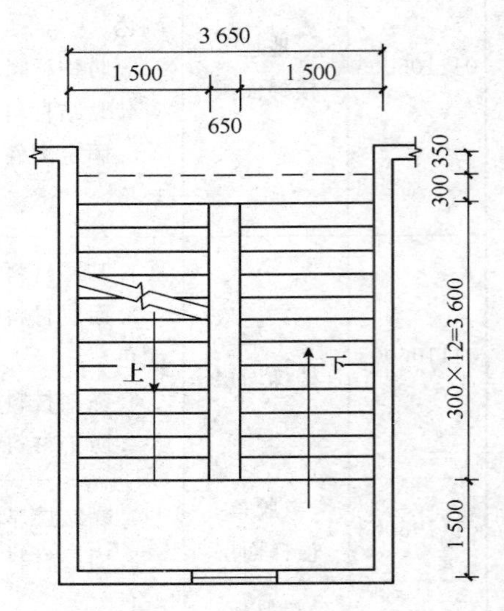

图 1-10-20　某块料楼梯面层平面示意图(单位：mm)

工程量计算过程及结果

块料楼梯面层的工程量

＝(1.50－0.12＋3.60＋0.3)×(3.65－0.24)－3.60×0.65

＝15.66 m²

计算实例 3　水泥砂浆楼梯面层

某水泥砂浆楼梯面层平面图如图 1-10-21 所示，计算水泥砂浆楼梯间面层(只算一层)工程量。(墙厚均为 240 mm)

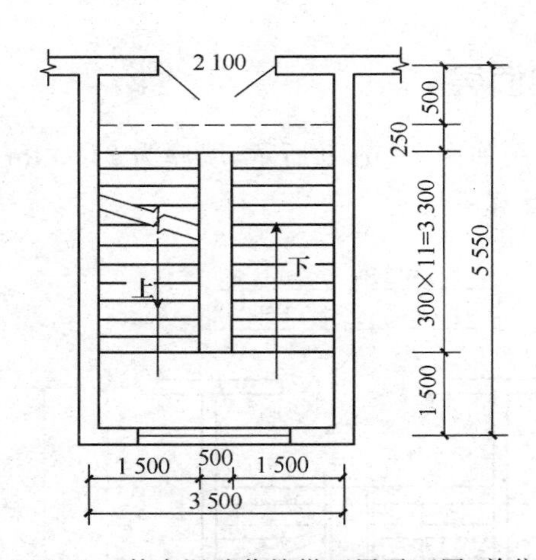

图 1-10-21　某水泥砂浆楼梯面层平面图(单位：mm)

工程量计算过程及结果

水泥砂浆楼梯面的工程量＝(1.5－0.12＋3.3＋0.25)×(3.5－0.24)

＝16.07 m²

计算实例 4　现浇水磨石楼梯面层

某三层建筑楼梯设计图如图 1-10-22 所示，计算现浇水磨石楼梯面层工程量(不包括楼梯踢脚线，底面、侧面抹灰)。(墙厚均为 240 mm)

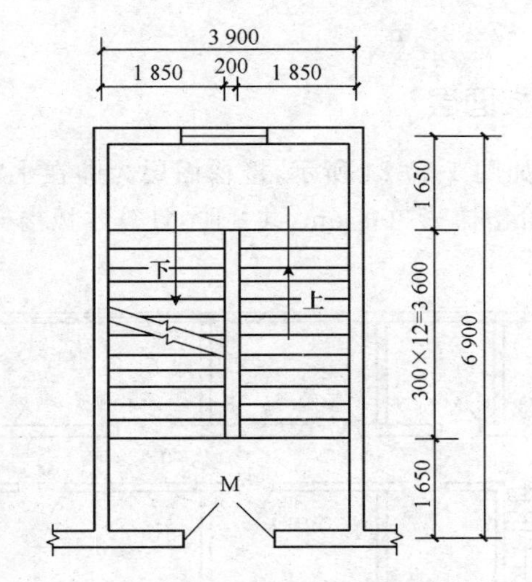

图 1-10-22　某三层建筑楼梯设计图(单位:mm)

工程量计算过程及结果

现浇水磨石楼梯面的工程量＝(3.9－0.24)×(1.65－0.12＋3.6＋0.3)×(3－1)

＝39.75 m^2

说明：楼梯井宽小于 500 mm，所以不扣除楼梯井面积。

计算实例 5　地毯楼梯面层

某楼梯面层为带垫的羊毛地毯，如图 1-10-23 所示，计算地毯楼梯面层的工程量。(墙厚均为 240 mm)

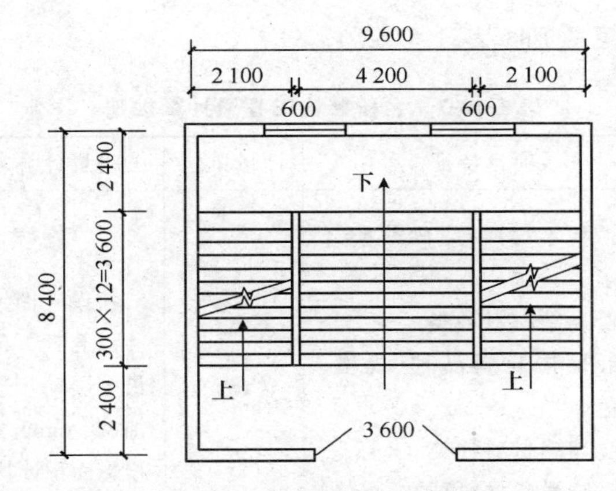

图 1-10-23　羊毛地毯楼梯平面示意图(单位:mm)

工程量计算过程及结果

地毯楼梯面层的工程量＝楼梯间水平投影面积

＝(9.6－0.24)×(8.4－0.24)－0.6×3.6×2

＝72.06 m^2

计算实例6　木板楼梯面层

某木板楼梯平面示意图如图1-10-24所示，楼梯面层为铺在水泥地面上的企口硬木地板砖，楼梯井宽为550 mm，每阶楼梯宽300 mm，共8阶，计算木板楼梯面的工程量。(墙厚均为240 mm)

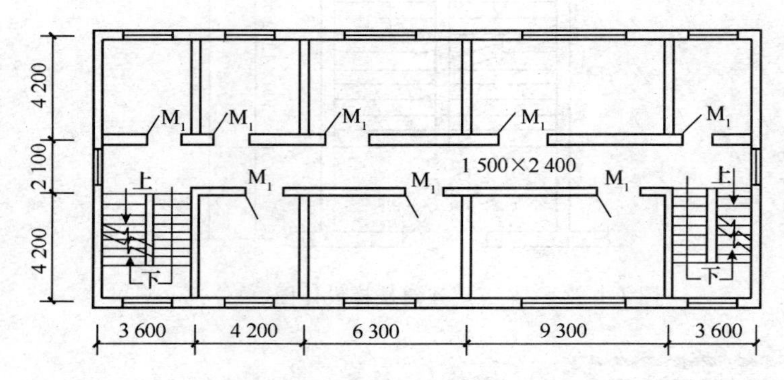

图1-10-24　木板楼梯平面示意图(单位:mm)

工程量计算过程及结果

木板楼梯面的工程量＝[(3.6－0.24)×(4.2－0.12＋0.3)－0.55×8×0.3]×2

＝26.80 m^2

第七节　台阶装饰

一、清单工程量计算规则(表1-10-7)

表1-10-7　台阶装饰工程量计算规则

项目编码	项目名称	项目特征	计量单位	工程量计算规则	工程内容
011107001	石材台阶面	1.找平层厚度、砂浆配合比 2.黏结材料种类 3.面层材料品种、规格、颜色 4.勾缝材料种类 5.防滑条材料种类、规格 6.防护材料种类	m^2	按设计图示尺寸以台阶(包括最上层踏步边沿加300 mm)水平投影面积计算	1.基层清理 2.抹找平层 3.面层铺贴 4.贴嵌防滑条 5.勾缝 6.刷防护材料 7.材料运输
011107002	块料台阶面				
011107003	拼碎块料台阶面				

续上表

项目编码	项目名称	项目特征	计量单位	工程量计算规则	工程内容
011107004	水泥砂浆台阶面	1.找平层厚度、砂浆配合比 2.面层厚度、砂浆配合比 3.防滑条材料种类			1.基层清理 2.抹找平层 3.抹面层 4.抹防滑条 5.材料运输
011107005	现浇水磨石台阶面	1.找平层厚度、砂浆配合比 2.面层厚度、水泥石子浆配合比 3.防滑条材料种类、规格 4.石子种类、规格、颜色 5.颜料种类、颜色 6.磨光、酸洗、打蜡要求	m^2	按设计图示尺寸以台阶(包括最上层踏步边沿加300 mm)水平投影面积计算	1.清理基层 2.抹找平层 3.抹面层 4.贴嵌防滑条 5.打磨、酸洗、打蜡 6.材料运输
011107006	剁假石台阶面	1.找平层厚度、砂浆配合比 2.面层厚度、砂浆配合比 3.剁假石要求			1.清理基层 2.抹找平层 3.抹面层 4.剁假石 5.材料运输

二、清单工程量计算

计算实例1　石材台阶面

某大理石台阶示意图如图1-10-25所示,计算石材台阶面工程量。

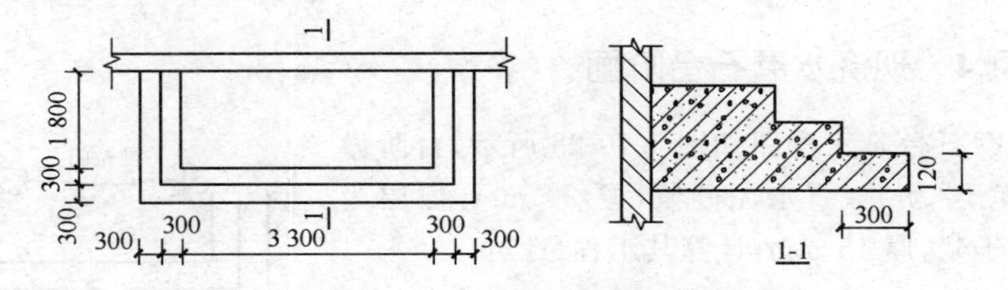

图1-10-25　某大理石台阶示意图(单位:mm)

工程量计算过程及结果

石材台阶面的工程量=(台阶面积+平台面积)-平台面积(扣除300 mm后的面积)

$$=(3.3+0.3\times4)\times(1.8+0.3\times2)-(3.3-0.3\times2)\times(1.8-0.3)$$

$$=6.75\ m^2$$

计算实例 2　块料台阶面

某校招待所门前台阶如图 1-10-26 所示，计算块料台阶面的工程量。

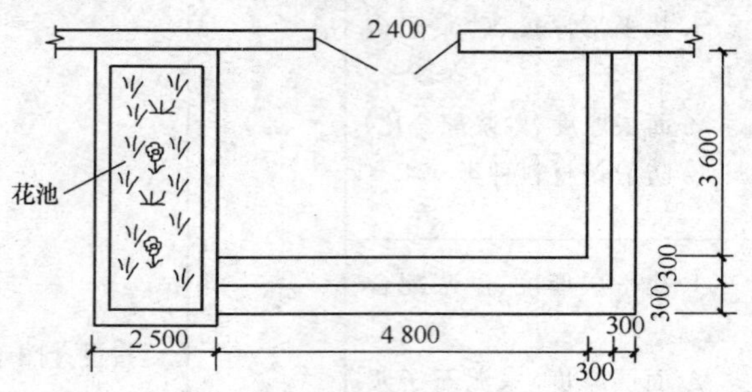

图 1-10-26　门前台阶示意图（单位：mm）

工程量计算过程及结果

块料台阶面的工程量＝(4.8＋0.3×2)×(3.6＋0.3×2)－(4.8－0.3)×(3.6－0.3)
＝7.83 m^2

计算实例 3　水泥砂浆台阶面

某台阶平面示意图如图 1-10-27 所示，台阶面层材料为 20 mm 厚的 1∶2.5 水泥砂浆，计算其工程量。

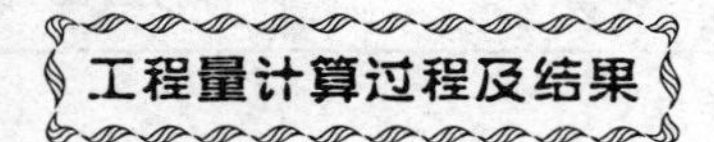

水泥砂浆台阶面的工程量

$=\frac{1}{2}\times3.14\times(2.7+0.3\times3)^2-\frac{1}{2}\times3.14\times(2.7-0.3)^2$

＝11.31 m^2

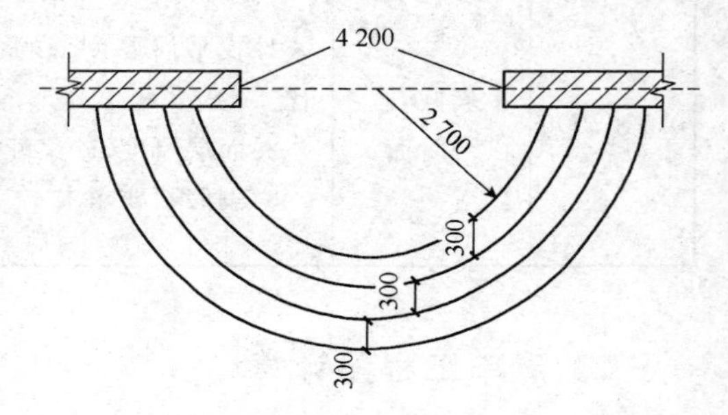

图 1-10-27　台阶平面示意图（单位：mm）

计算实例 4　现浇水磨石台阶面

某现浇水磨石台阶示意图如图 1-10-28 所示，台阶做一般水磨石，底层为 1∶2 水泥砂浆，厚 20 mm，面层为 1∶2水泥白石子浆，厚 15 mm，计算其工程量。

工程量计算过程及结果

现浇水磨石台阶面的工程量
＝3.9×1.8－(1.2－0.3)×(2.7－0.3×2)
＝5.13 m^2

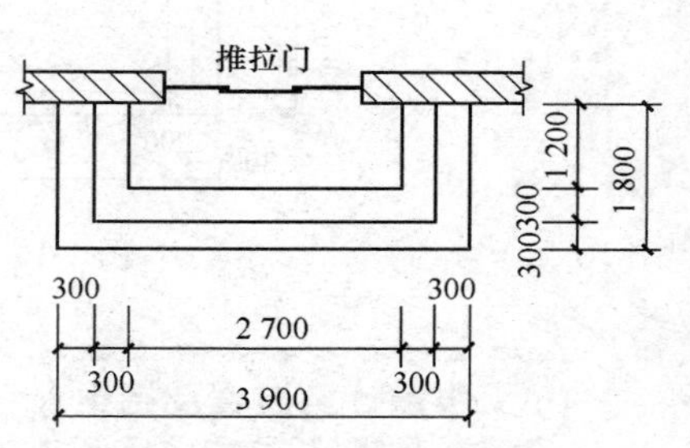

图 1-10-28　某现浇水磨石台阶示意图（单位：mm）

计算实例 5　剁假石台阶面

某剁假石台阶平面示意图如图 1-10-29 所示，计算其工程量。

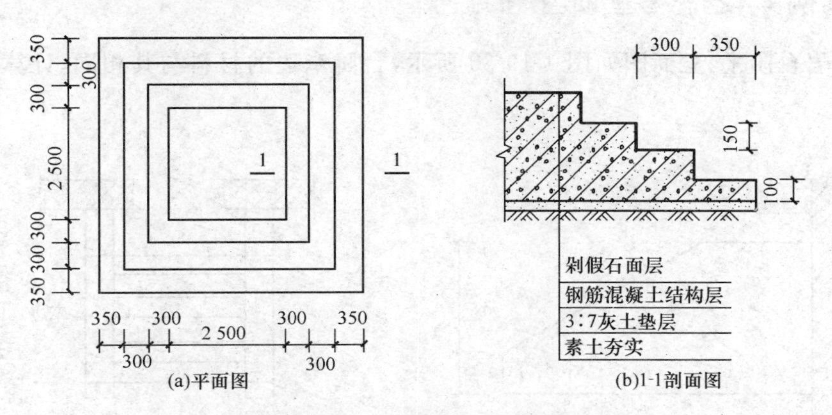

图 1-10-29　某剁假石台阶平面示意图(单位:mm)

工程量计算过程及结果

剁假石台阶面的工程量 $=(2.5+0.35\times2+0.3\times4)^2-(2.5-0.3\times2)^2$

$=15.75\ m^2$

第八节　零星装饰项目

一、清单工程量计算规则(表 1-10-8)

表 1-10-8　零星装饰项目工程量计算规则

项目编码	项目名称	项目特征	计量单位	工程量计算规则	工程内容
011108001	石材零星项目	1. 工程部位 2. 找平层厚度、砂浆配合比 3. 黏结层厚度、材料种类 4. 面层材料品种、规格、颜色 5. 勾缝材料种类 6. 防护材料种类 7. 酸洗、打蜡要求	m^2	按设计图示尺寸以面积计算	1. 清理基层 2. 抹找平层 3. 面层铺贴、磨边 4. 勾缝 5. 刷防护材料 6. 酸洗、打蜡 7. 材料运输
011108002	拼碎石材零星项目				
011108003	块料零星项目				
011108004	水泥砂浆零星项目	1. 工程部位 2. 找平层厚度、砂浆配合比 3. 面层厚度、砂浆厚度			1. 清理基层 2. 抹找平层 3. 抹面层 4. 材料运输

二、清单工程量计算

计算实例1　石材零星项目

某花岗岩台阶平、立面图如图1-10-30所示，台阶牵边的材料与其相同，计算台阶牵边的工程量。

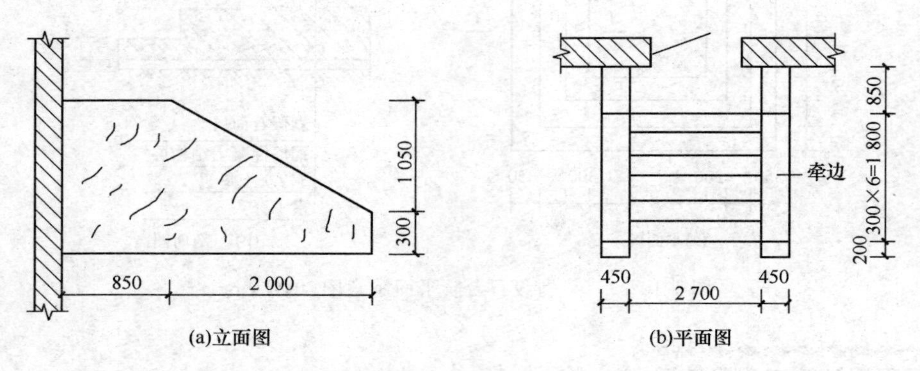

图1-10-30　某花岗岩台阶平、立面图(单位:mm)

工程量计算过程及结果

台阶牵边的工程量 $=(0.3+\sqrt{2^2+1.05^2}+0.85)\times0.45\times2$

$=3.07\ m^2$

计算实例2　块料零星项目

某建筑物底层平面图如图1-10-31所示，计算散水块料零星项目的工程量。

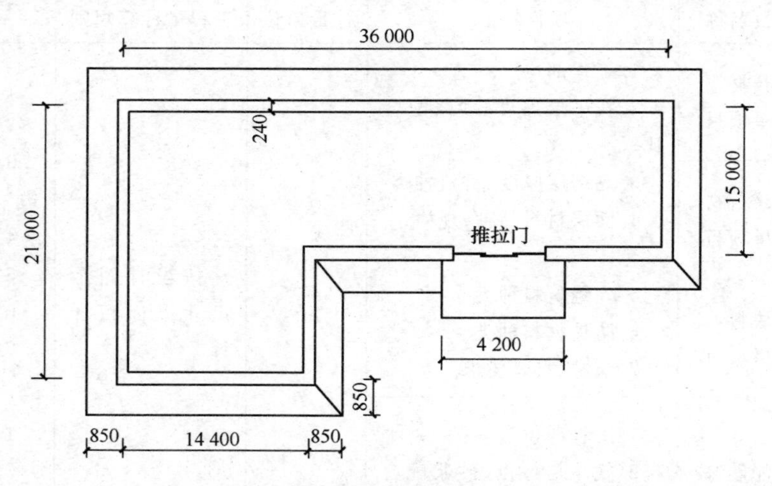

图1-10-31　某建筑物底层平面图(单位:mm)

工程量计算过程及结果

散水块料零星项目的工程量＝(房屋外边线－台阶宽＋4×散水宽)×散水宽

＝[(21＋0.24＋36＋0.24)×2－4.2＋4×0.85]×0.85

＝97.04 m²

说明:4×散水宽是计算时取了散水的中心线。

计算实例3 水泥砂浆零星项目

某散水、防滑坡道、明沟、台阶示意图如图1-10-32所示,计算散水水泥砂浆零星项目的工程量。

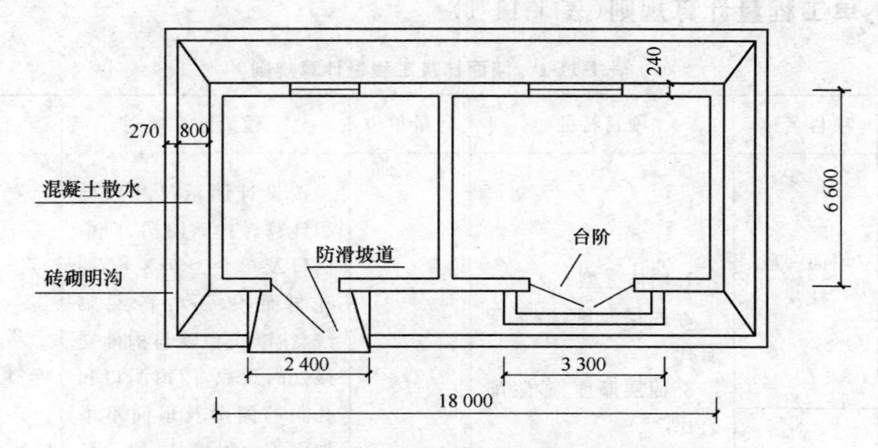

图1-10-32 某散水、防滑坡道、明沟、台阶示意图(单位:mm)

工程量计算过程及结果

散水水泥砂浆零星项目的工程量＝(房屋外边线＋4×散水宽－防滑坡道－台阶宽)×散水宽

＝[(18＋0.24＋6.6＋0.24)×2＋0.8×4－2.4－3.3]×0.8

＝38.13 m²

第十一章　墙、柱面装饰与隔断、幕墙工程

第一节　墙面抹灰

一、清单工程量计算规则(表 1-11-1)

表 1-11-1　墙面抹灰工程量计算规则

<table>
<tr><th>项目编码</th><th>项目名称</th><th>项目特征</th><th>计量单位</th><th>工程量计算规则</th><th>工程内容</th></tr>
<tr><td>011201001</td><td>墙面一般、抹灰</td><td rowspan="2">1. 墙体类型
2. 底层厚度、砂浆配合比
3. 面层厚度、砂浆配合比
4. 装饰面材料种类
5. 分格缝宽度、材料种类</td><td rowspan="4">m^2</td><td rowspan="4">按设计图示尺寸以面积计算。扣除墙裙、门窗洞口及单个＞0.3 m^2的孔洞面积，不扣除踢脚线、挂镜线和墙与构件交接处的面积，门窗洞口和孔洞的侧壁及顶面不增加面积。附墙柱、梁、垛、烟囱侧壁并入相应的墙面面积内
1. 外墙抹灰面积按外墙垂直投影面积计算
2. 外墙裙抹灰面积按其长度乘以高度计算
3. 内墙抹灰面积按主墙间的净长乘以高度计算
(1)无墙裙的，高度按室内楼地面至天棚底面计算
(2)有墙裙的，高度按墙裙顶至天棚底面计算
(3)有吊顶天棚抹灰，高度算至天棚底
4. 内墙裙抹灰面按内墙净长乘以高度计算</td><td rowspan="2">1. 基层清理
2. 砂浆制作、运输
3. 底层抹灰
4. 抹面层
5. 抹装饰面
6. 勾分格缝</td></tr>
<tr><td>011201002</td><td>墙面装饰抹灰</td></tr>
<tr><td>011201003</td><td>墙面勾缝</td><td>1. 勾缝类型
2. 勾缝材料种类</td><td>1. 基层清理
2. 砂浆制作、运输
3. 勾缝</td></tr>
<tr><td>011201004</td><td>立面砂浆找平层</td><td>1. 基层类型
2. 找平层砂浆厚度、配合比</td><td>1. 基层清理
2. 砂浆制作、运输
3. 抹灰找平</td></tr>
</table>

二、清单工程量计算

计算实例 1　墙面一般抹灰

某抹灰工程平、立面示意图分别如图 1-11-1、图 1-11-2 所示，计算外墙裙抹水泥砂浆墙面一般抹灰的工程量。（做法：外墙裙 1∶3 水泥砂浆厚 14 mm，1∶2.5 水泥砂浆抹面厚 6 mm）

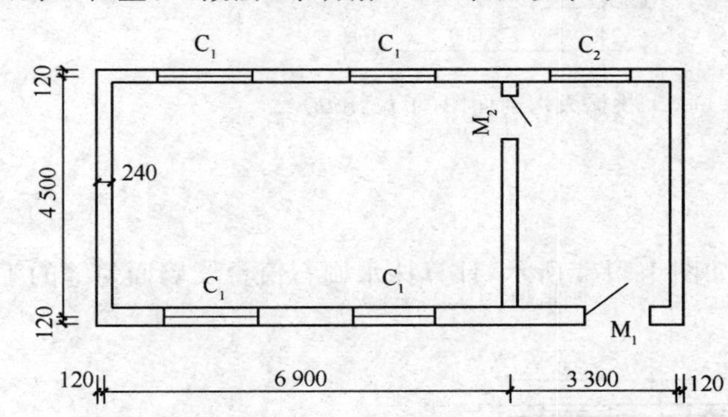

编号	尺寸
M_1	1 200×2 100
M_2	900×2 100
C_1	1 500×1 800
C_2	1 200×1 800

图 1-11-1　某抹灰工程平面示意图(单位：mm)

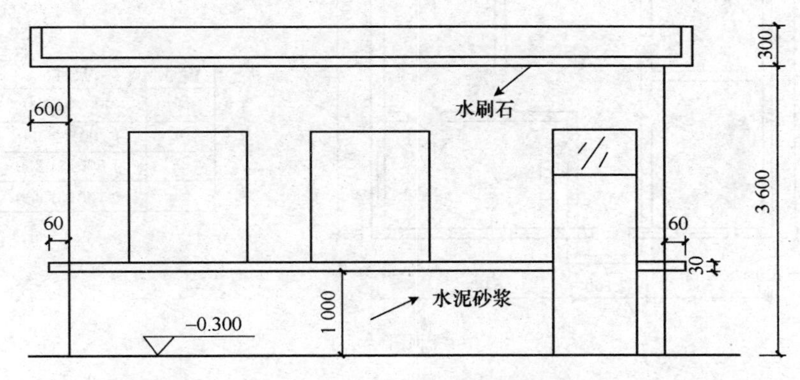

图 1-11-2　某抹灰工程立面示意图(单位：mm)

工程量计算过程及结果

外墙裙墙面一般抹灰的工程量＝(6.9＋3.3＋0.24＋4.5＋0.24)×2×1.0－1.2×1.0

＝29.16 m^2

计算实例 2　墙面装饰抹灰

某挑檐天沟剖面图如图 1-11-3 所示，计算正面水刷白石子挑檐天沟(长 100 m)墙面装饰抹灰的工程量。

工程量计算过程及结果

挑檐天沟正面墙面装饰抹灰的工程量＝(0.4＋0.08)×100＝48.00 m^2

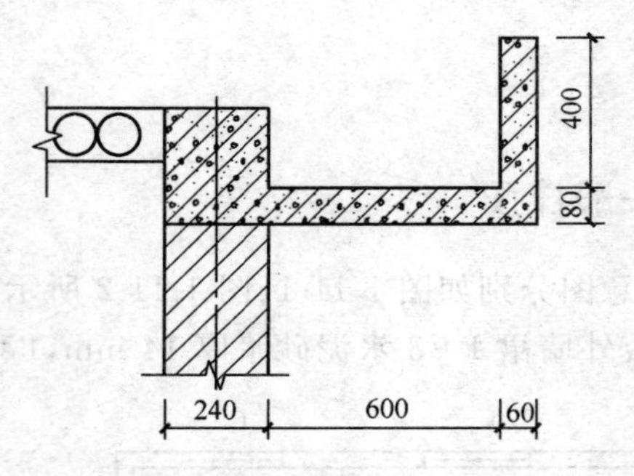

图 1-11-3　挑檐天沟剖面图(单位:mm)

计算实例 3　墙面勾缝

某抹水刷石房间设计示意图如图 1-11-4 所示，计算抹水刷石窗台线墙面勾缝的工程量。

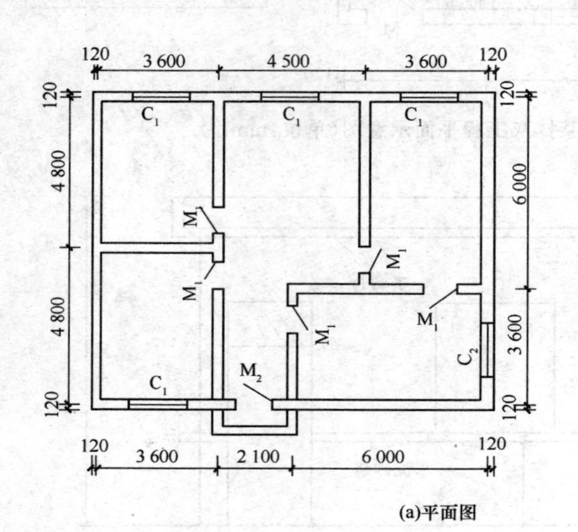

编号	尺寸
M_1	900×2 400
M_2	1 200×2 400
C_1	1 800×1 800
C_2	2 100×1 800

(a)平面图

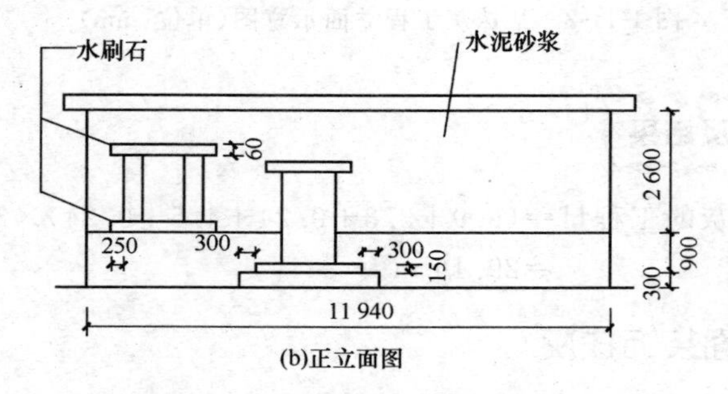

(b)正立面图

图 1-11-4　某抹水刷石房间设计示意图(单位:mm)

工程量计算过程及结果

墙面勾缝的工程量$=0.06\times[(1.8+0.25\times2)\times2\times4+(2.1+0.25\times2)\times2]$

$=1.42\ m^2$

第二节 柱(梁)面抹灰

一、清单工程量计算规则(表 1-11-2)

表 1-11-2 柱(梁)面抹灰工程量计算规则

项目编码	项目名称	项目特征	计量单位	工程量计算规则	工程内容
011202001	柱、梁面一般抹灰	1. 柱(梁)体类型 2. 底层厚度、砂浆配合比 3. 面层厚度、砂浆配合比 4. 装饰面材料种类 5. 分格缝宽度、材料种类	m^2	1. 柱面抹灰:按设计图示柱断面周长乘高度以面积计算 2. 梁面抹灰:按设计图示梁断面周长乘长度以面积计算	1. 基层清理 2. 砂浆制作、运输 3. 底层抹灰 4. 抹面层 5. 勾分格缝
011202002	柱、梁面装饰抹灰				
011202003	柱、梁面砂浆找平	1. 柱(梁)体类型 2. 找平的砂浆厚度、配合比			1. 基层清理 2. 砂浆制作、运输 3. 抹灰找平
011202004	柱面勾缝	1. 勾缝类型 2. 勾缝材料种类		按设计图示柱断面周长乘高度以面积计算	1. 基层清理 2. 砂浆制作、运输 3. 勾缝

二、清单工程量计算

计算实例 1 柱、梁面一般抹灰

某圆形混凝土柱示意图如图 1-11-5 所示,计算圆形混凝土柱面一般抹灰的工程量。

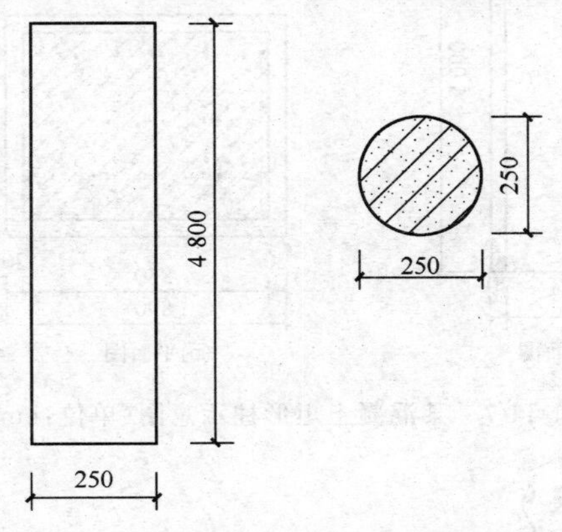

图 1-11-5 圆形混凝土柱示意图(单位:mm)

工程量计算过程及结果

柱面一般抹灰的工程量＝0.25×3.14×4.8＝3.77 m^2

计算实例 2　柱、梁面装饰抹灰

某方柱示意图如图 1-11-6 所示，柱面用水刷石装饰，房间内共有 4 根这样的柱子，计算该柱装饰面抹灰的工程量。

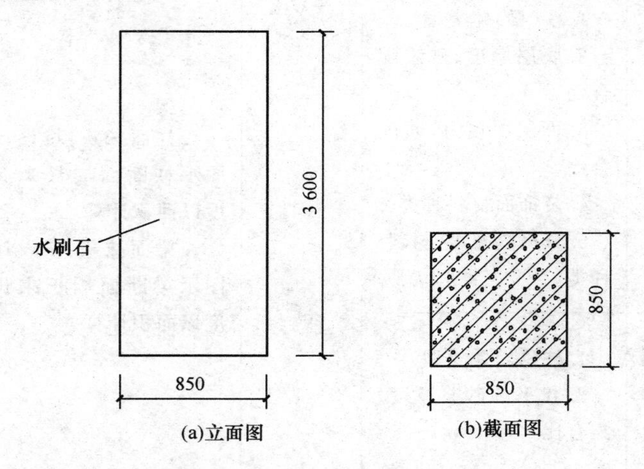

图 1-11-6　某方柱示意图(单位：mm)

工程量计算过程及结果

柱面装饰抹灰的工程量＝0.85×4×3.6×4＝48.96 m^2

计算实例 3　柱面勾缝

某混凝土矩形柱示意图如图 1-11-7 所示，计算该混凝土柱勾缝的工程量。

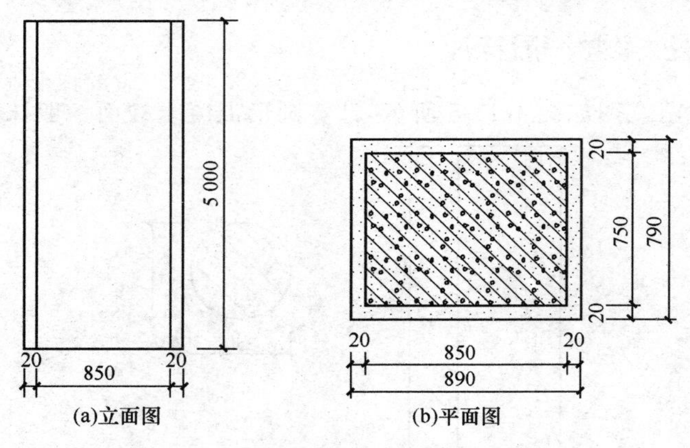

图 1-11-7　某混凝土矩形柱示意图(单位：mm)

工程量计算过程及结果

柱面勾缝的工程量＝2×(0.89＋0.79)×5＝16.80 m^2

第三节　零星抹灰

一、清单工程量计算规则(表 1-11-3)

表 1-11-3　零星抹灰工程量计算规则

项目编码	项目名称	项目特征	计量单位	工程量计算规则	工程内容
011203001	零星项目一般抹灰	1. 基层类型、部位 2. 底层厚度、砂浆配合比 3. 面层厚度、砂浆配合比 4. 装饰面材料种类 5. 分格缝宽度、材料种类	m^2	按设计图示尺寸以面积计算	1. 基层清理 2. 砂浆制作、运输 3. 底层抹灰 4. 抹面层 5. 抹装饰面 6. 勾分格缝
011203002	零星项目装饰抹灰				
011203003	零星项目砂浆找平	1. 基层类型、部位 2. 找平的砂浆厚度、配合比			1. 基层清理 2. 砂浆制作、运输 3. 抹灰找平

二、清单工程量计算

计算实例 1　零星项目一般抹灰

某雨棚示意图如图 1-11-8 所示，雨棚顶面采用 20 mm 厚 1∶3 水泥砂浆普通抹灰，底面采用 20 mm 厚石灰砂浆抹灰，计算雨棚零星项目一般抹灰的工程量。

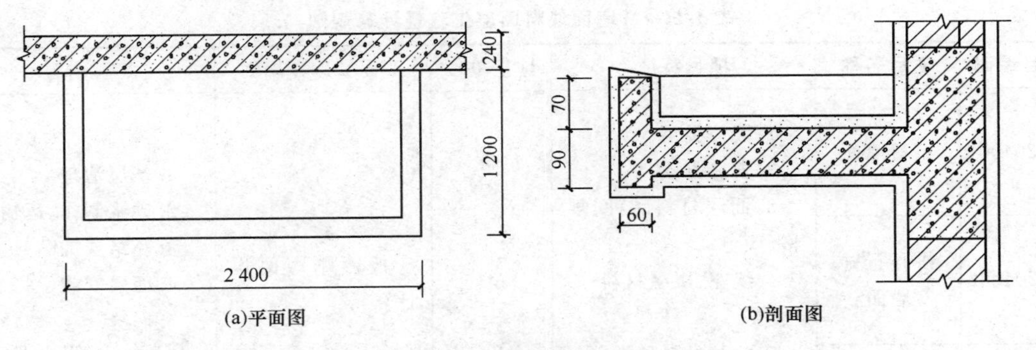

(a)平面图　(b)剖面图

图 1-11-8　某雨棚示意图(单位：mm)

工程量计算过程及结果

顶面零星项目一般抹灰的工程量＝2.4×1.2＝2.88 m^2

底面零星项目一般抹灰的工程量＝2.4×1.2＝2.88 m^2

计算实例2　零星项目装饰抹灰

某阳台示意图如图1-11-9所示，阳台底板厚150 mm，阳台实拦板厚120 mm，拦板内墙面采用装饰抹灰，计算阳台拦板的零星项目装饰抹灰工程量。

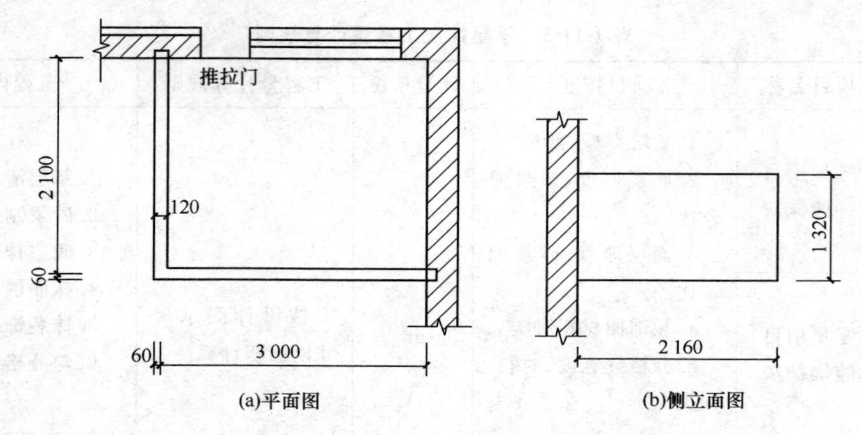

图1-11-9　某阳台示意图(单位:mm)

工程量计算过程及结果

阳台拦板零星项目装饰抹灰的工程量＝(2.1－0.06＋3－0.06)×(1.32－0.15)

＝5.83 m^2

第四节　墙面块料面层

一、清单工程量计算规则(表1-11-4)

表1-11-4　墙面块料面层工程量计算规则

项目编码	项目名称	项目特征	计量单位	工程量计算规则	工程内容
011204001	石材墙面	1.墙体类型 2.安装方式 3.面层材料品种、规格、颜色 4.缝宽、嵌缝材料种类 5.防护材料种类 6.磨光、酸洗、打蜡要求	m^2	按镶贴表面积计算	1.基层清理 2.砂浆制作、运输 3.黏结层铺贴 4.面层安装 5.嵌缝 6.刷防护材料 7.磨光、酸洗、打蜡
011204002	拼碎石材墙面				
011204003	块料墙面				
011204004	干挂石材钢骨架	1.骨架种类、规格 2.防锈漆品种遍数	t	按设计图示以质量计算	1.骨架制作、运输、安装 2.刷漆

二、清单工程量计算

计算实例 1 石材墙面

某石材墙面住宅楼示意图如图 1-11-10 所示，住宅外墙表面采用石材墙面。计算该住宅楼外墙石材墙面的工程量。

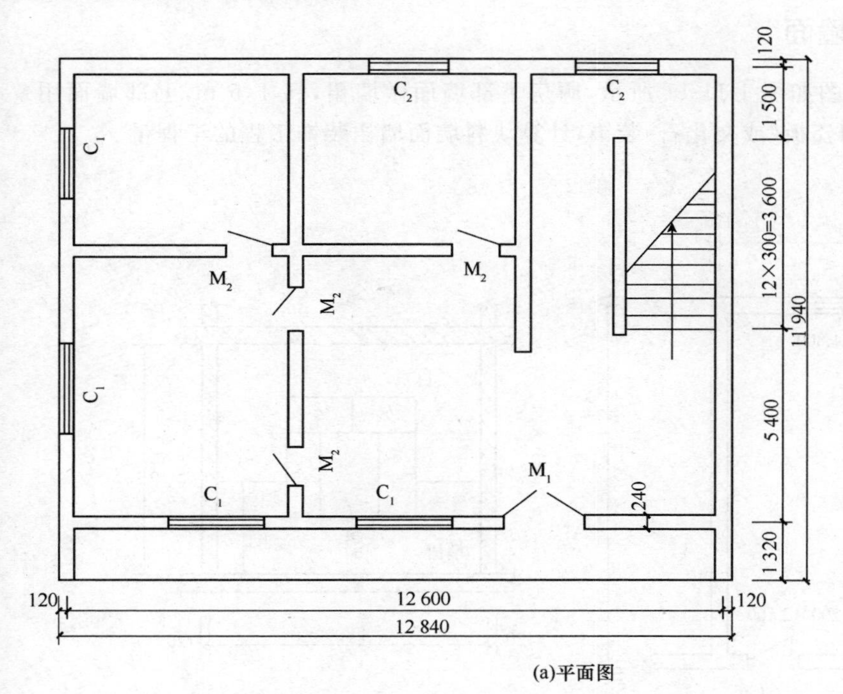

编号	尺寸
M_1	1 800×2 400
M_2	900×2 100
C_1	1 800×1 800
C_2	1 500×1 800

(a)平面图

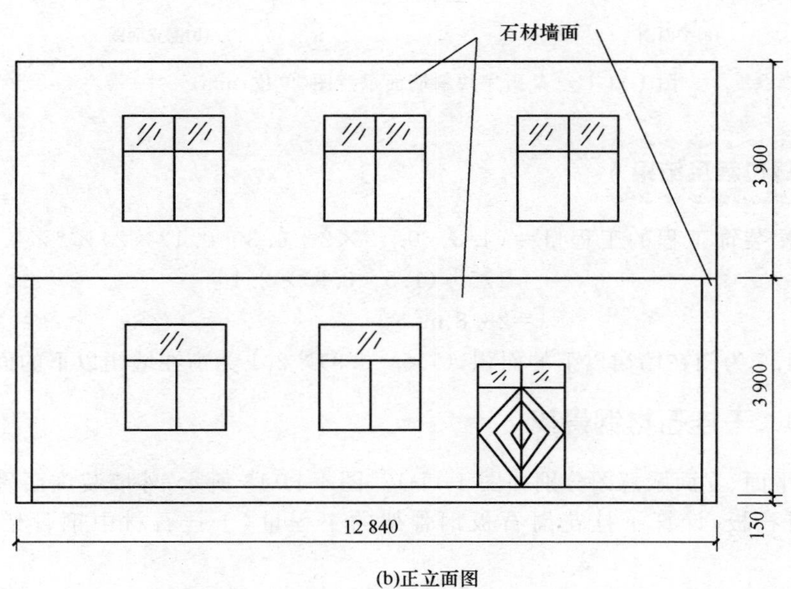

(b)正立面图

图 1-11-10 某石材墙面住宅楼示意图(单位:mm)

工程量计算过程及结果

石材墙面的工程量＝(0.15＋3.9＋3.9)×(11.94×2＋12.84)＋(1.32－0.12)×3.9×2＋0.12×2×(3.9＋0.15)×2＋(12.6－0.24)×3.9＋12.84×3.9－1.8×1.8×9－1.5×1.8×4－1.8×2.4
＝357.23 m^2

计算实例 2　块料墙面

某厨房块料墙面示意图如图 1-11-11 所示，厨房下部墙面做墙裙，高 1.5 m，上部墙面用 803 内墙涂料装饰，墙裙用瓷板(或文化石)装饰，计算块料墙面墙裙装饰工程的工程量。

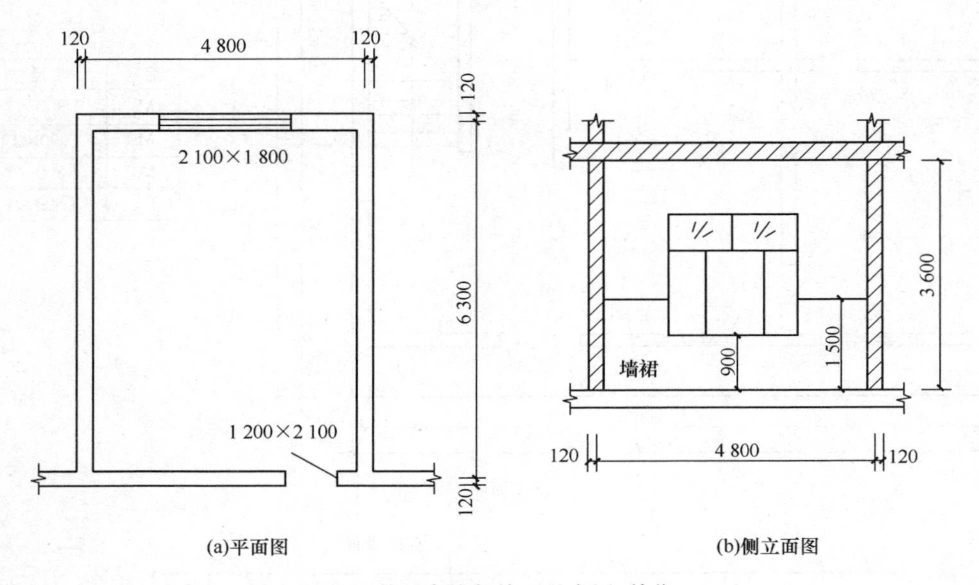

图 1-11-11　某厨房块料墙面示意图(单位:mm)

工程量计算过程及结果

块料墙面墙裙装饰工程的工程量＝(4.8－0.12×2＋6.3－0.12×2)×2×1.5－1.2×1.5－(1.5－0.9)×2.1
＝28.8 m^2

说明:1.2×1.5 为门在墙裙以下的面积，(1.5－0.9)×2.1 为窗在墙裙以下的面积。

计算实例 3　干挂石材钢骨架

某石材建筑平面、立面示意图分别如图 1-11-12、图 1-11-13 所示，外墙装饰面采用不锈钢骨架上干挂花岗石板，计算干挂花岗石板钢骨架的工程量(干挂石材中钢骨架的密度＝1 060 kg/m^2)。

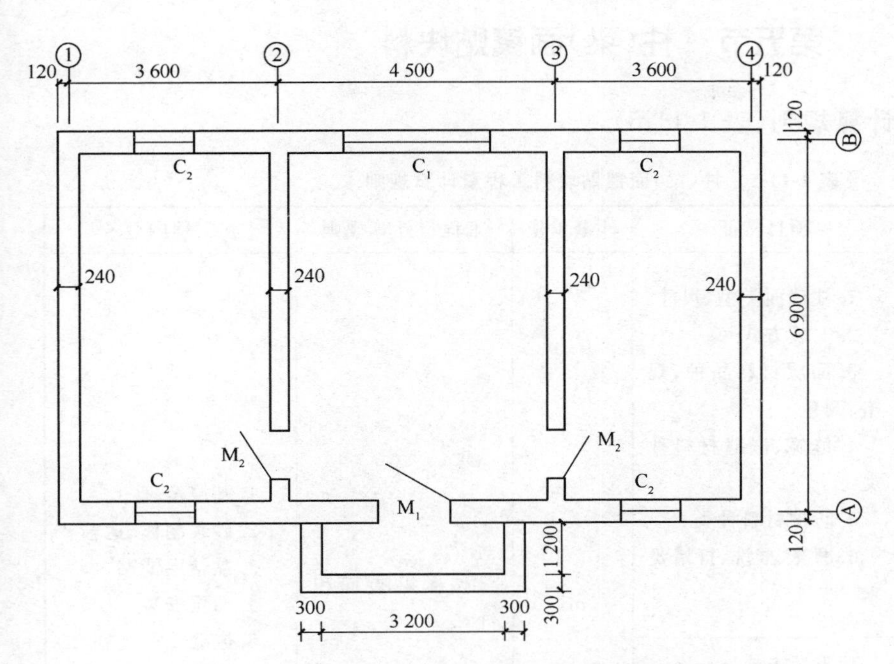

编号	尺寸
M_1	1 500×2 100
M_2	1 200×2 100
C_1	2 100×1 800
C_2	1 200×1 800

图 1-11-12　某石材建筑平面示意图(单位:mm)

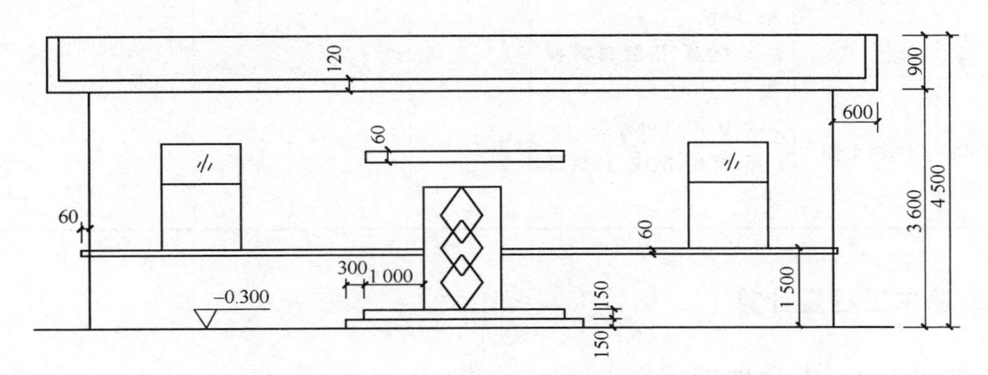

图 1-11-13　某石材建筑立面示意图(单位:mm)

工程量计算过程及结果

干挂花岗石板的钢骨架面积＝(3.6×2＋4.5＋0.12×2＋6.9＋0.12×2)×2×4.5－2.1×1.8－1.2×1.8×4－1.5×2.1－(3.2＋3.2＋0.3×2)×0.15

＝155.10 m^2

干挂花岗石板钢骨架的工程量＝155.10×1 060＝164 406 kg＝164.406 t

第五节 柱(梁)面镶贴块料

一、清单工程量计算规则(表 1-11-5)

表 1-11-5 柱(梁)面镶贴块料工程量计算规则

项目编码	项目名称	项目特征	计量单位	工程量计算规则	工程内容
011205001	石材柱面	1. 柱截面类型、尺寸 2. 安装方式 3. 面层材料品种、规格、颜色 4. 缝宽、嵌缝材料种类 5. 防护材料种类 6. 磨光、酸洗、打蜡要求	m^2	按镶贴表面积计算	1. 基层清理 2. 砂浆制作、运输 3. 黏结层铺贴 4. 面层安装 5. 嵌缝 6. 刷防护材料 7. 磨光、酸洗、打蜡
011205002	块料柱面				
011205003	拼碎块柱面				
011205004	石材梁面	1. 安装方式 2. 面层材料品种、规格、颜色 3. 缝宽、嵌缝材料种类 4. 防护材料种类 5. 磨光、酸洗、打蜡要求			
011205005	块料梁面				

二、清单工程量计算

计算实例 1 石材柱面

某柱示意图如图 1-11-14 所示,共 6 根,柱面镶贴石材面料,计算石材柱面工程量。

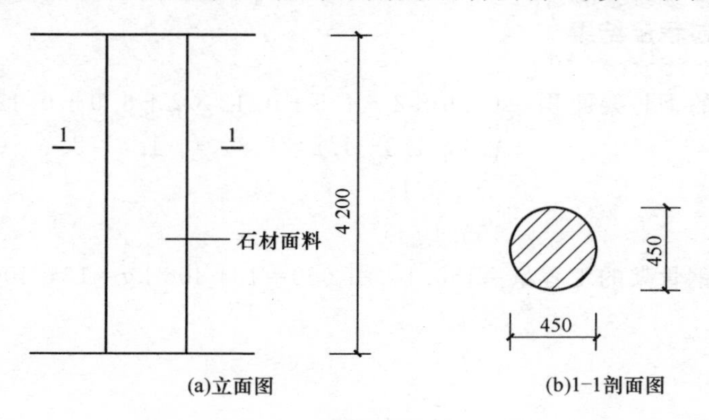

图 1-11-14 某柱示意图(单位:mm)

工程量计算过程及结果

石材柱面的工程量＝0.45×3.14×4.2×6＝35.61 m²

计算实例 2　块料柱面

某块料圆柱饰面如图 1-11-15 所示，外包不锈钢饰面，外围直径为 900 mm，柱高 5.4 m，共有这样的柱 6 根。计算块料柱面工程量。

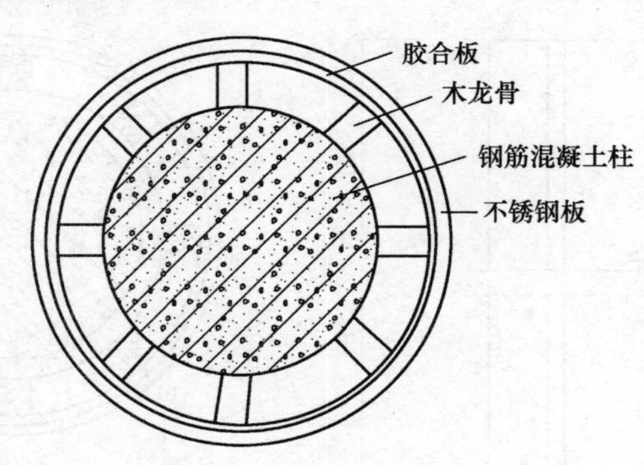

图 1-11-15　某块料圆柱饰面

工程量计算过程及结果

块料柱面的工程量＝0.9×3.14×5.4×6＝91.56 m²

计算实例 3　拼碎块柱面

某花岗岩拼碎块柱示意图如图 1-11-16 所示，6 根混凝土柱四面挂贴花岗岩板，计算拼碎块柱面的工程量。

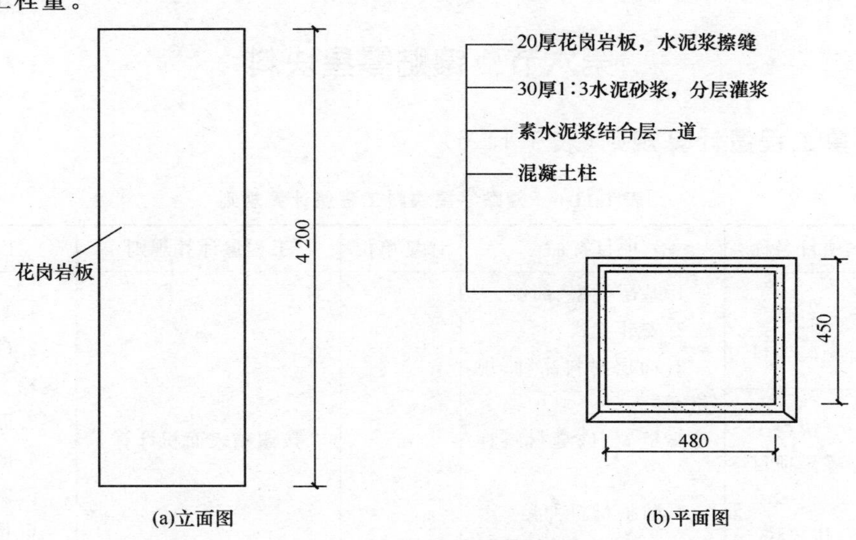

图 1-11-16　某花岗岩拼碎块柱示意图(单位：mm)

工程量计算过程及结果

拼碎块柱面的工程量＝(0.45＋0.48)×2×4.2×6＝46.87 m^2

计算实例 4　石材梁面

某石材梁面示意图如图 1-11-17 所示，梁装饰面采用干挂花岗石板，板厚 50 mm，计算石材梁面的工程量。

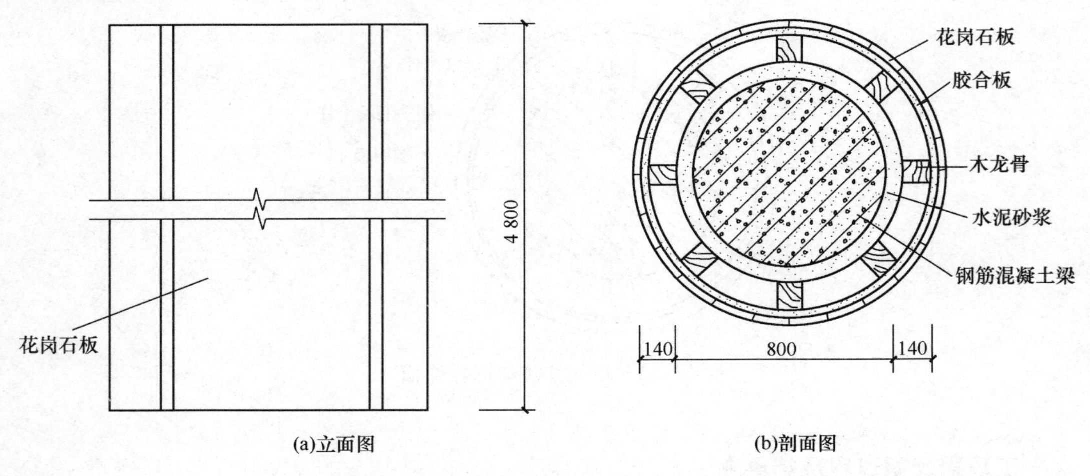

图 1-11-17　石材梁面示意图(单位:mm)

工程量计算过程及结果

石材梁面的工程量＝3.14×(0.8＋0.14×2＋0.05)×4.8＝17.03 m^2

说明：周长取梁装饰面的中心线，故加 0.05 m 的板厚。

第六节　镶贴零星块料

一、清单工程量计算规则(表 1-11-6)

表 1-11-6　镶贴零星块料工程量计算规则

项目编码	项目名称	项目特征	计量单位	工程量计算规则	工程内容
011206001	石材零星项目	1.基层类型、部位 2.安装方式 3.面层材料品种、规格、颜色 4.缝宽、嵌缝材料种类 5.防护材料种类 6.磨光、酸洗、打蜡要求	m^2	按镶贴表面积计算	1.基层清理 2.砂浆制作、运输 3.面层安装 4.嵌缝 5.刷防护材料 6.磨光、酸洗、打蜡
011206002	块料零星项目				
011206003	拼碎块零星项目				

二、清单工程量计算

计算实例 1　石材零星项目

某镶贴大理石墙裙建筑平面图如图 1-11-18 所示，建筑物底层平面图门的尺寸 M_1 为 1 800 mm×2 100 mm，M_2 为 1 200 mm×2 100 mm，该建筑物自地面到 1.2 m 处镶贴大理石墙裙，计算石材零星项目的工程量（墙厚为 240 mm）。

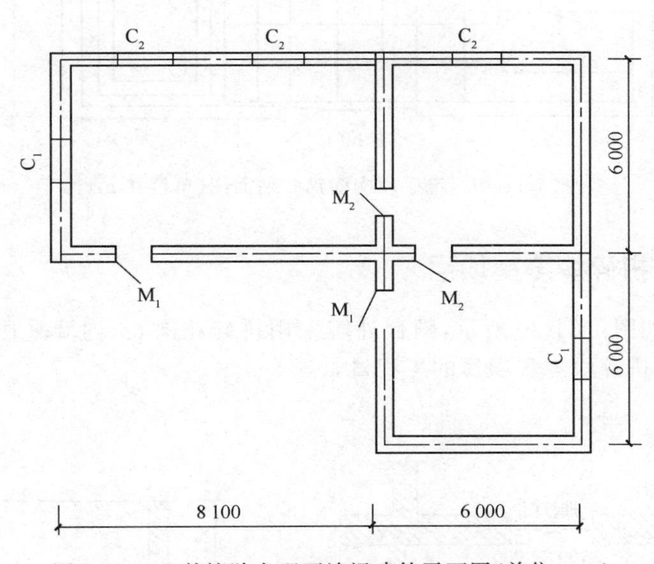

图 1-11-18　某镶贴大理石墙裙建筑平面图（单位：mm）

工程量计算过程及结果

石材零星项目的工程量＝(8.1＋6＋0.24＋6＋6＋0.24)×2×1.2－1.8×1.2×2
＝59.47 m^2

计算实例 2　块料零星项目

某住宅的洗手间地面采用陶瓷锦砖贴面，如图 1-11-19 所示，自室内地面至室内标高 1.2 m 处也采用陶瓷锦砖贴面，门的尺寸为 900 mm×2 100 mm，计算块料零星项目的工程量。（镜台1 400 mm×500 mm×1 200 mm、浴池 1 500 mm×800 mm×800 mm）

工程量计算过程及结果

块料零星项目的工程量＝2.8×1.5－1.5×0.8＋(2.8＋1.5)×2×1.2－0.9×1.2－0.5×(1.4＋1.2)－(0.8＋1.5＋0.8)×0.04
＝10.82 m^2

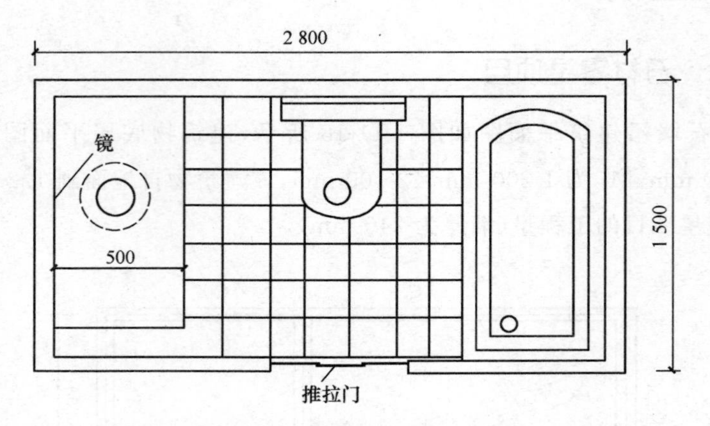

图 1-11-19 洗手间陶瓷锦砖贴面图(单位:mm)

计算实例 3 拼碎块零星项目

某阳台示意图如图 1-11-20 所示,阳台外墙采用拼碎花岗石,内墙采用 1∶3 水泥砂浆普通抹灰,计算该阳台拼碎块零星项目的工程量。

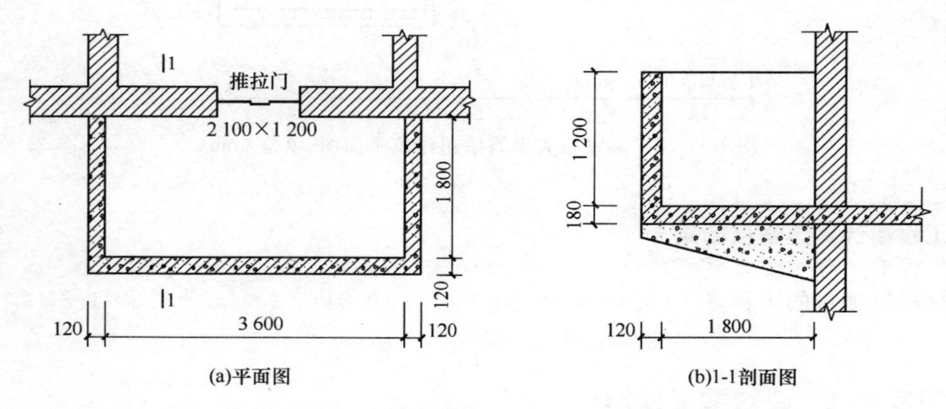

图 1-11-20 某拼碎花岗石阳台示意图(单位:mm)

工程量计算过程及结果

阳台拼碎块零星项目的工程量=[(1.8+0.12)×2+(3.6+0.12×2)]×(1.2+0.18)

=10.60 m^2

第七节 墙饰面

一、清单工程量计算规则(表 1-11-7)

表 1-11-7 墙饰面工程量计算规则

项目编码	项目名称	项目特征	计量单位	工程量计算规则	工程内容
011207001	墙面装饰板	1.龙骨材料种类、规格、中距 2.隔离层材料种类、规格 3.基层材料种类、规格 4.面层材料品种、规格、颜色 5.压条材料种类、规格	m^2	按设计图示墙净长乘净高以面积计算。扣除门窗洞口及单个>0.3 m^2的孔洞所占面积	1.基层清理 2.龙骨制作、运输、安装 3.钉隔离层 4.基层铺钉 5.面层铺贴
011207002	墙面装饰浮雕	1.基层类型 2.浮雕材料种类 3.浮雕样式		按设计图示尺寸以面积计算	1.基层清理 2.材料制作、运输 3.安装成型

二、清单工程量计算

计算实例 1 墙面装饰板

某建筑物装饰板南向立面示意图如图 1-11-21 所示,墙面为磨光大理石贴面,计算墙面装饰板的工程量。

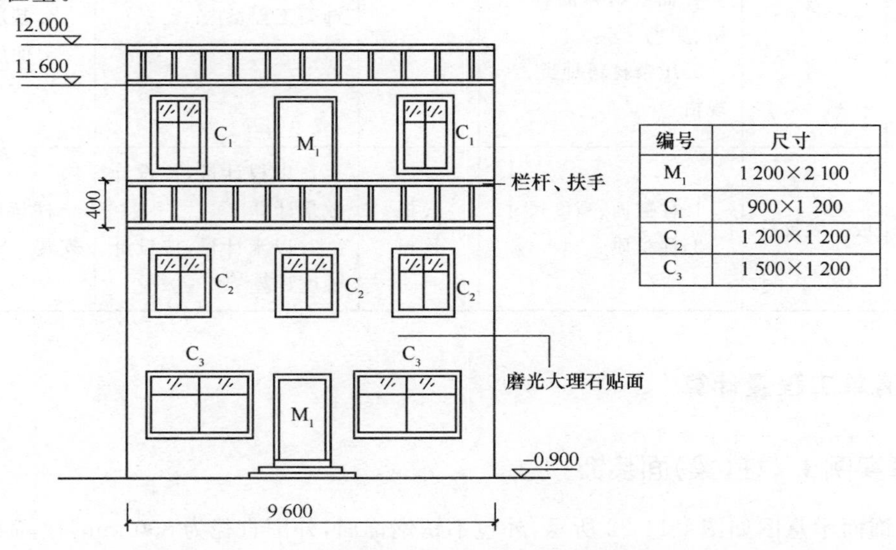

图 1-11-21 某建筑物装饰板南向立面示意图(单位:mm)

工程量计算过程及结果

墙面装饰板的工程量＝9.6×11.6－1.2×2.1×2－0.9×1.2×2－1.2×1.2×3－1.5×1.2×2
＝96.24 m^2

注：台阶忽略不计。

计算实例 2　墙面装饰浮雕

如果一面高 2 000 mm、宽 5 000 mm、厚 240 mm 的墙面要做装饰浮雕，计算墙面装饰浮雕的工程量。

工程量计算过程及结果

墙面装饰浮雕的工程量＝2×5＝10 m^2

第八节　柱(梁)饰面

一、清单工程量计算规则(表 1-11-8)

表 1-11-8　柱(梁)饰面工程量计算规则

项目编码	项目名称	项目特征	计量单位	工程量计算规则	工程内容
011208001	柱(梁)面装饰	1.龙骨材料种类、规格、中距 2.隔离层材料种类 3.基层材料种类、规格 4.面层材料品种、规格、颜色 5.压条材料种类、规格	m^2	按设计图示饰面外围尺寸以面积计算。柱帽、柱墩并入相应柱饰面工程量内	1.清理基层 2.龙骨制作、运输、安装 3.钉隔离层 4.基层铺钉 5.面层铺贴
011208002	成品装饰柱	1.柱截面、高度尺寸 2.柱材质	1.根 2.m	1.以根计量，按设计数量计算 2.以米计量，按设计长度计算	柱运输、固定、安装

二、清单工程量计算

计算实例 1　柱(梁)面装饰

某柱饰面示意图如图 1-11-22 所示，外包不锈钢饰面，外围直径为 850 mm，柱高 4.2 m，共有 2 根。计算柱面装饰的工程量。

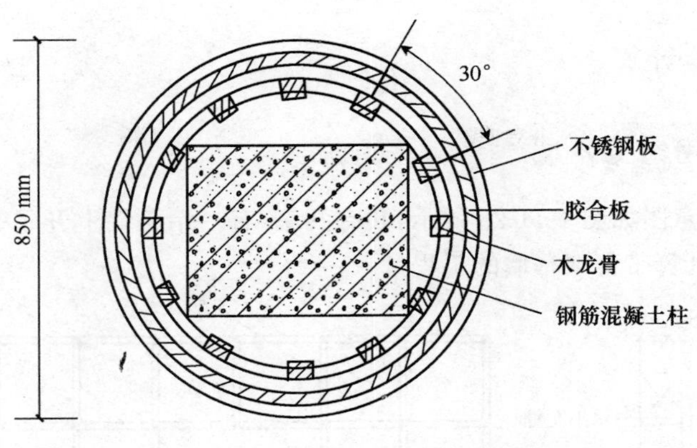

图 1-11-22　柱饰面示意图

工程量计算过程及结果

柱面装饰的工程量＝0.85×3.14×4.2×2＝22.42 m²

计算实例 2　成品装饰柱

某工程有 5 根截面直径为 850 mm 的成品装饰柱，计算其工程量。

工程量计算过程及结果

成品装饰柱的工程量＝5 根

第九节　幕墙工程

一、清单工程量计算规则（表 1-11-9）

表 1-11-9　幕墙工程工程量计算规则

项目编码	项目名称	项目特征	计量单位	工程量计算规则	工程内容
011209001	带骨架幕墙	1. 骨架材料种类、规格、中距 2. 面层材料品种、规格、颜色 3. 面层固定方式 4. 隔离带、框边封闭材料品种、规格 5. 嵌缝、塞口材料种类	m²	按设计图示框外围尺寸以面积计算。与幕墙同种材质的窗所占面积不扣除	1. 骨架制作、运输、安装 2. 面层安装 3. 隔离带、框边封闭 4. 嵌缝、塞口 5. 清洗
011209002	全玻（无框玻璃）幕墙	1. 玻璃品种、规格、颜色 2. 黏结塞口材料种类 3. 固定方式		按设计图示尺寸以面积计算。带肋全玻幕墙按展开面积计算	1. 幕墙安装 2. 嵌缝、塞口 3. 清洗

二、清单工程量计算

计算实例 1　带骨架幕墙

某带骨架幕墙示意图如图 1-11-23 所示，共有两堵，有一堵幕墙上开了一尺寸为1 800 mm×1 200 mm的带亮窗，计算带骨架幕墙的工程量。

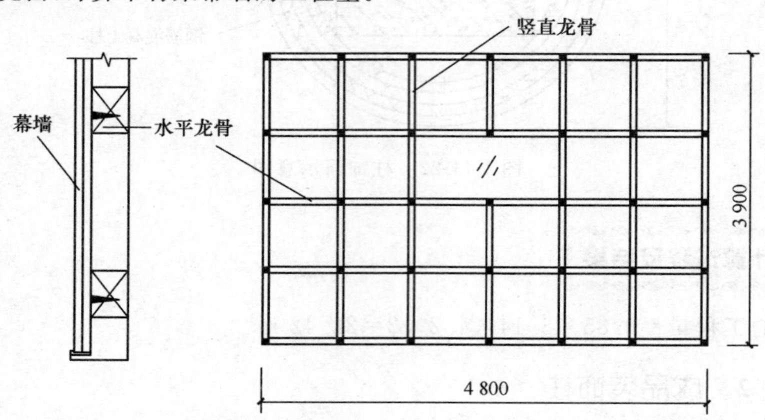

图 1-11-23　带骨架幕墙示意图（单位：mm）

工程量计算过程及结果

带骨架幕墙的工程量＝4.8×3.9×2－1.8×1.2＝35.28 m²

计算实例 2　全玻（无框玻璃）幕墙

某全玻（无框玻璃）幕墙示意图如图 1-11-24 所示，而且纵向带有肋玻璃，计算其工程量。

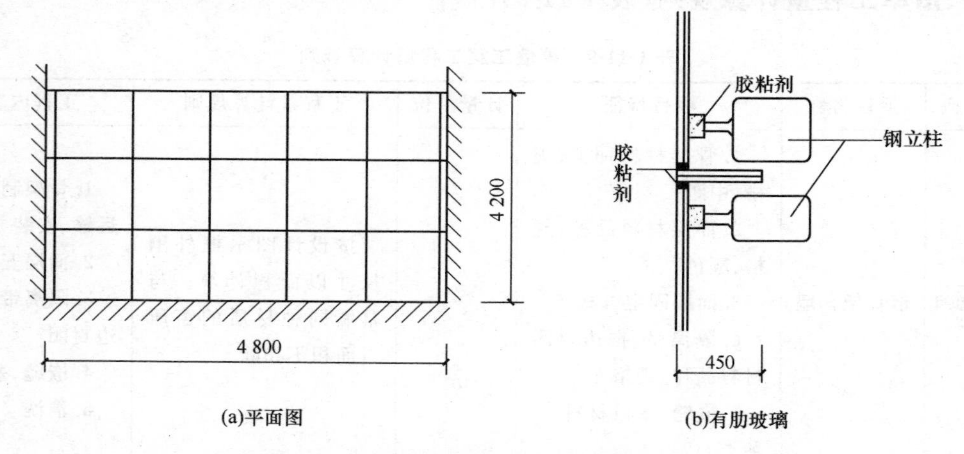

图 1-11-24　全玻（无框玻璃）幕墙示意图（单位：mm）

工程量计算过程及结果

全玻（无框玻璃）幕墙的工程量＝4.8×4.2＋4.2×0.45×4＝27.72 m²

第十节　隔断

一、清单工程量计算规则(表 1-11-10)

表 1-11-10　隔断工程量计算规则

<table>
<tr><th>项目编码</th><th>项目名称</th><th>项目特征</th><th>计量单位</th><th>工程量计算规则</th><th>工程内容</th></tr>
<tr><td>011110001</td><td>木隔断</td><td>1. 骨架、边框材料种类、规格
2. 隔板材料品种、规格、颜色
3. 嵌缝、塞口材料品种
4. 压条材料种类</td><td rowspan="4">m²</td><td rowspan="2">按设计图示框外围尺寸以面积计算。不扣除单个≤0.3 m²的孔洞所占面积;浴厕门的材质与隔断相同时,门的面积并入隔断面积内</td><td>1. 骨架及边框制作、运输、安装
2. 隔板制作、运输、安装
3. 嵌缝、塞口
4. 装钉压条</td></tr>
<tr><td>011110002</td><td>金属隔断</td><td>1. 骨架、边框材料种类、规格
2. 隔板材料品种、规格、颜色
3. 嵌缝、塞口材料品种</td><td>1. 骨架及边框制作、运输、安装
2. 隔板制作、运输、安装
3. 嵌缝、塞口</td></tr>
<tr><td>011110003</td><td>玻璃隔断</td><td>1. 边框材料种类、规格
2. 玻璃品种、规格、颜色
3. 嵌缝、塞口材料品种</td><td rowspan="2">按设计图示框外围尺寸以面积计算。不扣除单个≤0.3 m²的孔洞所占面积</td><td>1. 边框制作、运输、安装
2. 玻璃制作、运输、安装
3. 嵌缝、塞口</td></tr>
<tr><td>011110004</td><td>塑料隔断</td><td>1. 边框材料种类、规格
2. 隔板材料品种、规格、颜色
3. 嵌缝、塞口材料品种</td><td>1. 骨架及边框制作、运输、安装
2. 隔板制作、运输、安装
3. 嵌缝、塞口</td></tr>
<tr><td>011110005</td><td>成品隔断</td><td>1. 隔断材料品种、规格、颜色
2. 配件品种、规格</td><td>1. m²
2. 间</td><td>1. 以平方米计量,按设计图示框外围尺寸以面积计算
2. 以间计量,按设计间的数量计算</td><td>1. 隔断运输、安装
2. 嵌缝、塞口</td></tr>
<tr><td>011110006</td><td>其他隔断</td><td>1. 骨架、边框材料种类、规格
2. 隔板材料品种、规格、颜色
3. 嵌缝、塞口材料品种</td><td>m²</td><td>按设计图示框外围尺寸以面积计算。不扣除单个≤0.3 m²的孔洞所占面积</td><td>1. 骨架及边框安装
2. 隔板安装
3. 嵌缝、塞口</td></tr>
</table>

二、清单工程量计算

计算实例　木隔断

某木隔断示意图如图 1-11-25 所示，其上有一尺寸为 1 500 mm×2 100 mm 的木质门，计算木隔断的工程量。

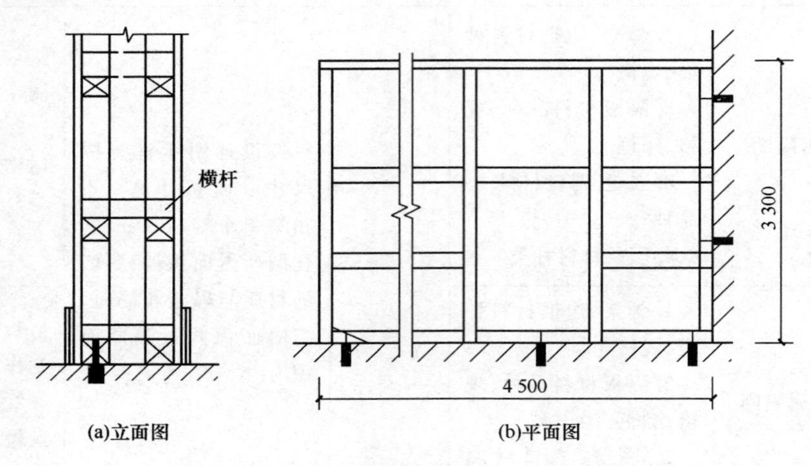

图 1-11-25　木隔断示意图(单位:mm)

工程量计算过程及结果

木隔断的工程量＝4.5×3.3＝14.85 m^2

第二部分　工程计价

第一章　建设工程造价构成

第一节　设备及工器具购置费用的构成和计算

一、设备购置费

设备购置费是指购置或自制的达到固定资产标准的设备、工器具及生产家具等所需的费用。它由设备原价和设备运杂费构成。

$$设备购置费＝设备原价＋设备运杂费 \tag{2-1-1}$$

其中，设备原价指国产设备或进口设备的原价；设备运杂费指除设备原价之外的关于设备采购、运输、途中包装及仓库保管等方面支出费用的总和。

(一)国产设备原价

国产设备原价一般指的是设备制造厂的交货价，或订货合同价。它一般根据生产厂或供应商的询价、报价、合同价确定，或采用一定的方法计算确定。国产设备原价分为国产标准设备原价和国产非标准设备原价。

1.国产标准设备原价

国产标准设备是指按照主管部门颁布的标准图纸和技术要求，由我国设备生产厂批量生产的，符合国家质量检测标准的设备。国产标准设备原价有两种，即带有备件的原价和不带有备件的原价。在计算时，一般采用带有备件的原价。国产标准设备一般有完善的设备交易市场，因此可通过查询相关交易市场价格或向设备生产厂家询价得到国产标准设备原价。

2.国产非标准设备原价

国产非标准设备是指国家尚无定型标准，各设备生产厂不可能在工艺过程中采用批量生产，只能按订货要求并根据具体的设计图纸制造的设备。非标准设备由于单件生产、无定型标准，所以无法获取市场交易价格，只能按其成本构成或相关技术参数估算其价格。非标准设备原价有多种不同的计算方法，如成本计算估价法、系列设备插入估价法、分部组合估价法、定额估价法等。但无论采用哪种方法都应该使非标准设备计价接近实际出厂价，并且计算方法要简便。其中成本计算估价法是一种比较常用的估算非标准设备原价的方法。按成本计算估价法，非标准设备的原价由以下各项组成，具体见表 2-1-1。

表 2-1-1 非标准设备原价的组成

序号	项目	内容
1	材料费	其计算公式如下： 材料费＝材料净重×(1＋加工损耗系数)×每吨材料综合价
2	加工费	包括生产工人工资和工资附加费、燃料动力费、设备折旧费、车间经费等。其计算公式如下： 加工费＝设备总重量(吨)×设备每吨加工费
3	辅助材料费(简称辅材费)	包括焊条、焊丝、氧气、氩气、氮气、油漆、电石等费用。其计算公式如下： 辅助材料费＝设备总重量×辅助材料费指标
4	专用工具费	按1～3项之和乘以一定百分比计算
5	废品损失费	按1～4项之和乘以一定百分比计算
6	外购配套件费	按设备设计图纸所列的外购配套件的名称、型号、规格、数量、重量，根据相应的价格加运杂费计算
7	包装费	按1～6项之和乘以一定百分比计算
8	利润	可按1～5项加第7项之和乘以一定利润率计算
9	税金	主要指增值税(虽然根据2008年11月5日国务院第34次常务会议修订通过的《中华人民共和国增值税暂行条例》，删除了有关不得抵扣购进固定资产的进项税额的规定，允许纳税人抵扣购进固定资产的进项税额，但由于增值税仍然是项目投资过程中所必须支付的费用之一，因此在估算设备原价时，依然包括增值税项)。计算公式如下： 增值税＝当期销项税额－进项税额 当期销项税额＝销售额×适用增值税率
10	非标准设备设计费	按国家规定的设计费收费标准计算

根据表 2-1-1 可知单台非标准设备原价可用下面的公式表达：

单台非标准设备原价＝{[(材料费＋加工费＋辅助材料费)×(1＋专用工具费率)×(1＋废品损失费率)＋外购配套件费]×(1＋包装费率)－外购配套件费)}×(1＋利润率)＋销项税额＋非标准设备设计费＋外购配套件费　(2-1-2)

(二)进口设备原价

进口设备的原价是指进口设备的抵岸价，即设备抵达买方边境、港口或车站，交纳完各种手续费、税费后形成的价格。抵岸价通常是由进口设备到岸价(CIF)和进口从属费构成。进口设备的到岸价，即抵达买方边境港口或边境车站的价格。在国际贸易中，交易双方所使用的交货类别不同，则交易价格的构成内容也有所差异。进口从属费用包括银行财务费、外贸手续费、进口关税、消费税、进口环节增值税等，进口车辆的还需缴纳车辆购置税。

1. 进口设备的交易价格

在国际贸易中，较为广泛使用的交易价格术语有 FOB、CFR 和 CIF。

(1)FOB,意为装运港船上交货,亦称为离岸价格。FOB术语是指当货物在指定的装运港越过船舷,卖方即完成交货义务。风险转移,以在指定的装运港货物越过船舷时为分界点。费用划分与风险转移的分界点相一致。

在FOB交货方式下,卖方的基本义务有:

1)办理出口清关手续,自负风险和费用,领取出口许可证及其他官方文件。

2)在约定的日期或期限内,在合同规定的装运港,按港口惯常的方式,把货物装上买方指定的船只,并及时通知买方。

3)承担货物在装运港越过船舷之前的一切费用和风险。

4)向买方提供商业发票和证明货物已交至船上的装运单据或具有同等效力的电子单证。

在FOB交货方式下,买方的基本义务有:

1)负责租船订舱,按时派船到合同约定的装运港接运货物,支付运费,并将船期、船名及装船地点及时通知卖方。

2)负担货物在装运港越过船舷后的各种费用以及货物灭失或损坏的一切风险。

3)负责获取进口许可证或其他官方文件,以及办理货物入境手续。

4)受领卖方提供的各种单证,按合同规定支付货款。

(2)CFR,意为成本加运费,或称之为运费在内价。CFR是指在装运港货物越过船舷卖方即完成交货,卖方必须支付将货物运至指定的目的港所需的运费和费用,但交货后货物灭失或损坏的风险,以及由于各种事件造成的任何额外费用,则由卖方转移到买方。与FOB价格相比,CFR的费用划分与风险转移的分界点是不一致的。

在CFR交货方式下,卖方的基本义务有:

1)提供合同规定的货物,负责订立运输合同,并租船订舱,在合同规定的装运港和规定的期限内,将货物装上船并及时通知买方,支付运至目的港的运费。

2)负责办理出口清关手续,提供出口许可证或其他官方批准的文件。

3)承担货物在装运港越过船舷之前的一切费用和风险。

4)按合同规定提供正式有效的运输单据、发票或具有同等效力的电子单证。

在CFR交货方式下,买方的基本义务有:

1)承担货物在装运港越过船舷以后的一切风险及运输途中因遭遇风险所引起的额外费用。

2)在合同规定的目的港受领货物,办理进口清关手续,交纳进口税。

3)受领卖方提供的各种约定的单证,并按合同规定支付货款。

(3)CIF,意为成本加保险费、运费,习惯称到岸价格。在CIF术语中,卖方除负有与CFR相同的义务外,还应办理货物在运输途中最低险别的海运保险,并应支付保险费。如买方需要更高的保险险别,则需要与卖方明确地达成协议,或者自行作出额外的保险安排。除保险这项义务之外,买方的义务与CFR相同。

2.进口设备到岸价

进口设备到岸价的计算公式如下:

进口设备到岸价(CIF)＝离岸价格(FOB)＋国际运费＋运输保险费

＝运费在内价(CFR)＋运输保险费　　(2-1-3)

(1)货价。一般指装运港船上交货价(FOB)。设备货价分为原币货价和人民币货价,原币货价一律折算为美元表示,人民币货价按原币货价乘以外汇市场美元兑换人民币汇率中间价确定。进口设备货价按有关生产厂商询价、报价、订货合同价计算。

(2)国际运费。即从装运港(站)到达我国目的港(站)的运费。我国进口设备大部分采用海洋运输,小部分采用铁路运输,个别采用航空运输。进口设备国际运费计算公式为:

$$国际运费(海、陆、空)=原币货价(FOB)\times运费率 \quad (2\text{-}1\text{-}4)$$

$$国际运费(海、陆、空)=单位运价\times运量 \quad (2\text{-}1\text{-}5)$$

其中,运费率或单位运价参照有关部门或进出口公司的规定执行。

(3)运输保险费。对外贸易货物运输保险是由保险人(保险公司)与被保险人(出口人或进口人)订立保险契约,在被保险人交付议定的保险费后,保险人根据保险契约的规定对货物在运输过程中发生的承保责任范围内的损失给予经济上的补偿。这是一种财产保险。计算公式为:

$$运输保险费=\frac{原币货价(FOB)+国外运费}{1-保险费率}\times保险费率 \quad (2\text{-}1\text{-}6)$$

其中,保险费率按保险公司规定的进口货物保险费率计算。

3.进口从属费

进口从属费的计算公式如下:

$$进口从属费=银行财务费+外贸手续费+关税+消费税+进口环节增值税+车辆购置税 \quad (2\text{-}1\text{-}7)$$

(1)银行财务费。一般是指在国际贸易结算中,中国银行为进出口商提供金融结算服务所收取的费用,可按下式简化计算:

$$银行财务费=离岸价格(FOB)\times人民币外汇汇率\times银行财务费率 \quad (2\text{-}1\text{-}8)$$

(2)外贸手续费。指按规定的外贸手续费率计取的费用,外贸手续费率一般取1.5%。计算公式为:

$$外贸手续费=到岸价格(CIF)\times人民币外汇汇率\times外贸手续费率 \quad (2\text{-}1\text{-}9)$$

(3)关税。由海关对进出国境或关境的货物和物品征收的一种税。计算公式为:

$$关税=到岸价格(CIF)\times人民币外汇汇率\times进口关税税率 \quad (2\text{-}1\text{-}10)$$

到岸价格作为关税的计征基数时,通常又可称为关税完税价格。进口关税税率分为优惠和普通两种。优惠税率适用于与我国签订关税互惠条款的贸易条约或协定的国家的进口设备;普通税率适用于与我国未签订关税互惠条款的贸易条约或协定的国家的进口设备。进口关税税率按我国海关总署发布的进口关税税率计算。

(4)消费税。仅对部分进口设备(如轿车、摩托车等)征收,一般计算公式为:

$$应纳消费税税额=\frac{到岸价格(CIF)\times人民币外汇汇率+关税}{1-消费税税率(\%)}\times消费税税率 \quad (2\text{-}1\text{-}11)$$

其中,消费税税率根据规定的税率计算。

(5)进口环节增值税。是对从事进口贸易的单位和个人,在进口商品报关进口后征收的税种。我国增值税条例规定,进口应税产品均按组成计税价格和增值税税率直接计算应纳税额。即:

$$进口环节增值税额=组成计税价格\times增值税税率 \quad (2\text{-}1\text{-}12)$$

$$组成计税价格=关税完税价格+关税+消费税 \quad (2\text{-}1\text{-}13)$$

增值税税率根据规定的税率计算。

(6)车辆购置税。进口车辆需缴纳进口车辆购置税,其公式如下:

进口车辆购置税＝(关税完税价格＋关税＋消费税)×车辆购置税率 (2-1-14)

(三)设备运杂费

设备运杂费的内容见表 2-1-2。

表 2-1-2 设备运杂费

项目		内容
概念		设备运杂费是指国内采购设备自来源地、国外采购设备自到岸港运至工地仓库或指定堆放地点发生的采购、运输、运输保险、保管、装卸等费用
构成	运费和装卸费	国产设备由设备制造厂交货地点起至工地仓库(或施工组织设计指定的需要安装设备的堆放地点)止所发生的运费和装卸费;进口设备则由我国到岸港口或边境车站起至工地仓库(或施工组织设计指定的需安装设备的堆放地点)止所发生的运费和装卸费
	包装费	在设备原价中没有包含的,为运输而进行的包装支出的各种费用
	设备供销部门的手续费	按有关部门规定的统一费率计算
	采购与仓库保管费	指采购、验收、保管和收发设备所发生的各种费用,包括设备采购人员、保管人员和管理人员的工资、工资附加费、办公费、差旅交通费,设备供应部门办公和仓库所占固定资产使用费、工具用具使用费、劳动保护费、检验试验费等。这些费用可按主管部门规定的采购与保管费费率计算
计算		设备运杂费按下式计算: 设备运杂费＝设备原价×设备运杂费率 其中,设备运杂费率按各部门及省、市有关规定计取

二、工器具及生产家具购置费的构成和计算

工器具及生产家具购置费,是指新建或扩建项目初步设计规定的,保证初期正常生产必须购置的没有达到固定资产标准的设备、仪器、工卡模具、器具、生产家具和备品备件等的购置费用。

一般以设备购置费为计算基数,按照部门或行业规定的工具、器具及生产家具费率计算。计算公式为:

工器具及生产家具购置费＝设备购置费×定额费率 (2-1-15)

第二节 建筑安装工程费用构成和计算

一、建筑安装工程费用的构成

建筑安装工程费用是指为完成工程项目建造、生产性设备及配套工程安装所需的费用。

1. 建筑工程费用内容

(1)各类房屋建筑工程和列入房屋建筑工程预算的供水、供暖、卫生、通风、煤气等设备费用及其装设、油饰工程的费用,列入建筑工程预算的各种管道、电力、电信和电缆导线敷设工程

的费用。

(2)设备基础、支柱、工作台、烟囱、水塔、水池、灰塔等建筑工程以及各种炉窑的砌筑工程和金属结构工程的费用。

(3)为施工而进行的场地平整,工程和水文地质勘察,原有建筑物和障碍物的拆除以及施工临时用水、电、气、路和完工后的场地清理,环境绿化、美化等工作的费用。

(4)矿井开凿、井巷延伸、露天矿剥离,石油、天然气钻井,修建铁路、公路、桥梁、水库、堤坝、灌渠及防洪等工程的费用。

2. 安装工程费用内容

(1)生产、动力、起重、运输、传动和医疗、实验等各种需要安装的机械设备的装配费用,与设备相连的工作台、梯子、栏杆等设施的工程费用,附属于被安装设备的管线敷设工程费用,以及被安装设备的绝缘、防腐、保温、油漆等工作的材料费和安装费。

(2)为测定安装工程质量,对单台设备进行单机试运转、对系统设备进行系统联动无负荷试运转工作的调试费。

二、我国现行建筑安装工程费用项目组成及计算

我国现行建筑安装工程费用项目主要由四部分组成:直接费、间接费、利润和税金。其具体构成如图 2-1-1 所示。

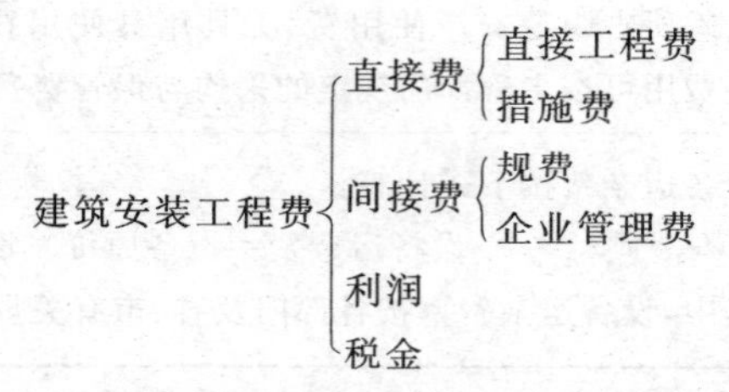

图 2-1-1 定额计价模式下建筑安装工程费用的组成

根据《建设工程工程量清单计价规范》(GB 50500—2013)的规定,建设工程发承包及其实施阶段的工程造价(其中主要内容是建筑安装工程费)由分部分项工程费、措施项目费、其他项目费、规费和税金组成。

(一)直接费

1. 直接工程费

直接工程费是指施工过程中耗费的直接构成工程实体的各项费用,包括人工费、材料费、施工机械使用费。

(1)人工费。建筑安装工程费中的人工费,是指支付给直接从事建筑安装工程施工作业的生产工人的各项费用。构成人工费的基本要素有两个,即人工工日消耗量和人工日工资单价。

人工费的基本计算公式为:

$$人工费=\sum(工日消耗量\times日工资单价) \tag{2-1-16}$$

1)人工工日消耗量是指在正常施工生产条件下,建筑安装产品(分部分项工程或结构构件)必须消耗的某种技术等级的人工工日数量。它由分项工程所综合的各个工序施工劳动定额包括的基本用工、其他用工两部分组成。

2)相应等级的日工资单价包括生产工人基本工资、工资性补贴、生产工人辅助工资、职工福利费及生产工人劳动保护费。

(2)材料费。建筑安装工程费中的材料费,是指工程施工过程中耗费的各种原材料、半成品、构配件、工程设备等的费用以及周转材料等的摊销、租赁费用。构成材料费的基本要素是材料消耗量、材料单价和检验试验费。

材料费的基本计算公式为:

材料费=∑(材料消耗量×材料单价)+检验试验费　(2-1-17)

1)材料消耗量。材料消耗量是指在合理使用材料的条件下,建筑安装产品(分部分项工程或结构构件)必须消耗的一定品种规格的原材料、辅助材料、构配件、零件、半成品等的数量标准。它包括材料净用量和材料不可避免的损耗量。

2)材料单价。材料单价是指建筑材料从其来源地运到施工工地仓库直至出库形成的综合平均单价,其内容包括材料原价(或供应价格)、材料运杂费、运输损耗费、采购及保管费等。

3)检验试验费。检验试验费是指对建筑材料、构件和建筑安装物进行一般鉴定、检查所发生的费用,包括自设试验室进行试验所耗用的材料和化学药品等费用。不包括新结构、新材料的试验费和建设单位对具有出厂合格证明的材料进行检验,对构件做破坏性试验及其他特殊要求检验试验的费用。

(3)施工机械使用费。建筑安装工程费中的施工机械使用费,是指施工机械作业发生的使用费或租赁费。构成施工机械使用费的基本要素是施工机械台班消耗量和机械台班单价。

施工机械使用费的基本计算公式为:

施工机械使用费=∑(施工机械台班消耗量×机械台班单价)　(2-1-18)

1)施工机械台班消耗量,是指在正常施工条件下,建筑安装产品(分部分项工程或结构构件)必须消耗的某类某种型号施工机械的台班数量。

2)机械台班单价。其内容包括台班折旧费、台班大修理费、台班经常修理费、台班安拆费及场外运输费、台班人工费、台班燃料动力费、台班养路费及车船使用税。

2.措施费

措施费是指实际施工中必须发生的施工准备和施工过程中技术、生活、安全、环境保护等方面的非工程实体项目(所谓非实体性项目,是指其费用的发生和金额的大小与使用时间、施工方法或者两个以上工序相关,并且不形成最终的实体工程,如大型机械设备进出场及安拆、文明施工和安全防护、临时设施等)的费用。措施费项目的构成需考虑多种因素,除工程本身的因素外,还涉及水文、气象、环境、安全等因素。在《房屋建筑与装饰工程工程量计算规范》(GB 50854—2013)中,措施项目费可以归纳为以下几项:

(1)安全文明施工费。安全文明施工措施费用,是指工程施工期间按照国家现行的环境保护、建筑施工安全、施工现场环境与卫生标准和有关规定,购置和更新施工安全防护用具及设施、改善安全生产条件和作业环境所需要的费用。

1)环境保护费。其内容包括:现场施工机械设备降低噪声、防扰民措施费用;水泥和其他易飞扬细颗粒建筑材料密闭存放或采取覆盖措施等费用;工程防扬尘洒水费用;土石方、建渣外运车辆冲洗、防洒漏等费用;现场污染源的控制、生活垃圾清理外运、场地排水排污措施的费用;其他环境保护措施费用。

环境保护费的计算方法:

环境保护费=直接工程费×环境保护费费率(%)　(2-1-19)

$$环境保护费费率(\%)=\frac{本项费有年度平均支出}{全年建安产值\times直接工程费占总造价比例(\%)} \quad (2\text{-}1\text{-}20)$$

2)文明施工费。其内容包括:“五牌一图”的费用;现场围挡的墙面美化(包括内外粉刷、刷白、标语等)、压顶装饰费用;现场厕所便槽刷白、贴面砖,水泥砂浆地面或地砖费用,建筑物内临时便溺设施费用;其他施工现场临时设施的装饰装修、美化措施费用;现场生活卫生设施费用;符合卫生要求的饮水设备、淋浴、消毒等设施费用;生活用洁净燃料费用;防煤气中毒、防蚊虫叮咬等措施费用;施工现场操作场地的硬化费用;现场绿化费用、治安综合治理费用;现场配备医药保健器材、物品费用和急救人员培训费用;用于现场工人的防暑降温费,电风扇、空调等设备及用电费用;其他文明施工措施费用。

文明施工费的计算方法:

$$文明施工费=直接工程费\times文明施工费费率(\%) \quad (2\text{-}1\text{-}21)$$

$$文明施工费费率(\%)=\frac{本项费用年度平均支出}{全年建安产值\times直接工程费占总造价比例(\%)} \quad (2\text{-}1\text{-}22)$$

3)安全施工费。其内容包括:安全资料、特殊作业专项方案的编制,安全施工标志的购置及安全宣传的费用;安全防护工具(安全帽、安全带、安全网)、“四口”(楼梯口、电梯井口、通道口、预留洞口)、“五临边”(阳台围边、楼板围边、屋面围边、槽坑围边、卸料平台两侧)、水平防护架、垂直防护架、外架封闭等防护的费用;施工安全用电的费用,包括配电箱三级配电、两级保护装置要求、外电保护措施的费用;起重机等起重设备(含井架、门架)及外用电梯的安全防护措施(含警示标志)费用及卸料平台的临边防护、层间安全门、防护棚等设施费用;建筑工地中机械的检验检测费用;施工机具防护棚及其围栏的安全保护设施费用;施工安全防护通道的费用;工人的安全防护用品、用具购置费用;消防设施与消防器材的配置费用;电气保护、安全照明设施费;其他安全防护措施费用。

安全施工费的计算方法:

$$安全施工费=直接工程费\times安全施工费费率(\%) \quad (2\text{-}1\text{-}23)$$

$$安全施工费费率(\%)=\frac{本项费用年度平均支出}{全年建安产值\times直接工程费占总造价比例(\%)} \quad (2\text{-}1\text{-}24)$$

4)临时设施费。其内容包括:施工现场采用彩色、定型钢板,砖、混凝土砌块等围挡的安砌、维修、拆除费或摊销费;施工现场临时建筑物、构筑物的搭设、维修、拆除或摊销的费用,如临时宿舍、办公室、食堂、厨房、厕所、诊疗所、临时文化福利用房、临时仓库、加工场、搅拌台、临时简易水塔、水池等;施工现场临时设施的搭设、维修、拆除或摊销的费用,如临时供水管道、临时供电管线、小型临时设施等;施工现场规定范围内临时简易道路铺设,临时排水沟、排水设施安砌、维修、拆除;其他临时设施搭设、维修、拆除或摊销的费用。

临时设施费的构成包括周转使用临建费、一次性使用临建费和其他临时设施费。其计算公式为:

$$临时设施费=(周转使用临建费+一次性使用临建费)\times[1+其他临时设施所占比例(\%)] \quad (2\text{-}1\text{-}25)$$

①周转使用临建费的计算:

$$周转使用临建费=\sum\left[\frac{临建面积\times每平米造价}{使用年限\times365\times利润率(\%)}\right]\times工期(天)]+一次性拆除费 \quad (2\text{-}1\text{-}26)$$

②一次性使用临建费的计算:

$$一次性使用临建费=\sum\{临建面积\times每平方米造价\times[1-残值率(\%)]\}+一次性拆除费 \tag{2-1-27}$$

③他临时设施在临时设施费中所占比例，可由各地区造价管理部门依据典型施工企业的成本资料经分析后综合测定。

建筑工程安全防护、文明施工措施费用是由《建筑安装工程费用项目组成》中措施费所含的环境保护费、文明施工费、安全施工费、临时设施费组成，必须按国家或省级、行业建设主管部门的规定计算，不得作为竞争性费用。

(2)夜间施工增加费。

1)夜间施工增加费的内容。夜间施工增加费的内容由以下各项组成：

①夜间固定照明灯具和临时可移动照明灯具的设置、拆除的费用。

②夜间施工时施工现场交通标志、安全标牌、警示灯的设置、移动、拆除的费用。

③夜间照明设备摊销及照明用电、施工人员夜班补助、夜间施工劳动效率降低等费用。

2)夜间施工增加费的计算方法：

$$夜间施工增加费=\left(1-\frac{合同工期}{定额工期}\right)\times\frac{直接工程费中的人工费合计}{平均日工资单价}\times每日夜间施工费开支 \tag{2-1-28}$$

(3)非夜间施工照明费。非夜间施工照明费是指为保证工程施工正常进行，在如地下室等特殊施工部位施工时所采用的照明设备的安拆、维护、摊销及照明用电等费用。

(4)二次搬运费。

1)二次搬运费的内容。二次搬运费是指由于施工场地条件限制而发生的材料、成品、半成品等一次运输不能达到堆放地点，必须进行二次或多次搬运的费用。

2)二次搬运费的计算方法：

$$二次搬运费=直接工程费\times二次搬运费费率(\%) \tag{2-1-29}$$

$$二次搬运费费率(\%)=\frac{年平均二次搬运费开支额}{全年建安产值\times直接工程费占总造价的比例(\%)} \tag{2-1-30}$$

(5)冬雨季施工增加费。

1)冬雨季施工增加费的内容。

①冬雨季施工时增加的临时设施(防寒保温、防雨、防风设施)的搭设、拆除的费用。

②冬雨季施工时，对砌体、混凝土等采用的特殊加温、保温和养护措施的费用。

③冬雨季施工时，施工现场的防滑处理、对影响施工的雨雪的清除费用。

④冬雨季施工时增加的临时设施的摊销、施工人员的劳动保护用品、冬雨(风)季施工劳动效率降低等费用。

2)冬雨季施工增加费的计算方法：

$$冬雨季施工增加费=直接工程费\times冬雨季施工增加费费率(\%) \tag{2-1-31}$$

$$冬雨季施工增加费费率(\%)=\frac{年平均冬雨季施工增加费开支额}{全年建安产值\times直接工程费占总造价的比例(\%)} \tag{2-1-32}$$

(6)大型机械设备进出场及安拆费。

1)大型机械设备进出场及安拆费的内容。

①进出场费包括施工机械、设备整体或分体自停放地点运至施工现场或由一施工地点运至另一施工地点所发生的运输、装卸、辅助材料等费用。

②安拆费包括施工机械、设备在现场进行安装拆卸所需人工、材料、机械和试运转费用以及机械辅助设施的折旧、搭设、拆除等费用。

2)大型机械设备进出场及安拆费的计算方法。大型机械设备进出场及安拆费通常按照机械设备的使用数量以台次为单位计算。

(7)施工排水、降水费。

1)施工排水、降水费的内容。该项费用由成井和排水、降水两个独立的费用项目组成。

①成井。成井的费用主要包括:准备钻孔机械、埋设互通、钻机就位,泥浆制作、固壁,成孔、出渣、清孔等费用;对接上、下井管(滤管),焊接,安防,下滤料,洗井,连接试抽等费用。

②排水、降水。排水、降水的费用主要包括:管道安装、拆除,场内搬运等费用;抽水、值班、降水设备维修费用等。

2)施工排水、降水费的计算方法。

①成井费用通常按照设计图示尺寸以钻孔深度计算。

②排水、降水费用通常按照排、降水日历天数计算。

(8)地上、地下设施、建筑物的临时保护设施费。地上、地下设施、建筑物的临时保护设施费是指在工程施工过程中,对已建成的地上、地下设施和建筑物进行的遮盖、封闭、隔离等必要保护措施所发生的费用。

该项费用一般都以直接工程费为取费依据,根据工程所在地工程造价管理机构测定的相应费率计算支出。

(9)已完工程及设备保护费。已完工程及设备保护费是指竣工验收前对已完工程及设备采取的覆盖、包裹、封闭、隔离等必要保护措施所发生的费用。已完工程及设备保护费可按下式计算:

$$\text{已完工程及设备保护费}=\text{成品保护所需机械费}+\text{材料费}+\text{人工费} \tag{2-1-33}$$

(10)混凝土、钢筋混凝土模板及支架费。混凝土、钢筋混凝土模板及支架费是指混凝土施工过程中需要的各种模板制作、模板安装、拆除、整理堆放及场内外运输、清理模板粘结物及模内杂物、刷隔离剂等费用。

混凝土、钢筋混凝土模板及支架费的计算方法如下,模板及支架分自有和租赁两种。

1)自有模板及支架费的计算。

$$\text{模板及支架费}=\text{模板摊销量}\times\text{模板价格}+\text{支、拆、运输费} \tag{2-1-34}$$

$$\text{摊销量}=\text{一次使用量}\times(1+\text{施工损耗})\times\left[\frac{1+(\text{周转次数}-1)\times\text{补损率}}{\text{周转次数}}-\frac{(1-\text{补损率})\times 50\%}{\text{周转次数}}\right] \tag{2-1-35}$$

2)租赁模板及支架费的计算。

$$\text{租赁费}=\text{模板使用量}\times\text{使用日期}\times\text{租赁价格}+\text{支、拆、运输费} \tag{2-1-36}$$

(11)脚手架费。脚手架费是指施工需要的各种脚手架施工时可能发生的场内、场外材料搬运,搭、拆脚手架、斜道、上料平台,安全网的铺设,拆除脚手架后材料的堆放等费用。脚手架同样分自有和租赁两种。

1)自有脚手架费的计算:

$$\text{脚手架搭拆费}=\text{脚手架摊销量}\times\text{脚手架价格}+\text{搭、拆、运输费} \tag{2-1-37}$$

$$\text{脚手架摊销量}=\frac{\text{单位一次使用量}\times(1-\text{残值率})}{\text{耐用期}\div\text{一次使用期}} \tag{2-1-38}$$

2)租赁脚手架费的计算：

$$租赁费=脚手架每日租金\times搭设周期+搭、拆、运输费 \quad (2\text{-}1\text{-}39)$$

(12)垂直运输费。

1)垂直运输费的内容。

①垂直运输机械的固定装置、基础制作、安装费。

②行走式垂直运输机械轨道的铺设、拆除、摊销费。

2)垂直运输费的计算。

①垂直运输费可按照建筑面积以"m^2"为单位计算。

②垂直运输费可按照施工工期日历天数以"天"为单位计算。

(13)超高施工增加费。

1)超高施工增加费的内容。当单层建筑物檐口高度超过 20 m,多层建筑物超过 6 层时，可计算超高施工增加费,超高施工增加费的内容由以下各项组成：

①建筑物超高引起的人工工效降低以及由于人工工效降低引起的机械降效费。

②高层施工用水加压水泵的安装、拆除及工作台班费。

③通信联络设备的使用及摊销费。

2)超高施工增加费的计算。超高施工增加费通常按照建筑物超高部分的建筑面积以"m^2"为单位计算。

(二)间接费

建筑安装工程间接费是指虽不直接由施工的工艺过程所引起,但却与工程的总体条件有关的建筑安装企业为组织施工和进行经营管理,以及间接为建筑安装生产服务的各项费用。

1.间接费的组成

按现行规定,建筑安装工程间接费由规费和企业管理费组成。

(1)规费。规费是指政府和有关权力部门规定必须缴纳的费用(简称规费)。包括：

1)工程排污费。指施工现场按规定缴纳的工程排污费。

2)社会保障费。包括:养老保险费;失业保险费;医疗保险费;工伤保险费;生育保险费。企业应按照国家规定的各项标准为职工缴纳社会保障费。

3)住房公积金。企业按规定标准为职工缴纳住房公积金。

(2)企业管理费。企业管理费是指施工单位为组织施工生产和经营管理所发生的费用,具体内容见表 2-1-3。

表 2-1-3　企业管理费

项　目	内　容
管理人员工资	管理人员的基本工资、工资性补贴、职工福利费、劳动保护费等
办公费	企业管理办公用的文具、纸张、账表、印刷、邮电、书报、会议、水电、烧水和集体取暖(包括现场临时宿舍取暖)用燃料等费用
差旅交通费	职工因公出差、调动工作的差旅费、住勤补助费、市内交通费和误餐补助费,职工探亲路费,劳动力招募费,职工离退休、退职一次性路费,工伤人员就医路费,工地转移费以及管理部门使用的交通工具的油料、燃料、养路费及牌照费
固定资产使用费	管理和试验部门及附属生产单位使用的属于固定资产的房屋、设备仪器等的折旧、大修、维修或租赁费

续上表

项　　目	内　　容
工具用具使用费	管理使用的不属于固定资产的生产工具、器具、家具、交通工具和检验、试验、测绘、消防用具等的购置、维修和摊销费
劳动保险费	由企业支付离退休职工的易地安家补助费、职工退职金、6个月以上的病假人员工资、职工死亡丧葬补助费、抚恤费、按规定支付给离休干部的各项经费
工会经费	企业按职工工资总额计提的工会经费
职工教育经费	企业为职工学习先进技术和提高文化水平，按职工工资总额计提的费用
财产保险费	施工管理用财产、车辆保险费用
财务费	企业为筹集资金而发生的各种费用
税金	企业按规定缴纳的房产税、车船使用税、土地使用税、印花税等
其他	包括技术转让费、技术开发费、业务招待费、绿化费、广告费、公证费、法律顾问费、审计费、咨询费等

2.间接费的计算方法

间接费按下式计算：

$$\text{间接费}=\text{取费基数}\times\text{间接费费率} \tag{2-1-40}$$

$$\text{间接费费率}(\%)=\text{规费费率}(\%)+\text{企业管理费费率}(\%) \tag{2-1-41}$$

间接费的取费基数有三种，分别是以直接费为计算基础、以人工费和机械费合计为计算基础及以人工费为计算基础。

在不同的取费基数下，规费费率和企业管理费率计算方法均不相同，见表2-1-4。

表 2-1-4　不同取费基数下的规费费率和企业管理费费率的计算

取费基数	计算方法
以直接费为计算基础	规费费率： $\text{规费费率}(\%)=\dfrac{\sum\text{规费缴纳标准}\times\text{每万元发承包价计算基数}}{\text{每万元发承包价中的人工费含量}}\times\text{人工费占直接费的比例}(\%)$ 企业管理费费率： $\text{企业管理费费率}(\%)=\dfrac{\text{生产工人年平均管理费}}{\text{年有效施工天数}\times\text{人工单价}}\times\text{人工费占直接费比例}(\%)$
以人工费和机械费合计为计算基础	规费费率： $\text{规费费率}(\%)=\dfrac{\sum\text{规费缴纳标准}\times\text{每万元发承包价计算基数}}{\text{每万元发承包价中的人工费含量和机械含量}}\times100\%$ 企业管理费费率： $\text{企业管理费费率}(\%)=\dfrac{\text{生产工人年平均管理费}}{\text{年有效施工天数}\times(\text{人工单价}+\text{每一工日机械使用费})}\times100\%$

续上表

取费基数	计算方法
以人工费为计算基础	规费费率： $$规费费率(\%)=\frac{\sum 规费缴纳标准\times 每万元发承包价计算基数}{每万元发承包价中的人工费含量}\times 100\%$$ 企业管理费费率： $$企业管理费费率(\%)=\frac{生产工人年平均管理费}{年有效施工天数\times 人工单价}\times 100\%$$

(三)利润及税金

建筑安装工程费用中的利润及税金是建筑安装企业职工为社会劳动所创造的那部分价值在建筑安装工程造价中的体现。

1.利润

利润是指施工企业完成所承包工程获得的盈利。

1)以直接费为计算基础时利润的计算方法：

$$利润=(直接费+间接费)\times 相应利润率(\%) \quad (2\text{-}1\text{-}42)$$

2)以人工费和机械费为计算基础时利润的计算方法：

$$利润=直接费中的人工费和机械费合计\times 相应利润率(\%) \quad (2\text{-}1\text{-}43)$$

3)以人工费为计算基础时利润的计算方法：

$$利润=直接费中的人工费合计\times 相应利润率(\%) \quad (2\text{-}1\text{-}44)$$

2.税金

建筑安装工程税金是指国家税法规定的应计入建筑安装工程费用的营业税、城市维护建设税及教育费附加。

(1)营业税。营业税计算公式为：

$$应纳营业税=计税营业额\times 3\% \quad (2\text{-}1\text{-}45)$$

计税营业额即含税营业额，指从事建筑、安装、修缮、装饰及其他工程作业收取的全部收入(包括建筑、修缮、装饰工程所用原材料及其他物资和动力的价款)。当安装设备的价值作为安装工程产值时，亦包括所安装设备的价款。但建筑安装工程总承包方将工程分包或转包给他人的，其营业额中不包括付给分包或转包方的价款。营业税的纳税地点为应税劳务的发生地。

(2)城市维护建设税。城市维护建设税是为筹集城市维护和建设资金，稳定和扩大城市、乡镇维护建设的资金来源，而对有经营收入的单位和个人征收的一种税。

城市维护建设税计算公式为：

$$应纳税额=应纳营业税额\times 适用税率 \quad (2\text{-}1\text{-}46)$$

城市维护建设税的纳税地点在市区的，其适用税率为7%；所在地为县镇的，其适用税率为5%，所在地为农村的，其适用税率为1%。城建税的纳税地点与营业税纳税地点相同。

(3)教育费附加。教育费附加计算公式为：

$$应纳税额=应纳营业税额\times 3\% \quad (2\text{-}1\text{-}47)$$

建筑安装企业的教育费附加要与其营业税同时缴纳。即使办有职工子弟学校的建筑安装企业，也应当先缴纳教育费附加，教育部门可根据企业的办学情况，酌情返还给办学单位，作为对办学经费的补助。

(4)地方教育附加。大部分地区地方教育附加计算公式为：

$$应纳税额=应纳营业税额\times 2\% \tag{2-1-48}$$

地方教育附加应专项用于发展教育事业，不得从地方教育附加中提取或列支征收或代征手续费。

(5)税金的综合计算。在工程造价的计算过程中，上述税金通常一并计算。由于营业税的计税依据是含税营业额，城市维护建设税和教育费附加的计税依据是应纳营业税额，而在计算税金时，往往已知条件是税前造价，即直接费、间接费、利润之和。因此税金的计算往往需要将税前造价先转化为含税营业额，再按相应的公式计算缴纳税金。营业额的计算公式为：

$$营业额=\frac{直接费+间接费+利润}{1-营业税率-营业税率\times 城市维护建设税率-营业税率\times 教育费附加率-营业税率\times 地方教育附加率} \tag{2-1-49}$$

为了简化计算，可以直接将上述税种合并为一个综合税率，按下式计算应纳税额：

$$应纳税额=(直接费+间接费+利润)\times 综合税率(\%) \tag{2-1-50}$$

综合税率的计算因纳税所在地的不同而不同。

1)纳税地点在市区的企业，城市维护建设税率为7%，根据公式(2-1-49)可知：税率(%)=3.48%。

2)纳税地点在县城、镇的企业，城市维护建设税率为5%，根据公式(2-1-49)可知：税率(%)=3.41%。

3)纳税地点不在市区、县城、镇的企业，城市维护建设税率为1%，根据公式(2-1-49)可知：税率(%)=3.28%。

第三节 工程建设其他费用的构成和计算

一、建设用地费

建设用地费是指为获得工程项目建设土地的使用权而在建设期内发生的各项费用，包括通过划拨方式取得土地使用权而支付的土地征用及迁移补偿费，或者通过土地使用权出让方式取得土地使用权而支付的土地使用权出让金。

(一)建设用地取得的基本方式

建设用地的取得，实质上是依法获取国有土地的使用权。根据我国《房地产管理法》规定，获取国有土地使用权的基本方式有两种：一是出让方式，二是划拨方式。建设土地取得的其他方式还包括租赁和转让方式。

1.通过出让方式获取国有土地使用权

国有土地使用权出让，是指国家将国有土地使用权在一定年限内出让给土地使用者，由土地使用者向国家支付土地使用权出让金的行为。土地使用权出让最高年限按用途确定：居住用地70年；工业用地50年；教育、科技、文化、卫生、体育用地50年；商业、旅游、娱乐用地40年；综合或者其他用地50年。

通过出让方式获取国有土地使用权又可以分成以下两种具体方式：

(1)通过招标、拍卖、挂牌等竞争出让方式获取国有土地使用权。具体的竞争方式又包括三种：投标、竞拍和挂牌。按照国家相关规定，工业(包括仓储用地，但不包括采矿用地)、商业、旅游、娱乐和商品住宅等各类经营性用地，必须以招标、拍卖或者挂牌方式出让；上述规定以外用途的土地的供地计划公布后，同一宗地有两个以上意向用地者的，也应当采用招标、拍卖或者挂牌方式出让。

(2)通过协议出让方式获取国有土地使用权。按照国家相关规定，出让国有土地使用权，除依照法律、法规和规章的规定应当采用招标、拍卖或者挂牌方式外，方可采取协议方式。以协议方式出让国有土地使用权的出让金不得低于按国家规定所确定的最低价。协议出让底价不得低于拟出让地块所在区域的协议出让最低价。

2.通过划拨方式获取国有土地使用权

国有土地使用权划拨，是指县级以上人民政府依法批准，在土地使用者缴纳补偿、安置等费用后将该幅土地交付其使用，或者将土地使用权无偿交付给土地使用者使用的行为。

国家对划拨用地有着严格的规定，下列建设用地，经县级以上人民政府依法批准，可以以划拨方式取得：国家机关用地和军事用地；城市基础设施用地和公益事业用地；国家重点扶持的能源、交通、水利等基础设施用地；法律、行政法规规定的其他用地。

依法以划拨方式取得土地使用权的，除法律、行政法规另有规定外，没有使用期限的限制。因企业改制、土地使用权转让或者改变土地用途等不再符合本规定的，应当实行有偿使用。

(二)建设用地取得的费用

建设用地如通过行政划拨方式取得，则须承担征地补偿费用或对原用地单位或个人的拆迁补偿费用；若通过市场机制取得，则不但承担以上费用，还须向土地所有者支付有偿使用费，即土地出让金。

1.征地补偿费用

建设征用土地费用的构成见表2-1-5。

表2-1-5　建设征用土地费用的构成

项　　目	内　　容
土地补偿费	土地补偿费是对农村集体经济组织因土地被征用而造成的经济损失的一种补偿。 征用耕地的补偿费，为该耕地被征前三年平均年产值的6～10倍。 征用其他土地的补偿费标准，由省、自治区、直辖市参照征用耕地的补偿费标准规定。土地补偿费归农村集体经济组织所有
青苗补偿费和地上附着物补偿费	(1)青苗补偿费。 青苗补偿费是因征地时对其正在生长的农作物受到损害而作出的一种赔偿。在农村实行承包责任制后，农民自行承包土地的青苗补偿费应付给本人，属于集体种植的青苗补偿费可纳入当年集体收益。凡在协商征地方案后抢种的农作物、树木等，一律不予补偿。 (2)地上附着物补偿费。 地上附着物是指房屋、水井、树木、涵洞、桥梁、公路、水利设施、林木等地面建筑物、构筑物、附着物等。视协商征地方案前地上附着物价值与折旧情况确定，应根据“拆什么，补什么；拆多少，补多少，不低于原来水平”的原则确定。如附着物产权属个人，则该项补助费付给个人。地上附着物的补偿标准，由省、自治区、直辖市规定

续上表

项目	内容
安置补助费	安置补助费应支付给被征地单位和安置劳动力的单位，作为劳动力安置与培训的支出以及作为不能就业人员的生活补助。征收耕地的安置补助费，按照需要安置的农业人口数计算
新菜地开发建设基金	新菜地开发建设基金指征用城市郊区商品菜地时支付的费用。这项费用交给地方财政，作为开发建设新菜地的投资
耕地占用税	耕地占用税是对占用耕地建房或者从事其他非农业建设的单位和个人征收的一种税收，目的是合理利用土地资源、节约用地，保护农用耕地。耕地占用税征收范围，不仅包括占用耕地(用于种植农作物的土地和占用前三年曾用于种植农作物的土地)，还包括占用鱼塘、园地、菜地及其农业用地建房或者从事其他非农业建设，均按实际占用的面积和规定的税额一次性征收
土地管理费	土地管理费主要作为征地工作中所发生的办公、会议、培训、宣传、差旅、借用人员工资等必要的费用。土地管理费的收取标准，一般是在土地补偿费、青苗费、地面附着物补偿费、安置补助费四项费用之和的基础上提取2%～4%。如果是征地包干，还应在四项费用之和后再加上粮食价差、副食补贴、不可预见费等费用，在此基础上提取2%～4%作为土地管理费

2. 拆迁补偿费用

(1)拆迁补偿。拆迁补偿的方式可以实行货币补偿，也可以实行房屋产权调换。

货币补偿的金额，根据被拆迁房屋的区位、用途、建筑面积等因素，以房地产市场评估价格确定。

实行房屋产权调换的，拆迁人与被拆迁人按照计算得到的被拆迁房屋的补偿金额和所调换房屋的价格，结清产权调换的差价。

(2)搬迁、安置补助费。拆迁人应当对被拆迁人或者房屋承租人支付搬迁补助费，对于在规定的搬迁期限届满前搬迁的，拆迁人可以付给提前搬家奖励费；在过渡期限内，被拆迁人或者房屋承租人自行安排住处的，拆迁人应当支付临时安置补助费；被拆迁人或者房屋承租人使用拆迁人提供的周转房的，拆迁人不支付临时安置补助费。

3. 出让金、土地转让金

土地使用权出让金为用地单位向国家支付的土地所有权收益，出让金标准一般参考城市基准地价并结合其他因素制定。基准地价由市级相关部门综合平衡后报市级人民政府审定通过。

在有偿出让和转让土地时，政府对地价不作统一规定，但坚持以下原则：即地价对目前的投资环境不产生大的影响；地价与当地的社会经济承受能力相适应；地价要考虑已投入的土地开发费用、土地市场供求关系、土地用途、所在区类、容积率和使用年限等。有偿出让和转让使用权，要向土地受让者征收契税；转让土地如有增值，要向转让者征收土地增值税；土地使用者每年应按规定的标准缴纳土地使用费。

二、与项目建设有关的其他费用

(一)建设管理费

建设管理费是指建设单位为组织完成工程项目建设,在建设期内发生的各类管理性费用。

1.建设管理费的内容

(1)建设单位管理费是指建设单位发生的管理性质的开支。包括:工作人员工资、工资性补贴、施工现场津贴、职工福利费、住房基金、基本养老保险费、基本医疗保险费、失业保险费、工伤保险费、办公费、差旅交通费、劳动保护费、工具用具使用费、固定资产使用费、必要的办公及生活用品购置费、必要的通信设备及交通工具购置费、零星固定资产购置费、招募生产工人费、技术图书资料费、业务招待费、设计审查费、工程招标费、合同契约公证费、法律顾问费、咨询费、完工清理费、竣工验收费、印花税和其他管理性质开支。

(2)工程监理费是指建设单位委托工程监理单位实施工程监理的费用。此项费用应按国家发展和改革委员会与建设部联合发布的《建设工程监理与相关服务收费管理规定》(发改价格〔2007〕670号)计算。依法必须实行监理的建设工程施工阶段的监理收费实行政府指导价;其他建设工程施工阶段的监理收费和其他阶段的监理与相关服务收费实行市场调节价。

2.建设管理费的计算

建设单位管理费按照工程费用之和(包括设备工器具购置费和建筑安装工程费用)乘以建设单位管理费费率计算。

$$建设单位管理费=工程费用\times建设单位管理费费率 \quad (2\text{-}1\text{-}51)$$

建设单位管理费费率按照建设项目的不同性质、不同规模确定。有的建设项目按照建设工期和规定的金额计算建设单位管理费。

采用监理,建设单位部分管理工作量转移至监理单位。监理费应根据委托的监理工作范围和监理深度在监理合同中商定或按当地或所属行业部门有关规定计算。

建设单位采用工程总承包方式,其总包管理费由建设单位与总包单位根据总包工作范围在合同中商定,从建设管理费中支出。

(二)可行性研究费

可行性研究费是指在工程项目投资决策阶段,依据调研报告对有关建设方案、技术方案或生产经营方案进行的技术经济论证,以及编制、评审可行性研究报告所需的费用。此项费用应依据前期研究委托合同计列,或参照《国家计委关于印发〈建设项目前期工作咨询收费暂行规定〉的通知》(计投资〔1999〕1283号)规定计算。

(三)研究试验费

研究试验费是指为建设项目提供或验证设计数据、资料等进行必要的研究试验及按照相关规定在建设过程中必须进行试验、验证所需的费用。包括自行或委托其他部门研究试验所需人工费、材料费、试验设备及仪器使用费等。这项费用按照设计单位根据本工程项目的需要提出的研究试验内容和要求计算。在计算时要注意不应包括:应由科技三项费用(即新产品试制费、中间试验费和重要科学研究补助费)开支的项目;应在建筑安装费用中列支的施工企业对建筑材料、构件和建筑物进行一般鉴定、检查所发生的费用及技术革新的研究试验费;应由勘察设计费或工程费用中开支的项目。

(四)勘察设计费

勘察设计费是指对工程项目进行工程水文地质勘察、工程设计所发生的费用。包括:工程勘察费、初步设计费(基础设计费)、施工图设计费(详细设计费)、设计模型制作费。此项费用应按《关于发布〈工程勘察设计收费管理规定〉的通知》(计价格〔2002〕10 号)的规定计算。

(五)环境影响评价费

环境影响评价费是指按照《中华人民共和国环境保护法》、《中华人民共和国环境影响评价法》等规定,在工程项目投资决策过程中,对其进行环境污染或影响评价所需的费用。包括编制环境影响报告书(含大纲)、环境影响报告表以及对环境影响报告书(含大纲)、环境影响报告表进行评估等所需的费用。此项费用可参照《关于规范环境影响咨询收费有关问题的通知》(计价格〔2002〕125 号)规定计算。

(六)劳动安全卫生评价费

劳动安全卫生评价费是指按照劳动部《建设项目(工程)劳动安全卫生监察规定》和《建设项目(工程)劳动安全卫生预评价管理办法》的规定,在工程项目投资决策过程中,为编制劳动安全卫生评价报告所需的费用。包括编制建设项目劳动安全卫生预评价大纲和劳动安全卫生预评价报告书以及为编制上述文件所进行的工程分析和环境现状调查等所需费用。

必须进行劳动安全卫生预评价的项目包括:

(1)属于《关于基本建设项目和大中型划分标准的规定》中规定的大中型建设项目。

(2)属于《建筑设计防火规范》(GB 50016—2006)中规定的火灾危险性生产类别为甲类的建设项目。

(3)属于劳动部颁布的《爆炸危险场所安全规定》中规定的爆炸危险场所等级为特别危险场所和高度危险场所的建设项目。

(4)大量生产或使用《职业性接触毒物危害程度分级》(GBZ 230—2010)规定的Ⅰ级、Ⅱ级危害程度的职业性接触毒物的建设项目。

(5)大量生产或使用石棉粉料或含有 10%以上的游离二氧化硅粉料的建设项目。

(6)其他由劳动行政部门确认的危险、危害因素大的建设项目。

(七)场地准备及临时设施费

1. 场地准备及临时设施费的内容

(1)建设项目场地准备费是指为使工程项目的建设场地达到开工条件,由建设单位组织进行的场地平整等准备工作而发生的费用。

(2)建设单位临时设施费是指建设单位为满足工程项目建设、生活、办公的需要,用于临时设施建设、维修、租赁、使用所发生或摊销的费用。

2. 场地准备及临时设施费的计算

(1)场地准备及临时设施应尽量与永久性工程统一考虑。建设场地的大型土石方工程应进入工程费用中的总图运输费用中。

(2)新建项目的场地准备和临时设施费应根据实际工程量估算,或按工程费用的比例计算。改扩建项目一般只计拆除清理费。

$$场地准备和临时设施费=工程费用\times费率+拆除清理费 \tag{2-1-52}$$

(3)发生拆除清理费时可按新建同类工程造价或主材费、设备费的比例计算。凡可回收材料的拆除工程采用以料抵工方式冲抵拆除清理费。

(4)此项费用不包括已列入建筑安装工程费用中的施工单位临时设施费用。

(八)引进技术和引进设备其他费

引进技术和引进设备其他费是指引进技术和设备发生的但未计入设备购置费中的费用,

具体内容见表 2-1-6。

表 2-1-6 引进技术和引进设备其他费

项目	内容
引进项目图纸资料翻译复制费、备品备件测绘费	可根据引进项目的具体情况计列或按引进货价(FOB)的比例估列;引进项目发生备品备件测绘费时按具体情况估列
出国人员费用	包括买方人员出国设计联络、出国考察、联合设计、监造、培训等所发生的差旅费、生活费等。依据合同或协议规定的出国人次、期限以及相应的费用标准计算。生活费按照财政部、外交部规定的现行标准计算,差旅费按中国民航公布的票价计算
来华人员费用	包括卖方来华工程技术人员的现场办公费用、往返现场交通费用、接待费用等。依据引进合同或协议有关条款及来华技术人员派遣计划进行计算。来华人员接待费用可按每人次费用指标计算。引进合同价款中已包括的费用内容不得重复计算
银行担保及承诺费	指引进项目由国内外金融机构出面承担风险和责任担保所发生的费用以及支付贷款机构的承诺费用。应按担保或承诺协议计取,投资估算和概算编制时可以担保金额或承诺金额为基数乘以费率计算

(九)工程保险费

工程保险费是指为转移工程项目建设的意外风险,在建设期内对建筑工程、安装工程、机械设备和人身安全进行投保而发生的费用。包括建筑安装工程一切险、引进设备财产保险和人身意外伤害险等。

根据不同的工程类别,分别以其建筑、安装工程费乘以建筑、安装工程保险费率计算。民用建筑(住宅楼、综合性大楼、商场、旅馆、医院、学校)占建筑工程费的 2‰～4‰;其他建筑(工业厂房、仓库、道路、码头、水坝、隧道、桥梁、管道等)占建筑工程费的 3‰～6‰;安装工程(农业、工业、机械、电子、电气、纺织、矿山、石油、化学及钢铁工业、钢结构桥梁)占建筑工程费的 3‰～6‰。

(十)特殊设备安全监督检验费

特殊设备安全监督检验费是指安全监察部门对在施工现场组装的锅炉及压力容器、压力管道、消防设备、燃气设备、电梯等特殊设备和设施实施安全检验收取的费用。此项费用按照建设项目所在省(市、自治区)安全监察部门的规定标准计算。无具体规定的,在编制投资估算和概算时可按受检设备现场安装费的比例估算。

(十一)市政公用设施费

市政公用设施费是指使用市政公用设施的工程项目,按照项目所在地省级人民政府有关规定建设或缴纳的市政公用设施建设配套费用以及绿化工程补偿费用。此项费用按工程所在地人民政府规定标准计列。

三、与未来生产经营有关的其他费用

(一)联合试运转费

联合试运转费是指新建或新增加生产能力的工程项目,在交付生产前按照设计文件规定的工程质量标准和技术要求，对整个生产线或装置进行负荷联合试运转所发生的费用净支出（试运转支出大于收入的差额部分费用）。

(1)试运转支出包括试运转所需原材料、燃料及动力消耗、低值易耗品、其他物料消耗、工具用具使用费、机械使用费、保险金、施工单位参加试运转人员工资以及专家指导费等。

(2)试运转收入包括试运转期间的产品销售收入和其他收入。

(3)联合试运转费不包括应由设备安装工程费用开支的调试及试车费用，以及在试运转中暴露出来的因施工原因或设备缺陷等发生的处理费用。

(二)专利及专有技术使用费

1.专利及专有技术使用费的主要内容

专利及专有技术使用费的主要内容包括：国外设计及技术资料费、引进有效专利、专有技术使用费和技术保密费；国内有效专利、专有技术使用费；商标权、商誉和特许经营权费等。

2.专利及专有技术使用费的计算

(1)按专利使用许可协议和专有技术使用合同的规定计列。

(2)专有技术的界定应以省、部级鉴定批准为依据。

(3)项目投资中只计算需在建设期支付的专利及专有技术使用费。协议或合同规定在生产期支付的使用费应在生产成本中核算。

(4)一次性支付的商标权、商誉及特许经营权费按协议或合同规定计列。协议或合同规定在生产期支付的商标权或特许经营权费应在生产成本中核算。

(5)为项目配套的专用设施投资，包括专用铁路线、专用公路、专用通信设施、送变电站、地下管道、专用码头等，如由项目建设单位负责投资但产权不归属本单位的，应作无形资产处理。

(三)生产准备及开办费

1.生产准备及开办费的内容

在建设期内，建设单位为保证项目正常生产而发生的人员培训费、提前进厂费以及投产使用必备的办公、生活家具用具及工器具等的购置费用。其内容包括：人员培训费及提前进厂费（包括自行组织培训或委托其他单位培训的人员工资、工资性补贴、职工福利费、差旅交通费、劳动保护费、学习资料费等）；为保证初期正常生产（或营业、使用）所必需的生产办公、生活家具用具购置费；为保证初期正常生产（或营业、使用）必需的第一套不够固定资产标准的生产工具、器具、用具购置费（不包括备品备件费）。

2.生产准备及开办费的计算

(1)新建项目按设计定员为基数计算，改扩建项目按新增设计定员为基数计算：

$$生产准备费=设计定员\times生产准备费指标(元/人) \qquad (2\text{-}1\text{-}53)$$

(2)可采用综合的生产准备费指标进行计算，也可以按费用内容的分类指标计算。

第四节　预备费和建设期利息的计算

一、预 备 费

(一)基本预备费

1.基本预备费的构成

基本预备费是指针对项目实施过程中可能发生难以预料的支出而事先预留的费用，又称工程建设不可预见费，主要指设计变更及施工过程中可能增加工程量的费用。

基本预备费一般由以下四部分构成：

(1)在批准的初步设计范围内，技术设计、施工图设计及施工过程中所增加的工程费用；设计变更、工程变更、材料代用、局部地基处理等增加的费用。

(2)一般自然灾害造成的损失和预防自然灾害所采取的措施费用。实行工程保险的工程项目，该费用应适当降低。

(3)竣工验收时为鉴定工程质量对隐蔽工程进行必要的挖掘和修复费用。

(4)超规超限设备运输增加的费用。

2. 基本预备费的计算

基本预备费是按工程费用和工程建设其他费用二者之和为计取基础，再乘以基本预备费费率进行计算。

基本预备费费率的取值应执行国家及部门的有关规定。

基本预备费＝(工程费用＋工程建设其他费用)×基本预备费费率　　(2-1-54)

(二)价差预备费

1. 价差预备费的内容

价差预备费是指为在建设期内利率、汇率或价格等因素的变化而预留可能增加的费用，亦称为价格变动不可预见费。价差预备费的内容包括：人工、设备、材料、施工机械的价差费，建筑安装工程费及工程建设其他费用调整，利率、汇率调整等增加的费用。

2. 价差预备费的测算方法

价差预备费一般根据国家规定的投资综合价格指数，按估算年份价格水平的投资额为基数，采用复利方法计算。计算公式为：

$$PF=\sum_{t=1}^{n}I_t[(1+f)^m(1+f)^{0.5}(1+f)^{t-1}-1] \tag{2-1-55}$$

式中　PF——价差预备费；

n——建设期年份数；

I_t——估算静态投资额中第 t 年投入的工程费用；

f——年涨价率，政府部门有规定的按规定执行，没有规定的由可行性研究人员预测；

m——建设前期年限(从编制估算到开工建设，单位：年)。

二、建设期利息

建设期利息主要是指在建设期内发生的为工程项目筹措资金的融资费用及债务资金利息。

当总贷款是分年均衡发放时，建设期利息的计算可按当年借款在年中支用考虑，即当年贷款按半年计息，上年贷款按全年计息。计算公式为：

$$q_j=\left(P_{j-1}+\frac{1}{2}A_j\right)\cdot i \tag{2-1-56}$$

式中　q_j——建设期第 j 年应计利息；

P_{j-1}——建设期第($j-1$)年末累计贷款本金与利息之和；

A_j——建设期第 j 年贷款金额；

i——年利率。

第二章　建设工程计价方法及计价依据

第一节　工程计价方法

一、工程计价基本原理

工程计价的基本原理可以用公式的形式表达如下：

分部分项工程费＝∑[基本构造单元工程量(定额项目或清单项目)×相应单价]　　(2-2-1)

工程造价的计价可分为工程计量和工程计价两个环节。

1.工程计量

工程计量工作包括工程项目的划分和工程量的计算。

(1)单位工程基本构造单元的确定,即划分工程项目。编制工程概算预算时,主要是按工程定额进行项目的划分;编制工程量清单时主要是按照工程量清单计量规范规定的清单项目进行划分。

(2)工程量的计算就是按照工程项目的划分和工程量计算规则,就施工图设计文件和施工组织设计对分项工程实物量进行计算。工程实物量是计价的基础,不同的计价依据有不同的计算规则规定。目前,工程量计算规则包括两大类:各类工程定额规定的计算规则;各专业工程计量规范附录中规定的计算规则。

2.工程计价

工程计价包括工程单价的确定和总价的计算。

(1)工程单价是指完成单位工程基本构造单元的工程量所需要的基本费用。工程单价包括工料单价和综合单价。

1)工料单价也称直接工程费单价,包括人工、材料、机械台班费用,是各种人工消耗量、各种材料消耗量、各类机械台班消耗量与其相应单价的乘积。计算公式为：

工料单价＝∑(人材机消耗量×人材机单价)　　(2-2-2)

2)综合单价包括人工费、材料费、机械台班费,还包括企业管理费、利润和风险因素。综合单价根据国家、地区、行业定额或企业定额消耗量和相应生产要素的市场价格来确定。

(2)工程总价是指经过规定的程序或办法逐级汇总形成的相应工程造价。

1)采用工料单价时,在工料单价确定后,乘以相应定额项目工程量并汇总,得出相应工程的直接工程费,再按照相应的取费程序计算其他各项费用,汇总后形成相应工程造价。

2)采用综合单价时,在综合单价确定后,乘以相应项目工程量,经汇总即可得出分部分项工程费,再按相应的办法计取措施项目、其他项目、规费项目、税金项目费,各项目费汇总后得出相应工程造价。

二、工程计价标准和依据

工程计价标准和依据主要包括计价活动的相关规章规程、工程量清单计价和计量规范、工程定额和相关造价信息。

1. 计价活动的相关规章规程

现行计价活动相关的规章规程主要包括《建筑工程发包与承包计价管理办法》、《建设项目投资估算编审规程》、《建设项目设计概算编审规程》、《建设项目施工图预算编审规程》、《建设工程招标控制价编审规程》、《建设项目工程结算编审规程》、《建设项目全过程造价咨询规程》、《建设工程造价咨询成果文件质量标准》、《建设工程造价鉴定规程》等。

2. 工程量清单计价和计量规范

工程量清单计价和计量规范由《建设工程工程量清单计价规范》(GB 50500—2013)、《房屋建筑与装饰工程工程量计算规范》(GB 50854—2013)、《仿古建筑工程工程量计算规范》(GB 50855—2013)、《通用安装工程工程量计算规范》(GB 50856—2013)、《市政工程工程量计算规范》(GB 50857—2013)、《园林绿化工程工程量计算规范》(GB 50858—2013)、《矿山工程工程量计算规范》(GB 50859—2013)、《构筑物工程工程量计算规范》(GB 50860—2013)、《城市轨道交通工程工程量计算规范》(GB 50861—2013)、《爆破工程工程量计算规范》(GB 50862—2013)等组成。

3. 工程定额

工程定额主要指国家、省、有关专业部门制定的各种定额，包括工程消耗量定额和工程计价定额等。

4. 工程造价信息

工程造价信息主要包括价格信息、工程造价指数和已完工程信息等。

三、工程计价基本程序

(一)工程概预算编制的基本程序

工程概预算的编制是国家通过颁布统一的计价定额或指标，对建筑产品价格进行计价的活动。国家以假定的建筑安装产品为对象，制定统一的预算和概算定额。然后按概预算定额规定的分部分项子目，逐项计算工程量，套用概预算定额单价(或单位估价表)确定直接工程费，然后按规定的取费标准确定措施费、间接费、利润和税金，经汇总后即为工程概预算价值。工程概预算编制的基本程序如图 2-2-1 所示。

工程概预算单位价格的形成过程，就是依据概预算定额所确定的消耗量乘以定额单价或市场价，经过不同层次的计算形成相应造价的过程。可以用公式进一步明确工程概预算编制的基本方法和程序。

$$\begin{array}{c}\text{每一计量单位建筑产品的基本构造}\\\text{要素(假定建筑产品)的直接工程费单价}\end{array}=\text{人工费}+\text{材料费}+\text{施工机械使用费}\quad(2\text{-}2\text{-}3)$$

其中：

$$\text{人工费}=\sum(\text{人工工日数量}\times\text{人工单价})\quad(2\text{-}2\text{-}4)$$

$$\text{材料费}=\sum(\text{材料用量}\times\text{材料单价})+\text{检验试验费}\quad(2\text{-}2\text{-}5)$$

$$\text{机械使用费}=\sum(\text{机械台班用量}\times\text{机械台班单价})\quad(2\text{-}2\text{-}6)$$

$$\text{单位工程直接费}=\sum(\text{假定建筑产品工程量}\times\text{直接工程费单价})+\text{措施费}\quad(2\text{-}2\text{-}7)$$

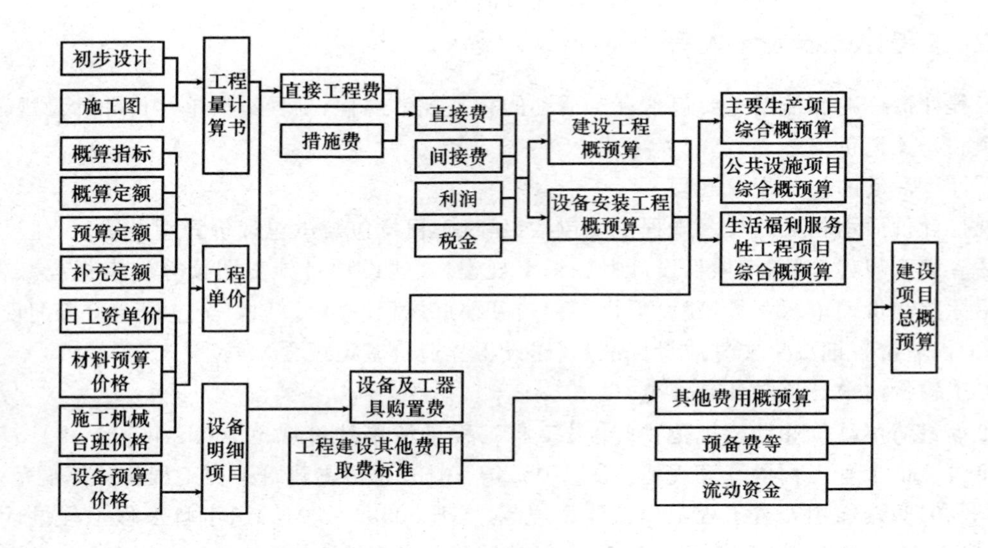

图 2-2-1　工程概预算编制程序示意图

单位工程概预算造价＝单位工程直接费＋间接费＋利润＋税金　(2-2-8)

单项工程概预算造价＝∑单位工程概预算造价＋设备、工器具购置费　(2-2-9)

建设项目全部工程概预算造价＝∑单项工程的概预算造价＋预备费＋有关的其他费用　(2-2-10)

(二)工程量清单计价的基本程序

工程量清单计价的过程可以分为两个阶段，即工程量清单的编制和工程量清单应用两个阶段。工程量清单编制程序如图 2-2-2 所示，工程量清单应用程序如图 2-2-3 所示。

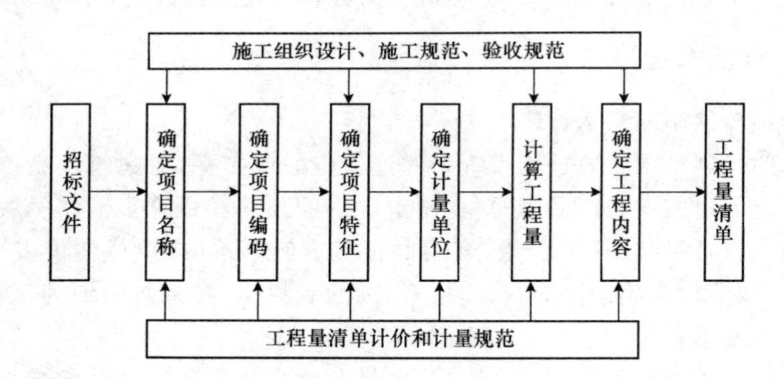

图 2-2-2　工程量清单编制程序

工程量清单计价的基本原理是：按照工程量清单计价规范规定，在各相应专业工程计量规范规定的工程量清单项目设置和工程量计算规则基础上，针对具体工程的施工图纸和施工组织设计计算出各个清单项目的工程量，根据规定的方法计算出综合单价，并汇总各清单合价得出工程总价。

分部分项工程费＝∑(分部分项工程量×相应分部分项综合单价)　(2-2-11)

措施项目费＝∑各措施项目费　(2-2-12)

其他项目费＝暂列金额＋暂估价＋计日工＋总承包服务费　(2-2-13)

单位工程报价＝分部分项工程费＋措施项目费＋其他项目费＋规费＋税金　(2-2-14)

$$单项工程报价=\sum 单位工程报价 \quad (2\text{-}2\text{-}15)$$

$$建设项目总报价=\sum 单项工程报价 \quad (2\text{-}2\text{-}16)$$

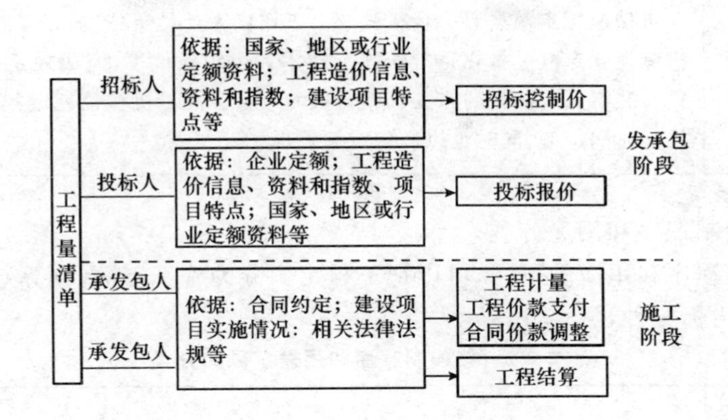

图 2-2-3　工程量清单应用程序

上面公式中，综合单价是指完成一个规定清单项目所需的人工费、材料和工程设备费、施工机具使用费和企业管理费、利润，以及一定范围内的风险费用。风险费用是隐含于已标价工程量清单综合单价中，用于化解发承包双方在工程合同中约定内容和范围内的市场价格波动风险的费用。

工程量清单计价活动涵盖施工招标、合同管理以及竣工交付全过程，主要包括：编制招标工程量清单、招标控制价、投标报价，确定合同价，进行工程计量与价款支付、合同价款的调整、工程结算和工程计价纠纷处理等活动。

四、工程定额体系

工程定额是完成规定计量单位的合格建筑安装产品所消耗资源的数量标准。工程定额是一个综合概念，可以按照不同的原则和方法对它进行分类。

1. 按定额反映的生产要素消耗内容分类

按定额反映的生产要素消耗内容的不同，可以把工程定额划分为劳动消耗定额、机械消耗定额和材料消耗定额三种，见表 2-2-1。

表 2-2-1　按反映的生产要素消耗内容定额的分类

项　目	内　容
劳动消耗定额	简称劳动定额（也称为人工定额），是在正常的施工技术和组织条件下，完成规定计量单位合格的建筑安装产品所消耗的人工工日的数量标准。劳动定额的主要表现形式是时间定额，但同时也表现为产量定额。时间定额与产量定额互为倒数
材料消耗定额	简称材料定额，是指在正常的施工技术和组织条件下，完成规定计量单位合格的建筑安装产品所消耗的原材料、成品、半成品、构配件、燃料以及水、电等动力资源的数量标准

续上表

项　目	内　容
机械消耗定额	机械消耗定额是以一台机械一个工作班为计量单位，所以又称为机械台班定额。机械消耗定额是指在正常的施工技术和组织条件下，完成规定计量单位合格的建筑安装产品所消耗的施工机械台班的数量标准。机械消耗定额的主要表现形式是机械时间定额，同时也以产量定额表现

2.按定额的编制程序和用途分类

按定额的编制程序和用途的不同，可以把工程定额分为施工定额、预算定额、概算定额、概算指标、投资估算指标五种，见表 2-2-2。

表 2-2-2　按编制程序和用途定额的分类

项　目	内　容
施工定额	施工定额是完成一定计量单位的某一施工过程或基本工序所需消耗的人工、材料和机械台班数量标准。施工定额是施工企业（建筑安装企业）组织生产和加强管理在企业内部使用的一种定额，属于企业定额的性质。施工定额是以某一施工过程或基本工序作为研究对象，表示生产产品数量与生产要素消耗综合关系编制的定额。为了适应组织生产和管理的需要，施工定额的项目划分很细，是工程定额中分项最细、定额子目最多的一种定额，也是工程定额中的基础性定额
预算定额	预算定额是指在正常的施工条件下，完成一定计量单位合格分项工程和结构构件所需消耗的人工、材料、施工机械台班数量及其费用标准。预算定额是一种计价性定额。从编制程序上看，预算定额是以施工定额为基础综合扩大编制的，同时它也是编制概算定额的基础
概算定额	概算定额是完成单位合格扩大分项工程或扩大结构构件所需消耗的人工、材料和施工机械台班的数量及其费用标准，是一种计价性定额。概算定额是编制扩大初步设计概算、确定建设项目投资额的依据。概算定额的项目划分粗细，与扩大初步设计的深度相适应，一般是在预算定额的基础上综合扩大而成的，每一综合分项概算定额都包含了数项预算定额
概算指标	概算指标是以单位工程为对象，反映完成一个规定计量单位建筑安装产品的经济消耗指标。概算指标是概算定额的扩大与合并，以更为扩大的计量单位来编制的。概算指标的内容包括人工、机械台班、材料定额三个基本部分，同时还列出了各结构分部的工程量及单位建筑工程（以体积计或面积计）的造价，是一种计价定额
投资估算指标	投资估算指标是以建设项目、单项工程、单位工程为对象，反映建设总投资及其各项费用构成的经济指标。它是在项目建议书和可行性研究阶段编制投资估算、计算投资需要量时使用的一种定额它的概略程度与可行性研究阶段相适应。投资估算指标往往根据历史的预决算资料和价格变动等资料编制，但其编制基础仍然离不开预算定额、概算定额

上述各种定额的相互联系可参见表 2-2-3。

表 2-2-3　各种定额间关系的比较

项目	施工定额	预算定额	概算定额	概算指标	投资估算指标
对象	施工过程或基本工序	分项工程和结构构件	扩大的分项工程或扩大的结构构件	单位工程	建设项目、单项工程、单位工程
用途	编制施工预算	编制施工图预算	编制扩大初步设计概算	编制初步设计概算	编制投资估算
项目划分	最细	细	较粗	粗	很粗
定额水平	平均先进	平均			
定额性质	生产性定额	计价性定额			

3.按照专业分

由于工程建设涉及众多的专业，不同的专业所含的内容也不同，因此就确定人工、材料和机械台班消耗数量标准的工程定额来说，也需按不同的专业分别进行编制和执行。按照专业定额的分类见表 2-2-4。

表 2-2-4　按照专业定额的分类

项　目	内　容
建筑工程定额	建筑工程定额按专业对象分为建筑及装饰工程定额、房屋修缮工程定额、市政工程定额、铁路工程定额、公路工程定额、矿山井巷工程定额等
安装工程定额	安装工程定额按专业对象分为电气设备安装工程定额、机械设备安装工程定额、热力设备安装工程定额、通信设备安装工程定额、化学工业设备安装工程定额、工业管道安装工程定额、工艺金属结构安装工程定额等

4.按主编单位和管理权限分类(表 2-2-5)

表 2-2-5　按主编单位和管理权限定额的分类

项　目	内　容
全国统一定额	全国统一定额是由国家建设行政主管部门综合全国工程建设中技术和施工组织管理的情况编制，并在全国范围内适用的定额
行业统一定额	行业统一定额是考虑到各行业部门专业工程技术特点以及施工生产和管理水平编制的。一般是只在本行业和相同专业性质的范围内使用
地区统一定额	地区统一定额包括省、自治区、直辖市定额。地区统一定额主要是考虑地区性特点和全国统一定额水平作适当调整和补充编制
企业定额	企业定额是施工单位根据本企业的施工技术、机械装备和管理水平编制的人工、施工机械台班和材料等的消耗标准。企业定额在企业内部使用，是企业综合素质的一个标志。企业定额水平一般应高于国家现行定额，才能满足生产技术发展、企业管理和市场竞争的需要。在工程量清单计价方式下，企业定额作为施工企业进行建设工程投标报价的计价依据，正发挥着越来越大的作用

续上表

项　目	内　容
补充定额	补充定额是指随着设计、施工技术的发展，现行定额不能满足需要的情况下，为了补充缺陷所编制的定额。补充定额只能在指定的范围内使用，可以作为以后修订定额的基础

第二节　工程量清单计价与计量规范

一、工程量清单计价的使用范围

计价规范适用于建设工程发承包及其实施阶段的计价活动。使用国有资金投资的建设工程发承包，必须采用工程量清单计价；非国有资金投资的建设工程，宜采用工程量清单计价；不采用工程量清单计价的建设工程，应执行计价规范中除工程量清单等专门性规定外的其他规定。

国有资金投资的项目包括全部使用国有资金（含国家融资资金）投资或以国有资金投资为主的工程建设项目。

(1)国有资金投资的工程建设项目包括：

1)使用各级财政预算资金的项目；

2)使用纳入财政管理的各种政府性专项建设资金的项目；

3)使用国有企事业单位自有资金，并且国有资产投资者实际拥有控制权的项目。

(2)国家融资资金投资的工程建设项目包括：

1)使用国家发行债券所筹资金的项目；

2)使用国家对外借款或者担保所筹资金的项目；

3)使用国家政策性贷款的项目；

4)国家授权投资主体融资的项目；

5)国家特许的融资项目。

(3)以国有资金（含国家融资资金）为主的工程建设项目是指国有资金占投资总额50%以上，或虽不足50%但国有投资者实质上拥有控股权的工程建设项目。

二、分部分项工程项目清单

分部分项工程是“分部工程”和“分项工程”的总称。“分部工程”是单位工程的组成部分，系按结构部位、路段长度及施工特点或施工任务将单位工程划分为若干分部的工程。例如，市政工程分为土石方工程、道路工程、桥涵工程、隧道工程、管网工程、水处理工程等分部工程。“分项工程”是分部工程的组成部分，系按不同施工方法、材料、工序及路段长度等分部工程划分为若干个分项或项目的工程。例如砌筑分为干砌块料、浆砌块料、砖砌体等分项工程。

分部分项工程项目清单必须载明项目编码、项目名称、项目特征、计量单位和工程量。分部分项工程项目清单必须根据各专业工程计量规范规定的项目编码、项目名称、项目特征、计量单位和工程量计算规则进行编制，其格式见表2-2-6。在分部分项工程量清单的编制过程中，由招标人负责前六项内容填列，金额部分在编制招标控制价或投标报价时填列。

表 2-2-6 分部分项工程量清单与计价表

工程名称： 标段： 第 页 共 页

序号	项目编码	项目名称	项目特征描述	计量单位	工程量	金额		
						综合单价	合价	其中：暂估价

(一)项目编码

项目编码是分部分项工程和措施项目清单名称的阿拉伯数字标识。分部分项工程量清单项目编码以五级编码设置，用十二位阿拉伯数字表示。一、二、三、四级编码为全国统一，即一至九位应按计价规范附录的规定设置；第五级即十至十二位为清单项目编码，应根据拟建工程的工程量清单项目名称设置，不得有重号，这三位清单项目编码由招标人针对招标工程项目具体编制，并应自 001 起顺序编制。

各级编码代表的含义如下：

第一级表示工程分类顺序码(分二位)。

第二级表示专业工程顺序码(分二位)。

第三级表示分部工程顺序码(分二位)。

第四级表示分项工程项目名称顺序码(分三位)。

第五级表示工程量清单项目名称顺序码(分三位)。

项目编码结构如图 2-2-4 所示(以房屋建筑与装饰工程为例)。

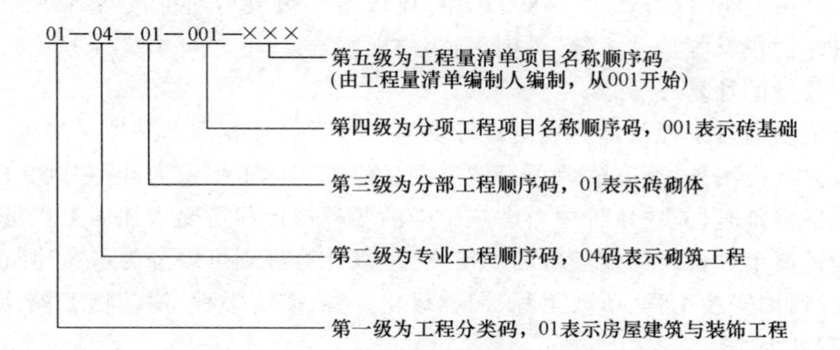

图 2-2-4 工程量清单项目编码结构

当同一标段(或合同段)的一份工程量清单中含有多个单位工程且工程量清单是以单位工程为编制对象时，在编制工程量清单时应特别注意对项目编码十至十二位的设置不得有重码的规定。

(二)项目名称

分部分项工程量清单的项目名称应按各专业工程计量规范附录的项目名称结合拟建工程的实际确定。附录表中的“项目名称”为分项工程项目名称，是形成分部分项工程量清单项目名称的基础。即在编制分部分项工程量清单时，以附录中的分项工程项目名称为基础，考虑该项目的规格、型号、材质等特征要求，结合拟建工程的实际情况，使其工程量清单项目名称具体化、细化，以反映影响工程造价的主要因素。清单项目名称应表达详细、准确，各专业工程计量规范中的分项工程项目名称如有缺陷，招标人可作补充，并报当地工程造价管理机构(省级)备案。

（三）项目特征

项目特征是构成分部分项工程项目、措施项目自身价值的本质特征。项目特征是对项目的准确描述，是确定一个清单项目综合单价不可缺少的重要依据，是区分清单项目的依据，是履行合同义务的基础。分部分项工程量清单的项目特征应按各专业工程计量规范附录中规定的项目特征，结合技术规范、标准图集、施工图纸，按照工程结构、使用材质及规格或安装位置等，予以详细而准确地表述和说明。凡项目特征中未描述到的其他独有特征，由清单编制人视项目具体情况确定，以准确描述清单项目为准。

在各专业工程计量规范附录中还有关于各清单项目“工作内容”的描述。工作内容是指完成清单项目可能发生的具体工作和操作程序，但应注意的是，在编制分部分项工程量清单时，工作内容通常无需描述，因为在计价规范中，工程量清单项目与工程量计算规则、工作内容有一一对应关系，当采用计价规范这一标准时，工作内容均有规定。

（四）计量单位

计量单位应采用基本单位，除各专业另有特殊规定外均按以下单位计量：

以重量计算的项目——吨或千克（t 或 kg）；以体积计算的项目——立方米（m^3）；以面积计算的项目——平方米（m^2）；以长度计算的项目——米（m）；以自然计量单位计算的项目——个、套、块、樘、组、台等；没有具体数量的项目——宗、项等。

各专业有特殊计量单位的，另外加以说明，当计量单位有两个或两个以上时，应根据

所编工程量清单项目的特征要求，选择最适宜表现该项目特征并方便计量的单位。

计量单位的有效位数应遵守下列规定：以“t”为单位，应保留小数点后三位数字，第四位小数四舍五入；以“m”、“m^2”、“m^3”、“kg”为单位，应保留小数点后两位数字，第三位小数四舍五入；以“个”、“件”、“根”、“组”、“系统”等为单位，应取整数。

（五）工程数量的计算

工程数量主要通过工程量计算规则计算得到。工程量计算规则是指对清单项目工程量的计算规定。除另有说明外，所有清单项目的工程量应以实体工程量为准，并以完成后的净值计算。投标人投标报价时，应在单价中考虑施工中的各种损耗和需要增加的工程量。

根据工程量清单计价与计量规范的规定，工程量计算规则可以分为房屋建筑与装饰工程、仿古建筑工程、通用安装工程、市政工程、园林绿化工程、矿山工程、构筑物工程、城市轨道交通工程、爆破工程九大类。

以房屋建筑与装饰工程为例，其计量规范中规定的实体项目包括土石方工程，地基处理与边坡支护工程，桩基工程，砌筑工程，混凝土及钢筋混凝土工程，金属结构工程，木结构工程，门窗工程，屋面及防水工程，保温、隔热、防腐工程，楼地面装饰工程，墙、柱面装饰与隔断、幕墙工程，天棚工程，油漆、涂料、裱糊工程，其他装饰工程，拆除工程等，分别制定了它们的项目的设置和工程量计算规则。

随着工程建设中新材料、新技术、新工艺等的不断涌现，计量规范附录所列的工程量清单项目不可能包含所有项目。在编制工程量清单时，当出现计量规范附录中未包括的清单项目时，编制人应作补充。在编制补充项目时应注意以下三个方面：

(1)补充项目的编码应按计量规范的规定确定。具体做法如下：补充项目的编码由计量规范的代码与 B 和三位阿拉伯数字组成，并应从 001 起顺序编制，例如房屋建筑与装饰工程如需补充项目，则其编码应从 01B001 开始起顺序编制，同一招标工程的项目不得重码。

(2)在工程量清单中应附补充项目的项目名称、项目特征、计量单位、工程量计算规则和工

作内容。

(3)将编制的补充项目报省级或行业工程造价管理机构备案。

三、措施项目清单

(一)措施项目列项

措施项目是指为完成工程项目施工,发生于该工程施工准备和施工过程中的技术、生活、安全、环境保护等方面的项目。

措施项目清单应根据相关工程现行国家计量规范的规定编制,并应根据拟建工程的实际情况列项。例如,《房屋建筑与装饰工程工程量计算规范》(GB 50854—2013)中规定的措施项目,包括大型机械设备进出场及安拆,施工排水、降水,安全文明施工及其他措施项目。

(二)措施项目清单的标准格式

1.措施项目清单的类别

措施项目费用的发生与使用时间、施工方法或者两个以上的工序相关,并大都与实际完成的实体工程量的大小关系不大,如安全文明施工,夜间施工,非夜间施工照明,二次搬运,冬雨季施工,地上、地下设施、建筑物的临时保护设施,已完工程及设备保护等。但是有些非实体项目则是可以计算工程量的项目,如脚手架工程,混凝土模板及支架(撑),垂直运输,超高施工增加,大型机械设备进出场及安拆,施工排水、降水等,与完成的工程实体具有直接关系,并且是可以精确计量的项目,用分部分项工程量清单的方式采用综合单价,更有利于措施费的确定和调整。措施项目中不能计算工程量的项目清单,以"项"为计量单位进行编制(表 2-2-7);可以计算工程量的项目清单宜采用分部分项工程量清单的方式编制,列出项目编码、项目名称、项目特征、计量单位和工程量计算规则(表 2-2-8)。

表 2-2-7　措施项目清单与计价表(一)

工程名称：　　　　　　　　　　标段：　　　　　　　　　　第　页　共　页

序号	项目编号	项目名称	计算基础	费率(%)	金额(元)
		安全文明施工			
		夜间施工			
		非夜间施工照明			
		二次搬运			
		冬雨季施工			
		地上、地下设施、建筑物的临时保护设施			
		已完成工程及设施保护			
		各专业工程的措施项目			
		……			
合计					

注:1.本表适用于以"项"计价的措施项目。

2.根据建设部、财政部发布的《建筑安装工程费组成》(建标〔2003〕206 号)的规定,计算基础可为直接费、人工费或人工费+机械费。

表 2-2-8　措施项目清单与计价表(二)

工程名称：　　　　　　　　　　　　标段：　　　　　　　　　　　第　页　共　页

序号	项目编号	项目名称	项目特征描述	计量单位	工程量	金额(元)	
						综合单价	合价
本页小计							
合计							

注:本表适用于以综合单价形式计价的措施项目。

2. 措施项目清单的编制

措施项目清单的编制需考虑多种因素,除工程本身的因素外,还涉及水文、气象、环境、安全等因素。措施项目清单应根据拟建工程的实际情况列项。若出现清单计价规范中
未列的项目,可根据工程实际情况补充。

措施项目清单的编制依据主要有:施工现场情况、地勘水文资料、工程特点;常规施工方案;与建设工程有关的标准、规范、技术资料;拟定的招标文件;建设工程设计文件及相关资料。

四、其他项目清单

其他项目清单是指除分部分项工程量清单、措施项目清单所包含的内容以外,因招标人的特殊要求而发生的与拟建工程有关的其他费用项目和相应数量的清单。工程建设标准的高低、工程的复杂程度、工程的工期长短、工程的组成内容、发包人对工程管理要求等都直接影响其他项目清单的具体内容。其他项目清单包括暂列金额;暂估价(包括材料暂估单价、工程设备暂估单价、专业工程暂估价)、计日工、总承包服务费。其他项目清单宜按照表 2-2-9 的格式编制,出现未包含在表格中内容的项目,可根据工程实际情况补充。

表 2-2-9　其他项目清单与计价汇总表

序号	项目名称	计量单位	金额(元)
1	暂列金额		
2	暂估价		
2.1	材料(工程设备)暂估单价		—
2.2	专业工程暂估价		
3	计日工		
4	总承包服务费		
合计			

注:材料暂估单价进入清单项目综合单价,此处不汇总。

(一)暂列金额

暂列金额是指招标人在工程量清单中暂定并包括在合同价款中的一笔款项。用于工程合同签订时尚未确定或者不可预见的所需材料、工程设备、服务的采购,施工中可能发生的工程变更、合同约定调整因素出现时的合同价款调整,以及发生的索赔、现场签证确认等的费用。

不管采用何种合同形式,其理想的标准是,一份合同的价格就是其最终的竣工结算价格,或者至少两者应尽可能接近。

我国规定对政府投资工程实行概算管理,经项目审批部门批复的设计概算是工程投资控制的刚性指标,即使商业性开发项目也有成本的预先控制问题,否则,无法相对准确预测投资的收益和科学合理地进行投资控制。但工程建设自身的特性决定了工程的设计需要根据工程进展不断地进行优化和调整,业主需求可能会随工程建设进展出现变化,工程建设过程还会存在一些不能预见、不能确定的因素。消化这些因素必然会影响合同价格的调整,暂列金额正是因这类不可避免的价格调整而设立,以便达到合理确定和有效控制工程造价的目标。设立暂列金额并不能保证合同结算价格就不会再出现超过合同价格的情况,是否超出合同价格完全取决于工程量清单编制人对暂列金额预测的准确性,以及工程建设过程是否出现了其他事先未预测到的事件。

(二)暂估价

暂估价是指招标人在工程量清单中提供的用于支付必然发生但暂时不能确定价格的材料、工程设备的单价以及专业工程的金额,包括材料暂估单价、工程设备暂估单价和专业工程暂估价。暂估价数量和拟用项目应当结合工程量清单中的"暂估价表"予以补充说明。为方便合同管理,需要纳入分部分项工程量清单项目综合单价中的暂估价应只是材料、工程设备暂估单价,以方便投标人组价。

专业工程的暂估价一般应是综合暂估价,应当包括除规费和税金以外的管理费、利润等取费。公开透明地合理确定这类暂估价的实际开支金额的最佳途径就是通过施工总承包人与工程建设项目招标人共同组织的招标。

暂估价中的材料、工程设备暂估单价应根据工程造价信息或参照市场价格估算,列出明细表;专业工程暂估价应分不同专业,按有关计价规定估算,列出明细表。暂估价可按照表 2-2-10、表 2-2-11 的格式列示。

表 2-2-10　材料(工程设备)暂估单价表

工程名称:　　　　　　　　标段:　　　　　　　　第　页　共　页

序号	材料(工程设备)名称、规格、型号	计量单位	单价(元)	备注
1				
2				
3				

注:1. 此表由招标人填写,并在备注栏说明暂估价的材料、工程设备拟用在哪些清单项目上,投表人应将上述材料、工程设备暂估单价计入工程量清单综合单价报价中。

2. 材料、工程设备单位包括《建筑安装工程费用项目组成》(建标〔2003〕206 号)中规定的材料、工程设备费内容。

表 2-2-11　专业工程暂估价

工程名称:　　　　　　　　标段:　　　　　　　　第　页　共　页

序号	工程名称	工程内容	金额(元)	备注
1				
2				

续上表

序号	工程名称	工程内容	金额(元)	备注
3				
合计				

注:此表由招标人填写,投标人应将上述专业工程暂估价计入投标总价中。

(三)计日工

计日工是指在施工过程中,承包人完成发包人提出的工程合同范围以外的零星项目或工作,按合同中约定的单价计价的一种方式。

计日工是为了解决现场发生的零星工作的计价而设立的。国际上常见的标准合同条款中,大多数都设立了计日工计价机制。计日工对完成零星工作所消耗的人工工时、材料数量、施工机械台班进行计量,并按照计日工表中填报的适用项目的单价进行计价支付。计日工适用的所谓零星项目或工作一般是指合同约定之外的或者因变更而产生的、工程量清单中没有相应项目的额外工作,尤其是那些难以事先商定价格的额外工作。

计日工应列出项目名称、计量单位和暂估数量。计日工可按照表 2-2-12 的格式列示。

表 2-2-12 计日工表

工程名称:　　　　标段:　　　　第　页　共　页

序号	项目名称	计量单位	暂定数量	综合单价	合价
一	人工				
1					
2					
…					
人工小计					
二	材料				
1					
2					
…					
材料小计					
三	施工机械				
1					
2					
…					
施工机械小计					
总计					

注:此表项目名称、数量由招标人填写,编制招标控制价时,单价由招标人按有关规定确定;投标时,单价由投标人自主报价,计入投标总价中。

（四）总承包服务费

总承包服务费是指总承包人为配合协调发包人进行的专业工程发包，对发包人自行采购的材料、工程设备等进行保管以及施工现场管理、竣工资料汇总整理等服务所需的费用。招标人应预计该项费用并按投标人的投标报价向投标人支付该项费用。

总承包服务费应列出服务项目及其内容等。总承包服务费按照表2-2-13的格式列示。

表2-2-13 总承包服务费计价表

工程名称： 标段： 第 页 共 页

序号	项目名称	项目价值(元)	服务内容	费率(%)	金额(元)
1	发包人发包专业工程				
2	发包人提供材料				
合计					

注：此表项目名称、服务内容由招标人填写，编制招标控制价时，费率及金额由招标人按有关计价规定确定；投标时，费率及金额由投标人自主报价，计入投标总价中。

五、规费、税金项目清单

规费、税金项目清单的内容见表2-2-14。

表2-2-14 规费、税金项目清单的内容

项 目	内 容
规费项目清单	规费项目清单应按照下列内容列项：社会保险费，包括养老保险费、失业保险费、医疗保险费、工伤保险费、生育保险费；住房公积金；工程排污费；出现计价规范中未列的项目，应根据省级政府或省级有关权力部门的规定列项
税金项目清单	税金项目清单应包括下列内容：营业税；城市维护建设税；教育费附加；地方教育附加。出现计价规范未列的项目，应根据税务部门的规定列项

规费、税金项目计价表见表2-2-15。

表2-2-15 规费、税金项目计价表

工程名称： 标段： 第 页 共 页

序号	项目名称	计算基础	计算基数	计算费率(%)	金额(元)
1	规费	定额人工费			
1.1	社会保障费	定额人工费			
(1)	养老保险费	定额人工费			
(2)	失业保险费	定额人工费			
(3)	医疗保险费	定额人工费			
(4)	工伤保险费	定额人工费			
(5)	生育保险费	定额人工费			
1.2	住房公积金	定额人工费			

续上表

序号	项目名称	计算基础	计算基数	计算费率(%)	金额(元)
1.3	工程排污费	按工程所在地环境保护部门收取标准，按实计入			
…					
2	税金	分部分项目工程费＋措施费项目费＋其他项目费＋规费－按规定不计税的工程设备金额			
合计					

编制人(造价人员)：　　　　　　　　　　　　　　　　复核人(造价工程师)：

第三节　建筑安装工程人工、材料及机械台班定额消耗量

一、施工过程分析及工时研究

(一)施工过程及其分类

1.施工过程

施工过程就是在建设工地范围内所进行的生产过程。其最终目的是要建造、恢复、改建、移动或拆除工业、民用建筑物和构筑物的全部或一部分。

建筑安装施工过程与其他物质生产过程一样，也包括生产力三要素，即劳动者、劳动对象、劳动工具。

施工过程是由不同工种、不同技术等级的建筑安装工人完成的，并且必须有一定的劳动对象(建筑材料、半成品、构件、配件等)，使用一定的劳动工具(手动工具、小型机具和机械等)。每个施工过程的结束，获得了一定的产品，这种产品或者是改变了劳动对象的外表形态、内部结构或性质(由于制作和加工的结果)，或者是改变了劳动对象在空间的位置(由于运输和安装的结果)。

2.施工过程分类

为了使我们能够更深入地确定施工过程各个工序组成的必要性及其顺序的合理性，正确制定各个工序所需要的工时消耗，应对施工过程进行细致分析。

(1)根据施工过程组织上的复杂程度，可以将其分解为工序、工作过程和综合工作过程。

1)工序是在组织上不可分割的，在操作过程中技术上属于同类的施工过程。工序的特征是：工作者不变，劳动对象、劳动工具和工作地点也不变。在工作中如有一项改变，那就说明已经由一项工序转入另一项工序了。

从施工的技术操作和组织观点看，工序是工艺方面最简单的施工过程。如果从劳动过程的观点看，工序又可以分解为更小的组成部分——操作和动作。操作本身又包括了最小的组成部分——动作，而动作又是由许多动素组成的。动素是人体动作的分解，每一个操作和动作都是完成施工工序的一部分。施工过程、工序、操作、动作的关系如图 2-2-5 所示。

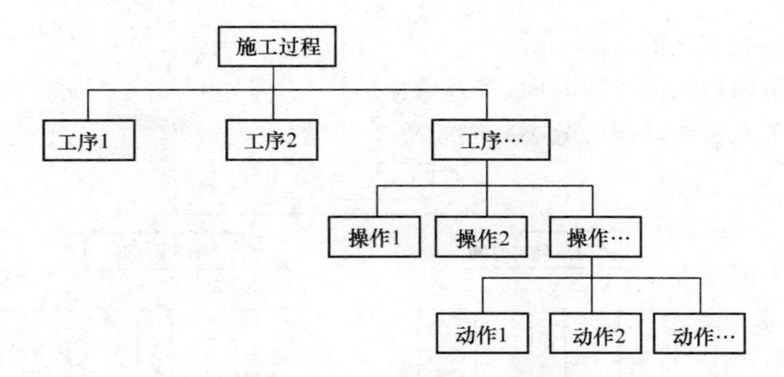

图 2-2-5 施工过程的组成

在编制施工定额时,工序是基本的施工过程,是主要的研究对象。测定定额时只需分解和标定到工序为止。如果进行某项先进技术或新技术的工时研究,就要分解到操作甚至动作为止,从中研究可加以改进操作或节约工时。

工序可以由一个人来完成,也可以由小组或施工队内的几名工人协同完成;可以手动完成,也可以由机械操作完成。在机械化的施工工序中,还可以包括由工人自己完成的各项操作和由机器完成的工作两部分。

2)工作过程是由同一工人或同一小组所完成的在技术操作上相互有机联系的工序的总合体。其特点是人员编制不变,工作地点不变,而材料和工具则可以变换。

3)综合工作过程是同时进行的,在组织上有机地联系在一起的,并且最终能获得一种产品的施工过程的总和。

(2)按照工艺特点,施工过程可以分为循环施工过程和非循环施工过程两类。凡各个组成部分按一定顺序一次循环进行,并且每经一次重复都可以生产出同一种产品的施工过程,称为循环施工过程。反之,若施工过程的工序或其组成部分不是以同样的次序重复,或者生产出来的产品各不相同,这种施工过程则称为非循环的施工过程。

3.施工过程的影响因素

对施工过程的影响因素进行研究,可以正确确定单位施工产品所需要的作业时间消耗。施工过程的影响因素包括技术因素、组织因素和自然因素,见表 2-2-16。

表 2-2-16 施工过程的影响因素

影响因素	内 容
技术因素	产品的种类和质量要求,所用材料、半成品、构配件的类别、规格和性能,所用工具和机械设备的类别、型号、性能及完好情况等
组织因素	施工组织与施工方法、劳动组织、工人技术水平、操作方法和劳动态度、工资分配方式、劳动竞赛等
自然因素	酷暑、大风、雨、雪、冰冻等气候

(二)工作时间分类

研究施工中的工作时间最主要的目的是确定施工的时间定额和产量定额,其前提是对工作时间按其消耗性质进行分类,以便研究工时消耗的数量及其特点。

工作时间,指的是工作班延续时间。例如 8 小时工作制的工作时间就是 8 小时,午休时间不包括在内。对工作时间消耗的研究,可以分为两个系统进行,即工人工作时间的消耗和工人所使用的机器工作时间消耗。

1. 工人工作时间消耗的分类

工人在工作班内消耗的工作时间，按其消耗的性质，基本可以分为两大类：必需消耗的时间和损失时间。工人工作时间的分类一般如图 2-2-6 所示。

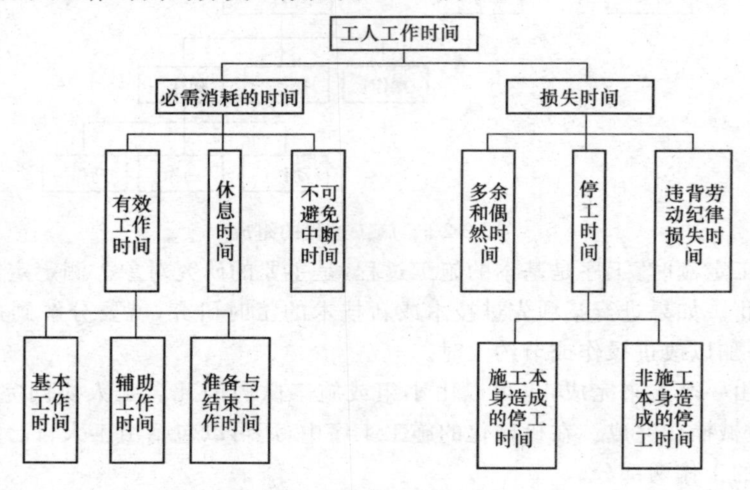

图 2-2-6 工人工作时间分类图

(1)必需消耗的工作时间是工人在正常施工条件下，为完成一定合格产品或完成一个工作任务所消耗掉时间，是制定定额的主要依据，包括有效工作时间、休息时间和不可避免中断时间的消耗。

1)有效工作时间是从生产效果来看与产品生产直接有关的时间消耗。其中，包括基本工作时间、辅助工作时间、准备与结束工作时间的消耗。

①基本工作时间是工人完成能生产一定产品的施工工艺过程所消耗的时间。通过这些工艺过程可以使材料改变外形、结构与性质；可以使预制构配件安装组合成型；也可以改变产品外部及表面的性质。基本工作时间所包括的内容依工作性质各不相同。基本工作时间的长短和工作量大小成正比。

②辅助工作时间是为保证基本工作能顺利完成所消耗的时间。在辅助工作时间里，不能使产品的形状大小、性质或位置发生变化。辅助工作时间的结束，往往就是基本工作时间的开始。辅助工作一般是手工操作。但如果在机手并动的情况下，辅助工作是在机械运转过程中进行的，为避免重复则不应再计辅助工作时间的消耗。辅助工作时间的长短与工作量大小有关。

③准备与结束工作时间是执行任务前或任务完成后所消耗的工作时间。准备和结束工作时间的长短与所担负的工作量大小无关，但往往和工作内容有关。这项时间消耗可以分为班内的准备与结束工作时间和任务的准备与结束工作时间。其中，任务的准备和结束时间是在一批任务的开始与结束时产生的，如熟悉图纸、准备相应的工具、事后清理场地等，通常不反映在每一个工作班里。

2)休息时间是工人在工作过程中为恢复体力所必需的短暂休息和生理需要的时间消耗。这种时间是为了保证工人精力充沛地进行工作，所以在定额时间中必须进行计算。休息时间的长短和劳动条件、劳动强度有关，劳动越繁重紧张、劳动条件越差，则休息时间越长。

3)不可避免的中断所消耗的时间是由于施工工艺特点引起的工作中断所必需的时间。与施工过程工艺特点有关的工作中断时间，应包括在定额时间内，但应尽量缩短此项时间消耗。

(2)损失时间与产品生产无关，而与施工组织和技术上的缺点有关，与工人在施工过程中的个人过失或某些偶然因素有关，损失时间中包括有多余和偶然工作、停工、违背劳动纪律所引起的工时损失。

1)多余工作，就是工人进行了任务以外而又不能增加产品数量的工作。多余工作的工时损失，一般都是由于工程技术人员和工人的差错而引起的，因此，不应计入定额时间中。偶然工作也是工人在任务外进行的工作，但能够获得一定产品。如抹灰工不得不补上偶然遗留的墙洞等。由于偶然工作能获得一定产品，拟定定额时要适当考虑它的影响。

2)停工时间是工作班内停止工作造成的工时损失。停工时间按其性质可分为施工本身造成的停工时间和非施工本身造成的停工时间两种。施工本身造成的停工时间，是由于施工组织不善、材料供应不及时、工作面准备工作做得不好、工作地点组织不良等情况引起的停工时间。非施工本身造成的停工时间，是由于水源、电源中断引起的停工时间。前一种情况在拟定定额时不应该计算，后一种情况定额中则应给予合理的考虑。

3)违背劳动纪律造成的工作时间损失，是指工人在工作班开始和午休后的迟到、午饭前和工作班结束前的早退、擅自离开工作岗位、工作时间内聊天或办私事等造成的工时损失。由于个别工人违背劳动纪律而影响其他工人无法工作的时间损失，也包括在内。

2. 机器工作时间消耗的分类

在机械化施工过程中，对工作时间消耗的分析和研究，除了要对工人工作时间的消耗进行分类研究之外，还需要分类研究机器工作时间的消耗。

机器工作时间的消耗，按其性质也分为必需消耗的时间和损失时间两大类，如图 2-2-7 所示。

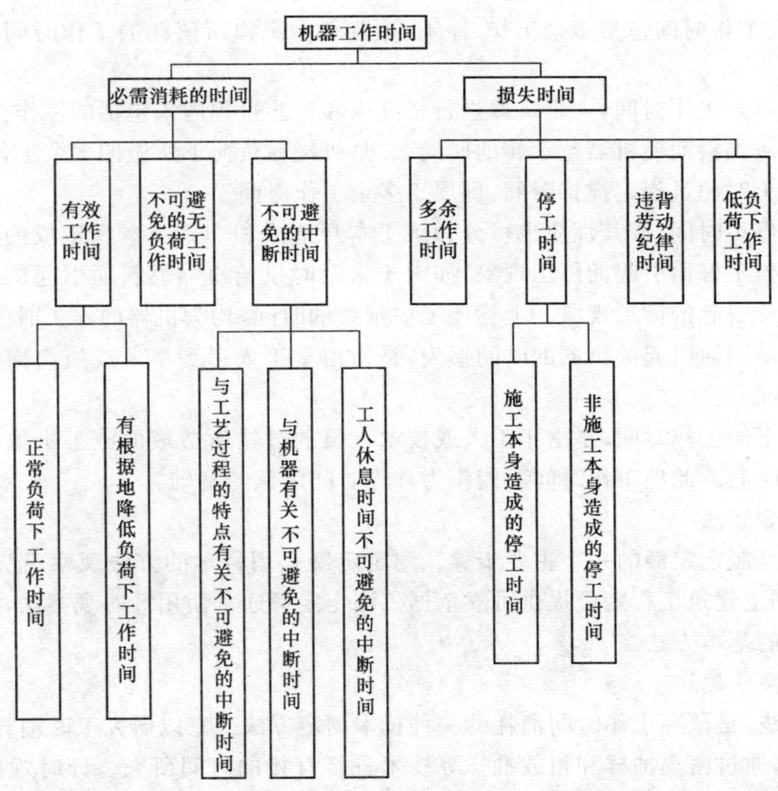

图 2-2-7　机器工作时间分类图

(1)在必需消耗的工作时间里,包括有效工作、不可避免的无负荷工作和不可避免的中断三项时间消耗。而在有效工作的时间消耗中又包括正常负荷下、有根据地降低负荷下的工时消耗。

1)正常负荷下的工作时间,是机器在与机器说明书规定的额定负荷相符的情况下进行工作的时间。

2)有根据地降低负荷下的工作时间,是在个别情况下由于技术上的原因,机器在低于其计算负荷下工作的时间。例如,汽车运输重量轻而体积大的货物时,不能充分利用汽车的载重吨位因而不得不降低其计算负荷。

3)不可避免的无负荷工作时间,是由施工过程的特点和机械结构的特点造成的机械无负荷工作时间。例如,筑路机在工作区末端调头等,就属于此项工作时间的消耗。

4)不可避免的中断工作时间是与工艺过程的特点、机器的使用和保养、工人休息有关的中断时间。

①与工艺过程的特点有关的不可避免中断工作时间,有循环的和定期的两种。循环的不可避免中断,是在机器工作的每一个循环中重复一次。定期的不可避免中断,是经过一定时期重复一次。

②与机器有关的不可避免中断工作时间,是由于工人进行准备与结束工作或辅助工作时,机器停止工作而引起的中断工作时间。它是与机器的使用与保养有关的不可避免中断时间。

③工人休息时间,前面已经作了说明。这里要注意的是,应尽量利用与工艺过程有关的和与机器有关的不可避免中断时间进行休息,以充分利用工作时间。

(2)损失的工作时间包括多余工作、停工、违背劳动纪律所消耗的工作时间和低负荷下的工作时间。

1)机器的多余工作时间,一是机器进行任务内和工艺过程内未包括的工作而延续的时间,如工人没有及时供料而使机器空运转的时间;二是机械在负荷下所做的多余工作,如混凝土搅拌机搅拌混凝土时超过规定搅拌时间,即属于多余工作时间。

2)机器的停工时间,按其性质也可分为施工本身造成和非施工本身造成的停工。前者是由于施工组织得不好而引起的停工现象,如由于未及时供给机器燃料而引起的停工。后者是由于气候条件所引起的停工现象。上述停工中延续的时间,均为机器的停工时间。

3)违反劳动纪律引起的机器的时间损失,是指由于工人迟到早退或擅离岗位等原因引起的机器停工时间。

4)低负荷下的工作时间,是由于工人或技术人员的过错所造成的施工机械在降低负荷的情况下工作的时间。此项工作时间不能作为计算时间定额的基础。

(三)计时观察法

定额测定是制定定额的一个主要步骤。测定定额是用科学的方法观察、记录、整理、分析施工过程,为制定建筑工程定额提供可靠依据。测定定额通常使用计时观察法,计时观察法是测定时间消耗的基本方法。

1.计时观察法概述

计时观察法,是研究工作时间消耗的一种技术测定方法。它以研究工时消耗为对象,以观察测时为手段,通过密集抽样和粗放抽样等技术进行直接的时间研究。计时观察法用于建筑施工中时以现场观察为主要技术手段,所以也叫现场观察法。计时观察法的具体用途如下。

(1)取得编制施工的劳动定额和机械定额所需要的基础资料和技术根据。

(2)研究先进工作法和先进技术操作对提高劳动生产率的具体影响,并应用和推广先进工作法和先进技术操作。

(3)研究减少工时消耗的潜力。

(4)研究定额执行情况,包括研究大面积、大幅度超额和达不到定额的原因,积累资料、反馈信息。

计时观察法能够把现场工时消耗情况和施工组织技术条件联系起来加以考察,它不仅能为制定定额提供基础数据,而且也能为改善施工组织管理、改善工艺过程和操作方法、消除不合理的工时损失和进一步挖掘生产潜力提供技术根据。计时观察法的局限性,是考虑人的因素不够。

2.计时观察前的准备工作

计时观察前的准备工作见表2-2-17。

表2-2-17　计时观察前的准备工作

项　目	内　容
确定需要进行计时观察的施工过程	计时观察之前的第一个准备工作,是研究并确定有哪些施工过程需要进行计时观察。对于需要进行计时观察的施工过程要编出详细的目录,拟订工作进度计划,制定组织技术措施,并组织编制定额的专业技术队伍,按计划认真开展工作。在选择观察对象时,必须注意所选择的施工过程要完全符合正常施工条件。所谓施工的正常条件,是指绝大多数企业和施工队、组,在合理组织施工的条件下所处的施工条件。与此同时,还需调查影响施工过程的技术因素、组织因素和自然因素
对施工过程进行预研究	对于已确定的施工过程的性质应进行充分的研究,目的是为了正确地安排计时观察和收集可靠的原始资料。研究的方法,是全面地对各个施工过程及其所处的技术组织条件进行实际调查和分析,以便设计正常的(标准的)施工条件和分析研究测时数据。 (1)熟悉与该施工过程有关的现行技术规范和技术标准等文件和资料。 (2)了解新采用的工作方法的先进程度,了解已经得到推广的先进施工技术和操作,还应了解施工过程存在的技术组织方面的缺点和由于某些原因造成的混乱现象。 (3)注意系统地收集完成定额的统计资料和经验资料,以便与计时观察所得的资料进行对比分析。 (4)把施工过程划分为若干个组成部分(一般划分到工序)。施工过程划分的目的是便于计时观察。如果计时观察法的目的是为了研究先进工作法,或是分析影响劳动生产率提高或降低的因素,则必须将施工过程划分到操作以至动作。 (5)确定定时点和施工过程产品的计量单位。所谓定时点,即是上下两个相衔接的组成部分之间的分界点。确定定时点,对于保证计时观察的精确性是不容忽略的因素。确定产品计量单位,要能具体地反映产品的数量,并具有最大限度的稳定性

续上表

项　目	内　容
选择观察对象	观察对象，就是对其进行计时观察完成该施工过程的工人。所选择的建筑安装工人，应具有与技术等级相符的工作技能和熟练程度，所承担的工作与其技术等级相符，同时应该能够完成或超额完成现行的施工劳动定额
其他准备工作	还应准备好必要的用具和表格。如测时用的秒表或电子计时器，记录和整理测时资料用的各种表格，测量产品数量的工器具等。如果有条件且有必要，还可配备电影摄像和电子记录设备

3.计时观察法的分类

计时观察法种类很多，最主要的有三种，如图 2-2-8 所示。

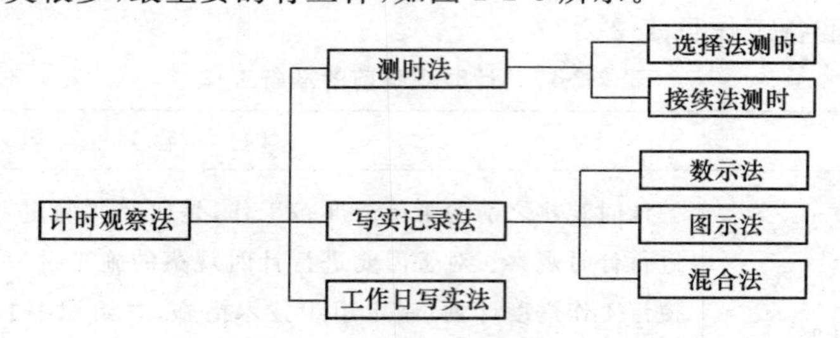

图 2-2-8　计时观察法的种类

(1)测时法。测时法主要适用于测定定时重复的循环工作的工时消耗，是精确度比较高的一种计时观察法，一般可达到 0.2～15 s。测时法只用来测定施工过程中循环组成部分工作时间消耗，不研究工人休息、准备与结束即其他非循环的工作时间。

1)测时法的分类。根据具体测时手段不同，可将测时法分为选择法和接续法两种，见表2-2-18。

表 2-2-18　测时法的分类

类　型	内　容
选择法测时	选择法测时是间隔选择施工过程中非紧连接的组成部分(工序或操作)测定工时，精确度达 0.5 s。 选择法测时也称为间隔法测时。采用选择法测时，当被观察的某一循环工作的组成部分开始，观察者立即开动秒表，当该组成部分终止，则立即停止秒表。然后把秒表上指示的延续时间记录到选择法测时记录(循环整理)表上，并把秒针拨回到零点。下一组成部分开始，再开动秒表，如此依次观察，并依次记录下延续时间。 采用选择法测时，应特别注意掌握定时点。记录时间时仍在进行的工作组成部分，应不予观察。当所测定的各工序或操作的延续时间较短时，连续测定比较困难，用选择法测时比较方便且简单
接续法测时	接续法测时是连续测定一个施工过程各工序或操作的延续时间。接续法测时每次要记录各工序或操作的终止时间，并计算出本工序的延续时间。 接续法测时也称作连续法测时。它比选择法测时准确、完善，但观察技术也较之复杂。它的特点是在工作进行中和非循环组成部分出现之前一直不停止秒表，秒针走动过程中，观察者根据各组成部分之间的定时点，记录它的终止时间，再用定时点终止时间之间的差表示各组成部分的延续时间

2)测时法的观察次数。由于测时法是属于抽样调查的方法,因此为了保证选取样本的数据可靠,需要对于同一施工过程进行重复测时。一般来说,观测的次数越多,资料的准确性越高,但要花费较多的时间和人力,这样既不经济,也不现实。确定观测次数较为科学的方法,应该是依据误差理论和经验数据相结合的方法来判断。表 2-2-19 给出了测时法下观察次数的确定方法。很显然,需要的观察次数与要求的算术平均值精确度及数列的稳定系数有关。

表 2-2-19 测时法所必需的观察次数表

稳定系数 $K_P=\frac{t_{max}}{t_{min}}$	要求的算术平均值精确度 $E=\pm\frac{1}{\overline{X}}\sqrt{\frac{\sum\Delta^2}{n(n-1)}}$				
	5%以内	7%以内	10%以内	15%以内	25%以内
	观察次数				
1.5	9	6	5	5	5
2	16	11	7	5	5
2.5	23	15	10	6	5
3	30	18	12	8	6
4	39	25	15	10	7
5	47	31	19	11	8

注:t_{max}—最大观测值;t_{min}—最小观测值;$\overline{X}$—算术平均值;n—观察次数;Δ—每次观察值与算术平均值之差。

(2)写实记录法。写实记录法是一种研究各种性质的工作时间消耗的方法,包括基本工作时间、辅助工作时间、不可避免中断时间、准备与结束时间以及各种损失时间。采用这种方法,可以获得分析工作时间消耗和制定定额所必需的全部资料。这种测定方法比较简便、易于掌握,并能保证必需的精确度。因此,写实记录法在实际中得到了广泛应用。

写实记录法的观察对象,可以是一个工人,也可以是一个工人小组。当观察由一个人单独操作或产品数量可单独计算时,采用个人写实记录。如果观察工人小组的集体操作,而产品数量又无法单独计算时,则可采用集体写实记录。

1)写实记录法的种类。写实记录法按记录时间的方法不同分为数示法、图示法和混合法三种(表 2-2-20),计时一般采用有秒针的普通计时表即可。

表 2-2-20 写实记录分类

分类	内容
数示法	数示法的特征是用数字记录工时消耗,是三种写实记录法中精确度较高的一种,精确度达 5 s,可以同时对两个工人进行观察,适用于组成部分较少而且比较稳定的施工过程。数示法用来对整个工作班或半个工作班进行长时间观察,因此能反映工人或机器工作日全部情况
图示法	图示法是在规定格式的图表上用时间进度线条表示工时消耗量的一种记录方式,精确度可达 30 s,可同时对 3 个以内的工人进行观察。这种方法的主要优点是记录简单,时间一目了然,原始记录整理方便

续上表

分　类	内　　容
混合法	混合法吸取数字和图示两种方法的优点，以图示法中的时间进度线条表示工序的延续时间，在进度线的上部加写数字表示各时间区段的工人数。混合法适用于3个以上工人工作时间的集体写实记录

2)写实记录法的延续时间。与确定测时法的观察次数相同，为保证写实记录法的数据可靠性，需要确定写实记录法的延续时间。延续时间的确定，是指在采用写实记录法中任何一种方法进行测定时，对每个被测施工过程或同时测定两个以上施工过程所需的总延续时间的确定。

延续时间的确定，应立足于既不能消耗过多的观察时间，又能得到比较可靠和准确的结果。同时还必须注意：所测施工过程的广泛性和经济价值；已经达到的功效水平的稳定程度；同时测定不同类型施工过程的数目；被测定的工人人数以及测定完成产品的可能次数等。写实记录法所需的延续时间见表 2-2-21，必须同时满足表中三项要求，如其中任一项达不到最低要求，应酌情增加延续时间。

表 2-2-21　写实记录法确定延续时间表

序号	项目	同时测定施工过程的类型数	测定对象		
			单人的	集体的	
				2～3 人	4 人以上
1	被测定的个人或小组的最低数	任一数	3 人	3 个小组	2 个小组
2	测定总延续时间的最小值(小时)	1	16	12	8
		2	23	18	12
		3	28	21	24
3	测定完成产品的最低次数	1	4	4	4
		2	6	6	6
		3	7	7	7

(3)工作日写实法。工作日写实法是一种研究整个工作班内的各种工时消耗的方法。运用工作日写实法主要有两个目的，一是取得编制定额的基础资料；二是检查定额的执行情况，找出缺点，改进工作。当用于第一个目的时，工作日写实的结果要获得观察对象在工作班内工时消耗的全部情况，以及产品数量和影响工时消耗的影响因素。其中，工时消耗应该按工时消耗的性质分类记录。在这种情况下，通常需要测定 3～4 次。当用于第二个目的时，通过工作日写实应该做到：查明工时损失量和引起工时损失的原因，制订消除工时损失，改善劳动组织和工作地点组织的措施，查明熟练工人是否能发挥自己的专长，确定合理的小组编制和合理的小组分工；确定机器在时间利用和生产率方面的情况，找出使用不当的原因，订出改善机器使用情况的技术组织措施，计算工人或机器完成定额的实际百分比和可能百分比。在这种情况下，通常需要测定 1～3 次。

工作日写实法与测时法、写实记录法相比较，具有技术简便、应用面广和资料全面的优点，在我国是一种采用较广的编制定额的方法。

工作日写实法的缺点：由于有观察人员在场，即使在观察前做了充分准备，仍不免在工时利用上有一定的虚假性；工作日写实法的观察工作量较大，费时较多，费用亦高。

工作日写实法，利用写实记录表记录观察资料。记录时间时不需要将有效工作时间分为各个组成部分，只需划分适合于技术水平和不适合于技术水平两类。但是工时消耗还需按性质分类记录。

二、确定人工定额消耗量的基本方法

（一）确定工序作业时间

根据计时观察资料的分析和选择，我们可以获得各种产品的基本工作时间和辅助工作时间，将这两种时间合并称之为工序作业时间。它是产品主要的必需消耗的工作时间，是各种因素的集中反映，决定着整个产品的定额时间。

1.基本工作时间

基本工作时间在必需消耗的工作时间中占的比重最大。在确定基本工作时间时，必须细致、精确。基本工作时间消耗一般应根据计时观察资料来确定。

其做法是，首先确定工作过程每一组成部分的工时消耗，然后再综合出工作过程的工时消耗。如果组成部分的产品计量单位和工作过程的产品计量单位不符，就需先求出不同计量单位的换算系数，进行产品计量单位的换算，然后再相加，求得工作过程的工时消耗。

（1）各组成部分与最终产品单位一致时的基本工作时间计算。此时，单位产品基本工作时间就是施工过程各个组成部分作业时间的总和，计算公式为：

$$T_1 = \sum_{i=1}^{n} t_i \tag{2-2-17}$$

式中　T_1——单位产品基本工作时间；

t_i——各组成部分的基本工作时间；

n——各组成部分的个数。

（2）各组成部分单位与最终产品单位不一致时的基本工作时间计算。此时，各组成部分基本工作时间应分别乘以相应的换算系数。计算公式为：

$$T_1 = \sum_{i=1}^{n} k_i \times t_i \tag{2-2-18}$$

式中　k_i——对应于 t_i 的换算系数。

2.辅助工作时间

辅助工作时间的确定方法与基本工作时间相同。如果在计时观察时不能取得足够的资料，也可采用工时规范或经验数据来确定。如具有现行的工时规范，可以直接利用工时规范中规定的辅助工作时间的百分比来计算。

（二）确定规范时间

1.确定准备与结束时间

准备与结束工作时间分为工作日和任务两种。任务的准备与结束时间通常不能集中在某一个工作日中，而要采取分摊计算的方法，分摊在单位产品的时间定额里。

如果在计时观察资料中不能取得足够的准备与结束时间的资料，也可根据工时规范或经验数据来确定。

2.确定不可避免的中断时间

在确定不可避免中断时间的定额时，必须注意由工艺特点所引起的不可避免中断才可列入工作过程的时间定额。

不可避免中断时间也需要根据测时资料通过整理分析获得，也可以根据经验数据或工时规范，以占工作日的百分比表示此项工时消耗的时间定额。

3.拟定休息时间

休息时间应根据工作班作息制度、经验资料、计时观察资料以及对工作的疲劳程度作全面分析来确定。同时，应考虑尽可能利用不可避免中断时间作为休息时间。

规范时间均可利用工时规范或经验数据确定，常用的参考数据见表 2-2-22。

表 2-2-22　准备与结束、休息、不可避免中断时间占工作班时间的百分率参考表

时间分类 工种	准备与结束时间占工作时间(%)	休息时间占工作时间(%)	不可避免中断时间占工作时间(%)
材料运输及材料加工	2	13～16	2
人力土方工程	3	13～16	2
架子工程	4	12～15	2
砖石工程	6	10～13	4
抹灰工程	6	10～13	3
手工木作工程	4	7～10	3
机械木作工程	3	4～7	3
模板工程	5	7～10	3
钢筋工程	4	7～10	4
现浇混凝土工程	6	10～13	3
预制混凝土工程	4	10～13	2
防水工程	5	25	3
油漆玻璃工程	3	4～7	2
钢制品制作及安装工程	4	4～7	2
机械土方工程	2	4～7	2
石方工程	4	13～16	2
机械打桩工程	6	10～13	3
构件运输及吊装工程	6	10～13	3
水暖电气工程	5	7～10	3

(三)拟定定额时间

确定的基本工作时间、辅助工作时间、准备与结束工作时间、不可避免中断时间与休息时间之和，就是劳动定额的时间定额。根据时间定额可计算出产量定额，时间定额和产量定额互成倒数。

利用工时规范，可以计算劳动定额的时间定额。计算公式如下：

$$工序作业时间=基本工作时间+辅助工作时间 \tag{2-2-19}$$

$$规范时间=准备与结束工作时间+不可避免的中断时间+休息时间 \tag{2-2-20}$$

$$工序作业时间=基本工作时间/[1-辅助时间(\%)] \tag{2-2-21}$$

$$定额时间=\frac{工序作业时间}{1-规范时间} \tag{2-2-22}$$

三、确定材料定额消耗量的基本方法

(一)材料的分类

1.根据材料消耗的性质划分

施工中材料的消耗可分为必需消耗的材料和损失的材料两类性质。

必需消耗的材料,是指在合理用料的条件下,生产合格产品所需消耗的材料。它包括:直接用于建筑和安装工程的材料;不可避免的施工废料;不可避免的材料损耗。

必需消耗的材料属于施工正常消耗,是确定材料消耗定额的基本数据。其中:直接用于建筑和安装工程的材料,应编入材料净用量定额;不可避免的施工废料和材料损耗,应编入材料损耗定额。

2.根据材料消耗与工程实体的关系划分

根据材料消耗与工程实体的关系可分为实体材料和非实体材料两类。

(1)实体材料,是指直接构成工程实体的材料。它包括工程直接性材料和辅助材料。工程直接性材料主要是指一次性消耗、直接用于工程上构成建筑物或结构本体的材料,如钢筋混凝土柱中的钢筋、水泥、砂、碎石等;辅助性材料主要是指虽也是施工过程中所必需,却并不构成建筑物或结构本体的材料。如土石方爆破工程中所需的炸药、引信、雷管等。主要材料用量大,辅助材料用量少。

(2)非实体材料,是指在施工中必须使用但又不能构成工程实体的施工措施性材料。非实体材料主要是指周转性材料,如模板、脚手架等。

(二)确定材料消耗量的基本方法

(1)现场技术测定法。又称为观测法,是根据对材料消耗过程的测定与观察,通过完成产品数量和材料消耗量的计算,而确定各种材料消耗定额的一种方法。现场技术测定法主要适用于确定材料损耗量,因为该部分数值用统计法或其他方法较难得到。通过现场观察,还可以区别出哪些是可以避免的损耗,哪些是属于难于避免的损耗,明确定额中不应列入可以避免的损耗。

(2)实验室试验法。主要用于编制材料净用量定额。通过试验,能够对材料的结构、化学成分和物理性能以及按强度等级控制的混凝土、砂浆、沥青、油漆等配比做出科学的结论,给编制材料消耗定额提供出有技术根据的、比较精确的计算数据。但其缺点在于无法估计到施工现场某些因素对材料消耗量的影响。

(3)现场统计法。是以施工现场积累的分部分项工程使用材料数量、完成产品数量、完成工作原材料的剩余数量等统计资料为基础,经过整理分析,获得材料消耗的数据。这种方法由于不能分清材料消耗的性质,因而不能作为确定材料净用量定额和材料损耗定额的依据,只能作为编制定额的辅助性方法使用。

(4)理论计算法,是运用一定的数学公式计算材料消耗定额。

1)标准砖用量的计算。如每立方米砖墙的用砖数和砌筑砂浆的用量,可用下列理论计算公式计算各自的净用量。

用砖数：

$$A=\frac{1}{\text{墙厚}\times(\text{砖长}+\text{灰缝})\times(\text{砖厚}+\text{灰缝})}\times k \tag{2-2-23}$$

式中　k——墙厚的砖数×2。

砂浆用量：

$$B=1-\text{砖数}\times\text{砖块体积} \tag{2-2-24}$$

材料的损耗一般以损耗率表示，材料损耗率可以通过观察法或统计法确定。材料损耗率及材料损耗量的计算通常采用以下公式：

$$\text{损耗率}=\frac{\text{损耗量}}{\text{净用量}}\times 100\% \tag{2-2-25}$$

$$\text{总损耗量}=\text{净用量}+\text{损耗量}=\text{净用量}\times(1+\text{损耗率}) \tag{2-2-26}$$

2)块料面层的材料用量计算。每 100 m² 面层块料数量、灰缝及结合层材料用量公式如下：

$$100\ \text{m}^2\ \text{块料净用量}=\frac{100}{(\text{块料长}+\text{灰缝宽})\times(\text{块料宽}+\text{灰缝宽})}(\text{块}) \tag{2-2-27}$$

$$100\ \text{m}^2\ \text{灰缝材料净用量}=[100-(\text{块料长}\times\text{块料宽}\times 100\text{m}^2\ \text{块料用量})]\times\text{灰缝深} \tag{2-2-28}$$

$$\text{结合层材料用量}=100\times\text{结合层厚度} \tag{2-2-29}$$

四、确定机械台班定额消耗量的基本方法

(一)确定机械 1 h 纯工作正常生产率

机械纯工作时间，就是指机械的必需消耗时间。机械 1 h 纯工作正常生产率，就是在正常施工组织条件下，具有必需的知识和技能的技术工人操纵机械 1 h 的生产率。

根据机械工作特点的不同，机械 1 h 纯工作正常生产率的确定方法也有所不同。

(1)对于循环动作机械，确定机械纯工作 1 h 正常生产率的计算公式如下：

$$\text{机械一次循环的正常延续时间}=\sum\left(\begin{matrix}\text{循环各组成部分}\\\text{正常延续时间}\end{matrix}\right)-\text{交叠时间} \tag{2-2-30}$$

$$\text{机械纯工作 1 h 循环次数}=\frac{60\times 60(\text{s})}{\text{一次循环的正常延续时间}} \tag{2-2-31}$$

$$\begin{matrix}\text{机械 1 h}\\\text{纯工作正常生产率}\end{matrix}=\begin{matrix}\text{机械纯工作 1 h}\\\text{正常循环次数}\end{matrix}\times\begin{matrix}\text{一次循环生产}\\\text{的产品数量}\end{matrix} \tag{2-2-32}$$

(2)对于连续动作机械，确定机械纯工作 1 h 正常生产率要根据机械的类型和结构特征以及工作过程的特点来进行。计算公式如下：

$$\text{连续动作机械 1 h 纯工作正常生产率}=\frac{\text{工作时间内生产的产品数量}}{\text{工作时间(h)}} \tag{2-2-33}$$

工作时间内的产品数量和工作时间的消耗，要通过多次现场观察和机械说明书来取得数据。

(二)确定施工机械的正常利用系数

确定施工机械的正常利用系数，是指机械在工作班内对工作时间的利用率。机械的利用系数和机械在工作班内的工作状况有着密切的关系。所以，要确定机械的正常利用系数，首先

要拟定机械工作班的正常工作状况，保证合理利用工时。机械正常利用系数的计算公式如下：

$$机械正常利用系数=\frac{机械在一个工作班内纯工作时间}{一个工作班延续时间(8\ h)} \tag{2-2-34}$$

(三)计算施工机械台班定额

计算施工机械定额是编制机械定额工作的最后一步。在确定了机械工作正常条件、机械1 h纯工作正常生产率和机械正常利用系数之后，采用下列公式计算施工机械的产量定额：

$$\frac{施工机械台班}{定量定额}=\frac{机械1\ h纯工作}{正常循环次数}\times\frac{工作班纯}{工作时间} \tag{2-2-35}$$

或

$$\frac{施工机械台班}{产量定额}=\frac{机械1\ h纯工作}{正常生产率}\times\frac{工作班}{延续时间}\times\frac{机械正常}{利用系数} \tag{2-2-36}$$

$$施工机械时间定额=\frac{1}{机械台班产量定额指标} \tag{2-2-37}$$

第四节　建筑安装工程人工、材料及机械台班单价

一、人工单价的组成和确定方法

(一)人工单价及其组成内容

人工单价是指一个建筑安装生产工人一个工作日在计价时应计入的全部人工费用。它基本上反映了建筑安装生产工人的工资水平和一个工人在一个工作日中可以得到的报酬。

合理确定人工工日单价是正确计算人工费和工程造价的前提和基础。按照现行规定，生产工人的人工工日单价组成如下：

(1)基本工资。包括岗位工资、技能工资、工龄工资。

(2)工资性补贴。包括物价补贴、煤、燃气补贴、交通补贴、住房补贴、流动施工津贴、地区津贴。

(3)辅助工资。指非作业工日发放的工资和工资性补贴。

(4)职工福利费。包括书报费、洗理费、取暖费。

(5)劳动保护费。包括劳保用品购置及修理费、徒工服装补贴、防暑降温费、保健费用。

(二)人工单价确定的依据和方法

1.基本工资

基本工资是按岗位工资、技能工资和工龄工资(按职工工作年限确定的工资)计算的。

岗位工资是根据劳动岗位的劳动责任轻重、劳动强度大小和劳动条件好差，兼顾劳动技能要求的高低确定的。工人岗位工资标准设8个岗次。技能工资是根据不同岗位、职位、职务对劳动技能的要求，同时兼顾职工所具备的劳动技能水平而确定的工资。技术工人技能工资分初级工、中级工、高级工、技师和高级技师五类工资标准分26档。

$$基本工资(G_1)=\frac{生产工人平均工资}{年平均每月法定工作日} \tag{2-2-38}$$

其中，年平均每月法定工作日=(全年日历日-法定假日)/12，法定假日指双休日和法定节日。

2. 工资性补贴

工资性补贴是指按规定标准发放的物价补贴，煤、燃气补贴，交通费补贴、住房补贴，流动施工津贴及地区津贴等。

$$工资性补贴(G_2)=\frac{\sum 年发放标准}{全年日历-法定假日}+\frac{\sum 月发放标准}{年平均每月法定工作日}+每工作日发放标准 \quad (2\text{-}2\text{-}39)$$

3. 辅助工资

辅助工资是指生产工人年有效施工天数以外无效工作日的工资，包括职工学习、培训期间的工资，调动工作、探亲、休假期间的工资，因气候影响的停工工资，女工哺乳时间的工资，病假在6个月以内的工资及产、婚、丧假期的工资。

$$生产工人辅助工资(G_3)=\frac{全年无效工作日\times(G_1+G_2)}{全年日历日-法定假日} \quad (2\text{-}2\text{-}40)$$

4. 职工福利费

职工福利费是指按规定标准计提的职工福利费。

$$职工福利费(G_4)=(G_1+G_2+G_3)\times 福利费计提比例(\%) \quad (2\text{-}2\text{-}41)$$

5. 劳动保护费

劳动保护费是指按规定标准对生产工人发放的劳动保护用品等的购置费及修理费，徒工服装补贴，防暑降温费，在有碍身体健康环境中的施工保健费用等。

$$生产工人劳动保护费(G_5)=\frac{生产工人年平均支出劳动保护费}{全年日历日-法定假日} \quad (2\text{-}2\text{-}42)$$

(三)影响人工单价的因素

影响建筑安装工人人工单价的因素见表2-2-23。

表2-2-23 影响建筑安装工人人工单价的因素

影响因素	内容
社会平均工资水平	建筑安装工人人工单价必然和社会平均工资水平趋同。社会平均工资水平取决于经济发展水平。由于经济的增长，社会平均工资也会增长，从而影响人工单价的提高
生活消费指数	生活消费指数的提高会影响人工单价的提高，以减少生活水平的下降，或维持原来的生活水平。生活消费指数的变动决定于物价的变动，尤其决定于生活消费品物价的变动
人工单价的组成内容	如住房消费、养老保险、医疗保险、失业保险等列入人工单价，会使人工单价提高
劳动力市场供需变化	劳动力市场如果需求大于供给，人工单价就会提高；供给大于需求，市场竞争激烈，人工单价就会下降
政府政策	政府推行的社会保障和福利政策也会影响人工单价的变动

二、材料单价的组成和确定方法

(一)材料单价的构成和分类

1. 材料单价的构成

材料单价是指材料(包括构件、成品及半成品等)从其来源地(或交货地点、供应者仓库提货地点)到达施工工地仓库(施工地点内存放材料的地点)后出库的综合平均单价。材料单价一般由材料原价(或供应价格)、材料运杂费、运输损耗费、采购及保管费组成。此外在计价时，材料费中还应包括单独列项计算的检验试验费。

$$材料费=\sum(材料消耗量\times材料单价)+检验试验费 \tag{2-2-43}$$

2.材料单价分类

材料单价按适用范围划分，有地区材料单价和某项工程使用的材料单价。地区材料单价是按地区(城市或建设区域)编制，供该地区所有工程使用;某项工程(一般指大中型重点工程)使用的材料单价，是以一个工程为编制对象，专供该工程项目使用。

地区材料单价与某项工程使用的材料单价的编制原理和方法是一致的，只是在材料来源地、运输数量权数等具体数据上有所不同。

(二)材料单价的编制依据和确定方法

1.材料原价(或供应价格)

材料原价是指国内采购材料的出厂价格，国外采购材料抵达买方边境、港口或车站并交纳完各种手续费、税费后形成的价格。在确定原价时，凡同一种材料因来源地、交货地、供货单位、生产厂家不同，而有几种价格(原价)时，根据不同来源地供货数量比例，采取加权平均的方法确定其综合原价。计算公式如下：

$$加权平均原价=\frac{K_1C_1+K_2C_2+\cdots+K_nC_n}{K_1+K_2+\cdots+K_n} \tag{2-2-44}$$

式中 $K_1,K_2,\cdots,K_n$——各不同供应地点的供应量或各不同使用地点的需要量;

$C_1,C_2,\cdots,C_n$——各不同供应地点的原价。

2.材料运杂费

材料运杂费是指国内采购材料自来源地、国外采购材料自到岸港运至工地仓库或指定堆放地点发生的费用。含外埠中转运输过程中所发生的一切费用和过境过桥费用(包括调车和驳船费、装卸费、运输费及附加工作费等)。

同一品种的材料有若干个来源地，应采用加权平均的方法计算材料运杂费。计算公式如下：

$$加权平均运杂费=\frac{K_1T_1+K_2T_2+\cdots+K_nT_n}{K_1+K_2+\cdots+K_n} \tag{2-2-45}$$

式中 $K_1,K_2,\cdots,K_n$——各不同供应点的供应量或各不同使用地点的需求量;

$T_1,T_2,\cdots,T_n$——各不同运距的运费。

3.运输损耗

在材料的运输中应考虑一定的场外运输损耗费用。这是指材料在运输装卸过程中不可避免的损耗。运输损耗的计算公式如下：

$$运输损耗=(材料原价+运杂费)\times相应材料损耗率 \tag{2-2-46}$$

4.采购及保管费

采购及保管费是指组织材料采购、检验、供应和保管过程中发生的费用，包含：采购费、仓储费、工地管理费和仓储损耗。

采购及保管费一般按照材料到库价格以费率取定。材料采购及保管费计算公式如下：

$$采购及保管费=材料运到工地仓库价格\times采购及保管费率(\%) \tag{2-2-47}$$

或

采购及保管费＝（材料原价＋运杂费＋运输损耗费）×采购及保管费率（％） (2-2-48)

综上所述，材料单价的一般计算公式为：

材料单价＝{（供应价格＋运杂费）×[1＋运输损耗率（％）]}×

[1＋采购及保管费率（％）] (2-2-49)

（三）影响材料单价变动的因素

影响材料单价变动的因素有以下几点：

(1)市场供需变化。材料原价是材料单价中最基本的组成，市场供大于求价格就会下降；反之，价格就会上升。从而也就会影响材料单价的涨落。

(2)材料生产成本的变动直接影响材料单价的波动。

(3)流通环节的多少和材料供应体制也会影响材料单价。

(4)运输距离和运输方法的改变会影响材料运输费用的增减，从而也会影响材料单价。

(5)国际市场行情会对进口材料单价产生影响。

三、施工机械台班单价的组成和确定方法

施工机械使用费是根据施工中耗用的机械台班数量和机械台班单价确定的。施工机械台班耗用量按有关定额规定计算；施工机械台班单价是指一台施工机械，在正常运转条件下一个工作班中所发生的全部费用，每台班按8小时工作制计算。正确制定施工机械台班单价是合理确定和控制工程造价的重要方面。

施工机械台班单价由七项费用组成，包括折旧费、大修理费、经常修理费、安拆费及场外运费、人工费、燃料动力费、其他费用等。

（一）折旧费的组成及确定

折旧费是指施工机械在规定使用期限内，陆续收回其原值及购置资金的时间价值。计算公式如下：

$$台班折旧费=\frac{机械预算价格\times(1-残值率)\times时间价值系数}{耐用总台班} \quad (2\text{-}2\text{-}50)$$

1. 机械预算价格

(1)国产机械预算价格按照机械原值、供销部门手续费和一次运杂费以及车辆购置税之和计算。

1)机械原值。国产机械原值应按下列途径询价、采集：

①编制期施工企业已购进施工机械的成交价格。

②编制期国内施工机械展销会发布的参考价格。

③编制期施工机械生产厂、经销商的销售价格。

2)供销部门手续费和一次运杂费可按机械原值的5％计算。

3)车辆购置税的计算。车辆购置税应按下列公式计算：

车辆购置税＝计税价格×车辆购置税率（％） (2-2-51)

其中，计税价格＝机械原值＋供销部门手续费和一次运杂费－增值税

车辆购置税应执行编制期间国家有关规定。

(2)进口机械的预算价格按照机械原值、关税、增值税、消费税、外贸手续费和国内运杂费、财务费、车辆购置税之和计算。

1)进口机械的机械原值按其到岸价格取定。

2)关税、增值税、消费税及财务费应执行编制期国家有关规定,并参照实际发生的费用计算。

3)外贸部门手续费和国内一次运杂费应按到岸价格的6.5%计算。

4)车辆购置税的计税价格是到岸价格、关税和消费税之和。

2.残值率

残值率是指机械报废时回收的残值占机械原值的百分比(运输机械2%,掘进机械5%,特大型机械3%,中小型机械4%)。

3.时间价值系数

时间价值系数指购置施工机械的资金在施工生产过程中随着时间的推移而产生的单位增值。其计算公式如下:

$$\text{时间价值系数}=1+\frac{(\text{折旧年限}+1)}{2}\times\text{年折现率}(\%) \tag{2-2-52}$$

其中,年折现率应按编制期银行年贷款利率确定。

4.耐用总台班

耐用总台班指施工机械从开始投入使用至报废前使用的总台班数,应按施工机械的技术指标及寿命期等相关参数确定。

机械耐用总台班的计算公式为:

$$\text{耐用总台班}=\text{折旧年限}\times\text{年工作台班}=\text{大修理间隔台班}\times\text{大修理周期} \tag{2-2-53}$$

大修理次数的计算公式为:

$$\text{大修理次数}=\text{耐用总台班}\div\text{大修理间隔台班}-1=\text{大修理周期}-1 \tag{2-2-54}$$

年工作台班是根据有关部门对各类主要机械最近3年的统计资料分析确定。

大修理间隔台班是指机械自投入使用起至第一次大修理止或自上一次大修理后投入使用起至下一次大修理止,应达到的使用台班数。

大修理周期是指机械正常的施工作业条件下,将其寿命期(即耐用总台班)按规定的大修理次数划分为若干个周期。其计算公式为:

$$\text{大修理周期}=\text{寿命期大修理次数}+1 \tag{2-2-55}$$

(二)大修理费的组成及确定

大修理费是指机械设备按规定的大修理间隔台班进行必要的大修理,以恢复机械正常功能所需的费用。台班大修理费是机械使用期限内全部大修理费之和在台班费用中的分摊额,取决于一次大修理费用、大修理次数和耐用总台班的数量。其计算公式为:

$$\text{台班大修理费}=\frac{\text{一次大修理费}\times\text{寿命期内大修理次数}}{\text{耐用总台班}} \tag{2-2-56}$$

一次大修理费指施工机械一次大修理发生的工时费、配件费、辅料费、油燃料费及送修运杂费。

一次大修理费应以《全国统一施工机械保养修理技术经济定额》为基础,结合编制期市场价格综合确定。

寿命期大修理次数指施工机械在其寿命期(耐用总台班)内规定的大修理次数,应参照《全国统一施工机械保养修理技术经济定额》确定。

（三）经常修理费的组成及确定

经常修理费指施工机械除大修理以外的各级保养和临时故障排除所需的费用（包括为保障机械正常运转所需替换与随机配备工具附具的摊销和维护费用，机械运转及日常保养所需润滑与擦拭的材料费用及机械停滞期间的维护和保养费用等）。各项费用分摊到台班中，即为台班经常修理费。其计算公式为：

$$台班经常修理费=\frac{\sum(各级保养一次费用\times寿命期各级保养总次数)+临时故障排除费+}{耐用总台班}$$
$$替换设备和工具附具台班摊销费+例保辅料费 \tag{2-2-57}$$

当台班经常修理费计算公式中各项数值难以确定时，也可按下式计算：

$$台班经常修理费=台班大修理费\times K \tag{2-2-58}$$

式中　K——台班经常修理费系数。

各级保养一次费用指机械在各个使用周期内为保证机械处于完好状况，必须按规定的各级保养间隔周期、保养范围和内容进行的一、二、三级保养或定期保养所消耗的工时、配件、辅料、油燃料等费用。应以《全国统一施工机械保养修理技术经济定额》为基础，结合编制期市场价格综合确定。

寿命期各级保养总次数指一、二、三级保养或定期保养在寿命期内各个使用周期中保养次数之和，应按照《全国统一施工机械保养修理技术经济定额》确定。

临时故障排除费指机械除规定的大修理及各级保养以外，临时故障所需费用以及机械在工作日以外的保养维护所需润滑擦拭材料费，可按各级保养（不包括例保辅料费）费用之和的3%计算。

替换设备及工具附具台班摊销费指轮胎、电缆、蓄电池、运输皮带、钢丝绳、胶皮管、履带板等消耗性设备和按规定随机配备的全套工具附具的台班摊销费用。

例保辅料费指机械日常保养所需润滑擦拭材料的费用。

替换设备及工具附具台班摊销费、例保辅料费的计算应以《全国统一施工机械保养修理技术经济定额》为基础，结合编制期市场价格综合确定。

（四）安拆费及场外运费的组成和确定

安拆费指施工机械在现场进行安装与拆卸所需的人工、材料、机械和试运转费用以及机械辅助设施的折旧、搭设、拆除等费用；场外运费指施工机械整体或分体自停放地点运至施工现场或由一施工地点运至另一施工地点的运输、装卸、辅助材料及架线等费用。

安拆费及场外运费根据施工机械不同分为计入台班单价、单独计算和不计算三种类型。

(1)工地间移动较为频繁的小型机械及部分中型机械，其安拆费及场外运费应计入台班单价。台班安拆费及场外运费应按下列公式计算：

$$台班安拆费及场外运费=\frac{一次安拆费及场外运费\times年平均安拆次数}{年工作台班} \tag{2-2-59}$$

一次安拆费应包括施工现场机械安装和拆卸一次所需的人工费、材料费、机械费及试运转费。

一次场外运费应包括运输、装卸、辅助材料和架线等费用。

年平均安拆次数应以《全国统一施工机械保养修理技术经济定额》为基础，由各地区（部门）结合具体情况确定。运输距离均应按25 km计算。

(2)移动有一定难度的特大型（包括少数中型）机械，其安拆费及场外运费应单独计算。

单独计算的安拆费及场外运费除应计算安拆费、场外运费外，还应计算辅助设施（包括基础、底座、固定锚桩、行走轨道枕木等）的折旧、搭设和拆除等费用。

(3)不需安装、拆卸且自身又能开行的机械和固定在车间不需安装、拆卸及运输的机械，其安拆费及场外运费不计算。

(4)自升式塔式起重机安装、拆卸费用的超高起点及其增加费，各地区（部门）可根据具体情况确定。

(五)人工费的组成及确定

人工费指机上司机（司炉）和其他操作人员的工作日人工费及上述人员在施工机械规定的年工作台班以外的人工费。按下列公式计算：

$$台班人工费=人工消耗量\times\left(1+\frac{年制度工作日-年工作台班}{年工作台班}\right)\times人工日工资单价 \tag{2-2-60}$$

人工消耗量指机上司机（司炉）和其他操作人员工日消耗量。

年制度工作日应执行编制期国家有关规定。

人工日工资单价应执行编制期工程造价管理部门的有关规定。

(六)燃料动力费的组成和确定

燃料动力费是指施工机械在运转作业中所耗用的固体燃料（煤、木柴）、液体燃料（汽油、柴油）及水、电等费用。计算公式如下：

$$台班燃料动力费=台班燃料动力消耗量\times相应单价 \tag{2-2-61}$$

燃料动力消耗量应根据施工机械技术指标及实测资料综合确定。可采用下列公式：

$$台班燃料动力消耗量=(实测数\times4+定额平均值+调查平均值)\div6 \tag{2-2-62}$$

燃料动力单价应执行编制期工程造价管理部门的有关规定。

(七)其他费用的组成和确定

其他费用是指按照国家和有关部门规定应交纳的养路费、车船使用税、保险费及年检费用等。其计算公式为：

$$台班其他费用=\frac{年养路费+年车船使用税+年保险费+年检费用}{年工作台班} \tag{2-2-63}$$

年养路费、年车船使用税、年检费用应执行编制期有关部门的规定。

年保险费执行编制期有关部门强制性保险的规定，非强制性保险不应计算在内。

第五节　预算定额及其基价编制

一、预算定额的概念与用途

1.预算定额的概念

预算定额是在正常的施工条件下，完成一定计量单位合格分项工程和结构构件所需消耗的人工、材料、机械台班数量其相应费用标准。

2.预算定额的用途和作用

预算定额是工程建设中的一项重要的技术经济文件，是编制施工图预算的主要依据，是确定和控制工程造价的基础。其用途和作用见表2-2-24。

表 2-2-24　预算定额的用途和作用

用　　途	作　　用
预算定额是编制施工图预算、确定建筑安装工程造价的基础	施工图设计一经确定，工程预算造价就取决于预算定额水平和人工、材料及机械台班的价格。预算定额起着控制劳动消耗、材料消耗和机械台班使用的作用，进而起着控制建筑产品价格的作用
预算定额是编制施工组织设计的依据	施工组织设计的重要任务之一是确定施工中所需人力、物力的供求量，并做出最佳安排。施工单位在缺乏本企业的施工定额的情况下，根据预算定额，亦能够比较精确地计算出施工中各项资源的需要量，为有计划地组织材料采购和预制件加工、劳动力和施工机械的调配，提供了可靠的计算依据
预算定额是工程结算的依据	工程结算是建设单位和施工单位按照工程进度对已完成的分部分项工程实现货币支付的行为。按进度支付工程款，需要根据预算定额将已完分项工程的造价算出。单位工程验收后，再按竣工工程量、预算定额和施工合同规定进行结算，以保证建设单位建设资金的合理使用和施工单位的经济收入
预算定额是施工单位进行经济活动分析的依据	预算定额规定的物化劳动和劳动消耗指标，是施工单位在生产经营中允许消耗的最高标准。施工单位必须以预算定额作为评价企业工作的重要标准，作为努力实现的目标。施工单位可根据预算定额对施工中的劳动、材料、机械的消耗情况进行具体的分析，以便找出并克服低功效、高消耗的薄弱环节，提高竞争能力。只有在施工中尽量降低劳动消耗，采用新技术、提高劳动者素质，提高劳动生产率，才能取得较好的经济效益
预算定额是编制概算定额的基础	概算定额是在预算定额基础上综合扩大编制的。利用预算定额作为编制依据，不但可以节省编制工作的大量人力、物力和时间，收到事半功倍的效果，还可以使概算定额在水平上与预算定额保持一致，以免造成执行中的不一致
预算定额是合理编制招标控制价、投标报价的基础	在深化改革中，预算定额的指令性作用将日益削弱，而施工单位按照工程个别成本报价的指导性作用仍然存在，因此预算定额作为编制招标控制价的依据和施工企业报价的基础性作用仍将存在，这也是由于预算定额本身的科学性和指导性决定的

二、预算定额的编制原则、依据和步骤

1. 预算定额的编制原则

为保证预算定额的质量，充分发挥预算定额的作用，使实际使用简便，在编制工作中应遵循以下原则：

(1)按社会平均水平确定预算定额的原则。预算定额是确定和控制建筑安装工程造价的主要依据。因此，它必须遵照价值规律的客观要求，即按生产过程中所消耗的社会必要劳动时间确定定额水平。所以预算定额的平均水平，是在正常的施工条件下，合理的施工组织和工艺

条件、平均劳动熟练程度和劳动强度下，完成单位分项工程基本构造价要的劳动时间。

(2)简明适用的原则。

1)在编制预算定额时，对于那些主要的、常用的、价值量大的项目，分项工程划分宜细；次要的、不常用的、价值量相对较小得项目则可以粗一些。

2)预算定额要项目齐全。要注意补充那些因采用新技术、新结构、新材料而出现的新的定额项目。如果项目不全，缺项多，就会使计价工作缺少充足的、可靠的依据。

3)要求合理确定预算定额的计算单位，简化工程量的计算，尽可能地避免同一种材料用不同的计量单位和一量多用，尽量减少定额附注和换算系数。

2.预算定额的编制依据

(1)现行劳动定额和施工定额。预算定额是在现行劳动定额和施工定额的基础上编制的。预算定额中人工、材料、机械台班消耗水平，需要根据劳动定额或施工定额取定；预算定额的计量单位的选择，也要以施工定额为参考，从而保证两者的协调和可比性，减轻预算定额的编制工作量，缩短编制时间。

(2)现行设计规范、施工及验收规范，质量评定标准和安全操作规程。

(3)具有代表性的典型工程施工图及有关标准图。对这些图纸进行仔细分析研究，并计算出工程数量，作为编制定额时选择施工方法确定定额含量的依据。

(4)新技术、新结构、新材料和先进的施工方法等。这类资料是调整定额水平和增加新的定额项目所必需的依据。

(5)有关科学实验、技术测定和统计、经验资料。这类资料是确定定额水平的重要依据。

(6)现行的预算定额、材料预算价格及有关文件规定等。包括过去定额编制过程中积累的基础资料，也是编制预算定额的依据和参考。

3.预算定额的编制步骤及要求

预算定额的编制，大致可以分为准备工作、收集资料、编制定额、报批和修改定稿五个阶段。各阶段工作相互有交叉，有些工作还有多次重复。

预算定额编制阶段的主要工作如下：

(1)确定编制细则。主要包括：统一编制表格及编制方法；统一计算口径、计量单位和小数点位数的要求；有关统一性规定，名称统一，用字统一，专业用语统一，符号代码统一，简化字要规范，文字要简练明确。

预算定额与施工定额计量单位往往不同。施工定额的计量单位一般按照工序或施工过程确定；而预算定额的计量单位主要是根据分部分项工程和结构构件的形体特征及其变化确定。由于工作内容综合，预算定额的计量单位亦具有综合的性质。工程量计算规则的规定应确切反映定额项目所包含的工作内容。预算定额的计量单位关系到预算工作的繁简和准确性。因此，要正确地确定各分部分项工程的计量单位。一般依据建筑结构构件形状的特点确定。

(2)确定定额的项目划分和工程量计算规则。计算工程数量，是为了通过计算出典型设计图纸所包括的施工过程的工程量，以便在编制预算定额时，有可能利用施工定额的人工、材料和机械台班消耗指标确定预算定额所含工序的消耗量。

(3)定额人工、材料、机械台班耗用量的计算、复核和测算。

三、预算定额消耗量的编制方法

确定预算定额人工、材料、机械台班消耗指标时，必须先按施工定额的分项逐项计算出消耗指标，然后按预算定额的项目加以综合。预算定额的项目综合不是简单地合并和相加，而需要在综合过程中增加两种定额之间的适当的水平差。预算定额的水平，首先取决于这些消耗量的合理确定。

人工、材料和机械台班消耗量指标，应根据定额编制原则和要求，采用理论与实际相结合、图纸计算与施工现场测算相结合、编制人员与现场工作人员相结合等方法进行计算和确定，使定额既符合政策要求，又与客观情况一致，便于贯彻执行。

1. 预算定额中人工工日消耗量的计算

人工的工日数可以有两种确定方法：一种是以劳动定额为基础确定；另一种是以现场观察测定资料为基础计算，主要用于遇到劳动定额缺项时，采用现场工作日写实等测时方法测定和计算定额的人工耗用量。

预算定额中人工工日消耗量是指在正常施工条件下，生产单位合格产品所必需消耗的人工工日数量，是由分项工程所综合的各个工序劳动定额包括的基本用工、其他用工两部分组成的。

(1)基本用工。基本用工指完成一定计量单位的分项工程或结构构件的各项工作过程的施工任务所必需消耗的技术工种用工。按技术工种相应劳动定额工时定额计算，以不同工种列出定额工日。基本用工包括：

1)完成定额计量单位的主要用工。按综合取定的工程量和相应劳动定额进行计算。计算公式如下：

$$\text{基本用工}=\sum(\text{综合取定的工程量}\times\text{劳动定额}) \tag{2-2-64}$$

例如工程实际中的砖基础，有 1 砖厚、1 砖半厚、2 砖厚等之分，用工各不相同，在预算定额中由于不区分厚度，需要按照统计的比例，加权平均得出综合的人工消耗。

2)按劳动定额规定应增(减)计算的用工量。例如在砖墙项目中，分项工程的工作内容包括了附墙烟囱孔、垃圾道、壁橱等零星组合部分的内容，其人工消耗量相应增加附加人工消耗。由于预算定额是在施工定额子目的基础上综合扩大的，包括的工作内容较多，施工的工效视具体部位而不一样，所以需要另外增加人工消耗，而这种人工消耗也可以列入基本用工内。

(2)其他用工。其他用工是辅助基本用工消耗的工日，包括超运距用工、辅助用工和人工幅度差用工。

1)超运距用工。超运距是指劳动定额中已包括的材料、半成品场内水平搬运距离与预算定额所考虑的现场材料、半成品堆放地点到操作地点的水平运输距离之差。计算公式如下：

$$\text{超运距}=\text{预算定额取定运距}-\text{劳动定额已包括的运距} \tag{2-2-65}$$

$$\text{超运距用工}=\sum(\text{超运距材料数量}\times\text{时间定额}) \tag{2-2-66}$$

需要指出，实际工程现场运距超过预算定额取定运距时，可另行计算现场二次搬运费。

2)辅助用工。指技术工种劳动定额内不包括而在预算定额内又必须考虑的用工。例如机械土方工程配合用工、材料加工(筛砂、洗石、淋化石膏)、电焊点火用工等。计算公式如下：

$$\text{辅助用工}=\sum(\text{材料加工数量}\times\text{相应的加工劳动定额}) \tag{2-2-67}$$

3)人工幅度差用工。即预算定额与劳动定额的差额，主要是指在劳动定额中未包括而在正常施工情况下不可避免但又很难准确计量的用工和各种工时损失。

其内容包括以下几点：

①各工种间的工序搭接及交叉作业相互配合或影响所发生的停歇用工。

②施工机械在单位工程之间转移及临时水电线路移动所造成的停工。

③质量检查和隐蔽工程验收工作的影响。

④班组操作地点转移用工。

⑤工序交接时对前一工序不可避免的修整用工。

⑥施工中不可避免的其他零星用工。

人工幅度差计算公式如下：

人工幅度差用工=(基本用工+辅助用工+超运距用工)×人工幅度差系数 (2-2-68)

人工幅度差系数一般为10%～15%。在预算定额中，人工幅度差的用工量列入其他用工量中。

2.预算定额中材料消耗量的计算

材料消耗量计算方法主要有：

(1)凡有标准规格的材料，按规范要求计算定额计量单位的耗用量。

(2)凡设计图纸标注尺寸及下料要求的按设计图纸尺寸计算材料净用量。

(3)换算法。各种胶结、涂料等材料的配合比用料，可以根据要求条件换算，得出材料用量。

(4)测定法。包括实验室试验法和现场观察法。指各种强度等级的混凝土及砌筑砂浆配合比的耗用原材料数量的计算，须按照规范要求试配，经过试压合格以后并经过必要的调整后得出的水泥、砂子、石子、水的用量。对新材料、新结构又不能用其他方法计算定额消耗用量时，须用现场测定方法来确定，根据不同条件可以采用写实记录法和观察法，得出定额的消耗量。

材料损耗量，指在正常条件下不可避免的材料损耗，如现场内材料运输及施工操作过程中的损耗等。其关系式如下：

材料损耗率=损耗量/净用量×100%　(2-2-69)

材料损耗量=材料净用量×损耗率(%)　(2-2-70)

材料消耗量=材料净用量+损耗量　(2-2-71)

或

材料消耗量=材料净用量×[1+损耗率(%)]　(2-2-72)

3.预算定额中机械台班消耗量的计算

预算定额中的机械台班消耗量是指在正常施工条件下，生产单位合格产品(分部分项工程或结构构件)必须消耗的某种型号施工机械的台班数量。

根据施工定额确定机械台班消耗量的计算。这种方法是指用施工定额中机械台班产量加机械幅度差计算预算定额的机械台班消耗量。

机械台班幅度差是指在施工定额中所规定的范围内没有包括，而在实际施工中又不可避免产生的影响机械或使机械停歇的时间。

其内容包括以下几点：

1)施工机械转移工作面及配套机械相互影响损失的时间。

2)在正常施工条件下，机械在施工中不可避免的工序间歇。

3)工程开工或收尾时工作量不饱满所损失的时间。

4)检查工程质量影响机械操作的时间。

5)临时停机、停电影响机械操作的时间。

6)机械维修引起的停歇时间。

大型机械幅度差系数为:土方机械25%,打桩机械33%,吊装机械30%。砂浆、混凝土搅拌机由于按小组配用,以小组产量计算机械台班产量,不另增加机械幅度差。其他分部工程中如钢筋加工、木材、水磨石等各项专用机械的幅度差为10%。

综上所述,预算定额的机械台班消耗量按下式计算:

预算定额机械耗用台班=施工定额机械耗用台班×(1+机械幅度差系数) (2-2-73)

四、预算定额基价编制

预算定额基价就是预算定额分项工程或结构构件的单价,包括人工费、材料费和机械台班使用费,也称工料单价或直接工程费单价。

预算定额基价一般通过编制单位估价表、地区单位估价表及设备安装价目表所确定的单价,用于编制施工图预算。在预算定额中列出的"预算价值"或"基价",应视作该定额编制时的工程单价。

预算定额基价的编制方法,简单说就是工、料、机的消耗量和工、料、机单价的结合过程。其中,人工费是由预算定额中每一分项工程用工数,乘以地区人工工日单价计算算出;材料费是由预算定额中每一分项工程的各种材料消耗量,乘以地区相应材料预算价格之和算出;机械费是由预算定额中每一分项工程的各种机械台班消耗量,乘以地区相应施工机械台班预算价格之和算出。

分项工程预算定额基价的计算公式:

分项工程预算定额基价=人工费+材料费+机械使用费 (2-2-74)

人工费=Σ(现行预算定额中人工工日用量×人工日工资单价) (2-2-75)

材料费=Σ(现行预算定额中各种材料耗用量×相应材料单价) (2-2-76)

机械使用费=Σ(现行预算定额中机械台班用量×机械台班单价) (2-2-77)

预算定额基价是根据现行定额和当地的价格水平编制的,具有相对的稳定性。但是为了适应市场价格的变动,在编制预算时,必须根据工程造价管理部门发布的调价文件对固定的工程预算单价进行修正。修正后的工程单价乘以根据图纸计算出来的工程量,就可以获得符合实际市场情况的工程的直接工程费。

第三部分　综合计算实例

综合实例一

某地面防水(二毡三油),如图 3-1-1 所示,不考虑找平层。

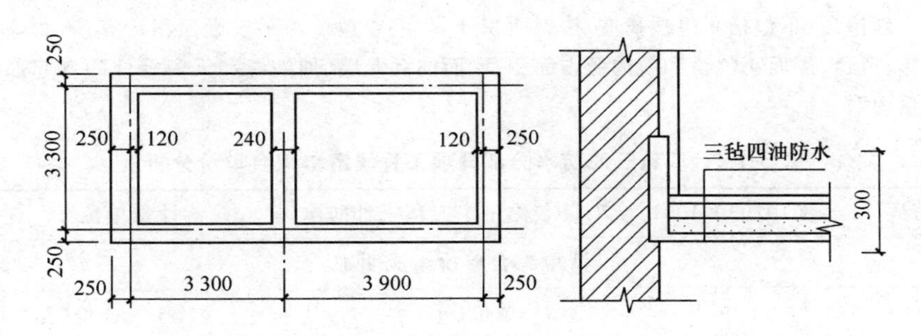

图 3-1-1　地面防水(单位:mm)

解:

(1)清单工程量为:

1)二毡三油平面工程量=(7.2−0.24)×(3.6−0.24)+(3.3−0.24)×(3.6−0.24)=33.67 m^2

2)二毡三油立面工程量=0.35×[(7.2+3.3−0.12−0.12−0.24)×2+(3.6−0.24)×4]=11.72 m^2

合计=33.67+11.72=45.39 m^2

(2)定额工程量

1)二毡三油平面定额工程量=33.67 m^2

2)二毡三油立面定额工程量=11.72 m^2

(3)计算平面二毡三油沥青油毡防水层各项费用:

人工费=17.38×33.67/10=58.52 元

材料费=151.25×33.67/10=509.26 元

(4)计算立面二毡三油沥青油毡防水层各项费用:

人工费=25.08×11.72/10=29.39 元

材料费=156.22×11.72/10=183.09 元

(5)综合单价:

直接工程费=58.52+509.26+29.39+183.09=780.26 元

管理费=780.26×35%=273.09 元

利润＝780.26×5%＝39.01 元

合价＝780.26＋273.09＋39.01＝1 092.36 元

综合单价＝1 092.36/45.39＝24.07 元

分部分项工程量清单计价表及工程量清单综合单价分析表，见表 3-1-1 和表 3-1-2。

表 3-1-1　二毡三油防水分部分项工程量清单计价表

序号	项目编码	项目名称	项目特征描述	计量单位	工程数量	金额（元）		
						综合单价	合价	其中：直接费
1	010703001001	二毡三油防水	二毡三油防水	m^2	45.39	24.07	1 092.36	780.26

注：根据《房屋建筑与装饰工程工程量计算规范》(GB 50854—2013)规定，题中的二毡三油防水属于"屋面卷材防水"，其项目编号为 010902001，计量单位为 m^2，工程量计算规则为"按设计图示尺寸以面积计算。斜屋顶(不包括平屋顶找坡)按斜面积计算，平屋顶按水平投影面积计算；不扣除房上烟囱、风帽底座、风道、屋面小气窗和斜沟所占面积；屋面的女儿墙、伸缩缝和天窗等处的弯起部分，并入屋面工程量内"。

表 3-1-2　二毡三油防水分部分项工程量清单综合单价分析表

项目编码		010703001001	项目名称		二毡三油防水		计量单位			m^2
清单综合单价组成明细										
定额编号	定额内容	定额单位	数量	单价（元）			合价（元）			
				人工费	材料费	机械费	人工费	材料费	机械费	管理费和利润
6-2-14	平面二毡三油沥青油毡防水层	10 m^2	0.074	17.38	151.25	—	1.29	11.19	—	4.99
6-2-15	立面二毡三油沥青油毡防水层	10 m^2	0.026	25.08	156.22	—	0.65	4.06	—	1.89
人工单价		小计					1.94	15.25	—	6.88
28 元(工日)		未计价材料费					—			
清单项目综合单价（元）							24.07			

综合实例二

某工程硫磺胶泥接桩，如图 3-2-1 所示。

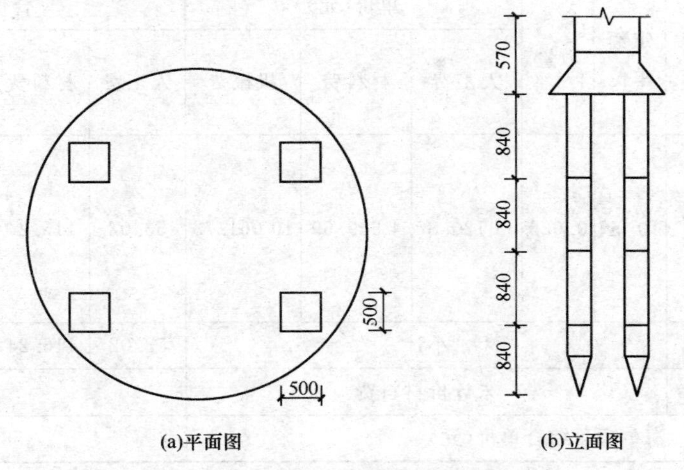

图 3-2-1　某工程硫黄胶泥接桩(单位:mm)

解：

(1)清单工程量为个数：

$$4\times3=12\text{ 个}$$

(2)定额工程量为接桩面积：

$$S=\text{一个接桩面积}\times\text{接桩数量}$$
$$=0.5\times0.5\times3\times4=3.00\text{ m}^2$$

(3)计算预制钢筋混凝土桩接桩注硫黄胶泥各项费用：

人工费＝2 120.8×3/10＝636.24 元

材料费＝4 649.69×3/10＝1 394.91 元

机械费＝10 061.73×3/10＝3 018.52 元

(4)综合单价：

直接工程费＝636.24＋1 394.91＋3 018.52＝5 049.67 元

管理费＝5 049.67×35%＝1 767.38 元

利润＝5 049.67 ×5%＝252.48 元

合价＝5 049.67＋1 767.38＋252.48＝7 069.53 元

综合单价＝7 069.53/12＝589.13 元

分部分项工程量清单计价表及工程量清单综合单价分析表，见表 3-2-1 和表 3-2-2。

表 3-2-1　硫黄胶泥接桩分部分项工程量清单计价表

序号	项目编码	项目名称	项目特征描述	计量单位	工程数量	金额(元)		
						综合单价	合价	其中：直接费
1	010201002001	硫黄胶泥接桩	钢筋混凝土方桩，硫黄胶泥接桩	个	12	589.13	7 069.53	5 049.67

注：现行规范《房屋建筑与装饰工程工程量计算规范》(GB 50854—2013)中已将“接桩”放入各项桩基工程的工作内容中，不再另行计算。

表 3-2-2 硫黄胶泥接桩分部分项工程量清单综合单价分析表

项目编码		010201002001		项目名称		硫黄胶泥接桩	计量单位			m^2
清单综合单价组成明细										
定额编号	定额内容	定额单位	数量	单价(元)			合价(元)			
				人工费	材料费	机械费	人工费	材料费	机械费	管理费和利润
2-3-63	硫黄胶泥接桩	10 m^2	0.025	2 120.8	4 649.69	10 061.73	53.02	116.24	251.55	168.32
人工单价		小计					53.02	116.24	251.55	168.32
28 元(工日)		未计价材料费					—			
清单项目综合单价(元)							589.13			

综合实例三

某工厂砖柱，如图 3-3-1 所示，其用 MU25 混合砂浆砌筑砖柱 48 个，基础采用 MU50 水泥砂浆砌筑毛石。

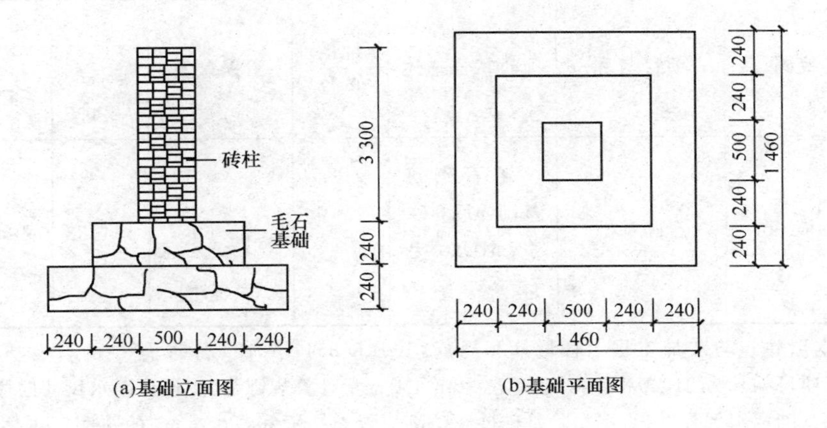

图 3-3-1　某工厂砖柱(单位:mm)

(1)清单工程量

$$毛石基础\ V=[1.46\times1.46+(1.46-0.24\times2)^2]\times0.24\times48=35.60\ \text{m}^3$$

$$矩形砖柱\ V=0.5\times0.5\times3.3\times48=39.60\ \text{m}^3$$

(2)定额工程量

$$原土夯实\ S=1.46\times1.46\times48=102.32\ \text{m}^3$$

毛石基础同清单工程量为 35.60 m³

矩形砖柱同清单工程量为 39.60 m³

(3)查某定额计算石砌基础各项费用

1)原土夯实

人工费=3.52×102.32/10=36.02 元

2)毛石基础

人工费=259.82×35.60/10=924.96 元

材料费=807.88×35.60/10=2 876.05 元

机械费=24.56×35.60/10=87.43 元

(4)查某定额计算矩形砖柱各项费用

人工费=441.54×39.60/10=1 748.50 元

材料费=1 144.73×39.60/10=4 533.13 元

机械费=14.26×39.60/10=56.47 元

(5)综合单价

1)石砌基础

直接工程费=36.02+924.96+2 876.05+87.43=3 924.46 元

管理费=3 924.46×35%=1 373.56 元

利润=3 924.46×5%=196.22 元

合价=3 924.46+1 373.56+196.22=5 494.24 元

综合单价=5 494.24/35.60=154.33 元

分部分项工程量清单计价表及工程量清单综合单价分析表，见表 3-3-1 和表 3-3-2。

表 3-3-1　石砌基础分部分项工程量清单计价表

序号	项目编码	项目名称	项目特征描述	计量单位	工程数量	金额(元)		
						综合单价	合价	其中：直接费
1	010305001001	石砌基础	毛石砌筑基础，M5.0 砂浆，MU20 毛石	m^3	35.60	154.33	5 494.24	3 924.46

注：根据《房屋建筑与装饰工程工程量计算规范》(GB 50854—2013)规定，题中的石砌基础属于“石基础”，其项目编号为 010403001，计量单位为 m^3，工程量计算规则为“按设计图示尺寸以体积计算 包括附墙垛基础宽出部分体积，不扣除基础砂浆防潮层及单个面积≤0.3 m^2 的孔洞所占体积，靠墙暖气沟的挑檐不增加体积。基础长度：外墙按中心线，内墙按净长计算”。

表 3-3-2　石砌基础分部分项工程量清单综合单价分析表

项目编码		010305001001		项目名称		石砌基础	计量单位			m^3
清单综合单价组成明细										
定额编号	定额内容	定额单位	数量	单价(元)			合价(元)			
				人工费	材料费	机械费	人工费	材料费	机械费	管理费和利润
1-3-5	原土夯实	10 m^2	0.287	3.52	—	—	1.01	—	—	0.40
3-2-1	毛石基础	10 m^3	0.1	259.82	807.88	24.56	25.98	80.79	2.46	43.69
人工单价		小计					26.99	80.79	2.46	44.09
28 元(工日)		未计价材料费					—			
清单项目综合单价(元)							154.33			

2)矩形砖柱

直接工程费=1 748.50+4 533.13+56.47=6 338.10 元

管理费=6 338.10×35%=2 218.34 元

利润=6 338.10×5%=316.91 元

合价=6 338.10+2 218.34+316.91=8 873.35 元

综合单价=8 873.35/39.60=224.07 元

分部分项工程量清单计价表及工程量清单综合单价分析表，见表 3-3-3 和表 3-3-4。

表 3-3-3　矩形砖柱分部分项工程量清单计价表

序号	项目编码	项目名称	项目特征描述	计量单位	工程数量	金额(元)		
						综合单价	合价	其中：直接费
1	010302005001	矩形砖柱	实心砖柱，M2.5 砂浆，MU10 烧结实心砖	m^3	39.60	224.07	8 873.35	6 338.10

注：根据《房屋建筑与装饰工程工程量计算规范》(GB 50854—2013)规定，题中的矩形砖柱属于“实心砖柱”，其项目编号为 010401009，计量单位为 m^3，工程量计算规则为“按设计图示尺寸以体积计算。扣除混凝土及钢筋混凝土梁垫、梁头、板头所占体积。”

表 3-3-4　矩形砖柱分部分项工程量清单综合单价分析表

项目编码	010302005001			项目名称		矩形砖柱	计量单位			m^3
清单综合单价组成明细										
定额编号	定额内容	定额单位	数量	单价(元)			合价(元)			
				人工费	材料费	机械费	人工费	材料费	机械费	管理费和利润
3-1-4	矩形砖柱	10 m^3	0.1	441.54	1 144.73	14.26	44.15	114.47	1.43	64.02
人工单价		小计					44.15	114.47	1.43	64.02
28 元(工日)		未计价材料费					—			
清单项目综合单价(元)							224.07			

综合实例四

某现浇混凝土板，如图 3-4-1 所示，板厚 240 mm，混凝土强度等级 C25(石子粒径小于 20 mm)，混凝土为现场搅拌。

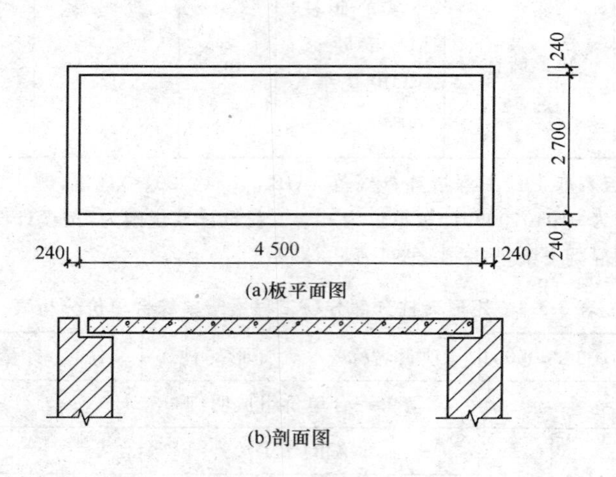

图 3-4-1 现浇混凝土平板

(1)清单工程量

$$平板工程量\ V=4.5\times2.7\times0.24=2.92\ m^3$$

(2)定额工程量同清单工程量为 2.92 m^3

(3)查某定额计算现浇混凝土平板各项费用

1)现浇混凝土平板 C25

$$人工费=242.44\times2.92/10=70.79\ 元$$

$$材料费=1\ 691.50\times2.92/10=493.92\ 元$$

$$机械费=8.07\times2.92/10=2.36\ 元$$

2)现场搅拌混凝土

$$人工费=50.38\times2.92/10=14.71\ 元$$

$$材料费=13.91\times2.92/10=4.06\ 元$$

$$机械费=56.52\times2.92/10=16.50\ 元$$

(4)综合单价

$$直接工程费=70.79+493.92+2.36+14.71+4.06+16.50=602.34\ 元$$

$$管理费=602.34\times35\%=210.82\ 元$$

$$利润=602.34\times5\%=30.12\ 元$$

$$合价=602.34+210.82+30.12=843.28\ 元$$

$$综合单价=843.28/2.92=288.79\ 元$$

分部分项工程量清单计价表及工程量清单综合单价分析表，见表 3-4-1 和表 3-4-2。

表 3-4-1　现浇混凝土平板分部分项工程量清单计价表

序号	项目编码	项目名称	项目特征描述	计量单位	工程数量	金额（元）		
						综合单价	合价	其中：直接费
1	010405003001	现浇混凝土平板	板厚240 mm，混凝土等级 C25（石子粒径小于20 mm），现场搅拌混凝土	m^3	2.92	288.79	843.28	602.34

注：根据《房屋建筑与装饰工程工程量计算规范》（GB 50854—2013）规定，题中的现浇混凝土平板属于现浇混凝土板中的“平板”，其项目编号为 010505003，计量单位为 m^3，工程量计算规则为“按设计图示尺寸以体积计算，不扣除单个面积≤0.3 m^2 的柱、垛以及孔洞所占体积。压形钢板混凝土楼板扣除构件内压形钢板所占体积。伸入墙内的板头并入板体积内。”

表 3-4-2　现浇混凝土平板分部分项工程量清单综合单价分析表

项目编码		010405003001		项目名称		现浇混凝土平板	计量单位			m^3
清单综合单价组成明细										
定额编号	定额内容	定额单位	数量	单价（元）			合价（元）			
				人工费	材料费	机械费	人工费	材料费	机械费	管理费和利润
3-2-38	现浇混凝土平板 C25	10 m^3	0.1	242.44	1 691.50	8.07	24.24	169.15	0.81	77.68
3-3-16	现场搅拌混凝土	10 m^3	0.1	50.38	13.91	56.52	5.04	1.39	5.65	4.83
人工单价		小计					29.28	170.54	6.46	82.51
28 元（工日）		未计价材料费					—			
清单项目综合单价（元）							288.79			

综合实例五

某仓库冷藏室门，如图 3-5-1 所示，冷藏室共有前后 2 个冷藏库门，保温层厚 120 mm。

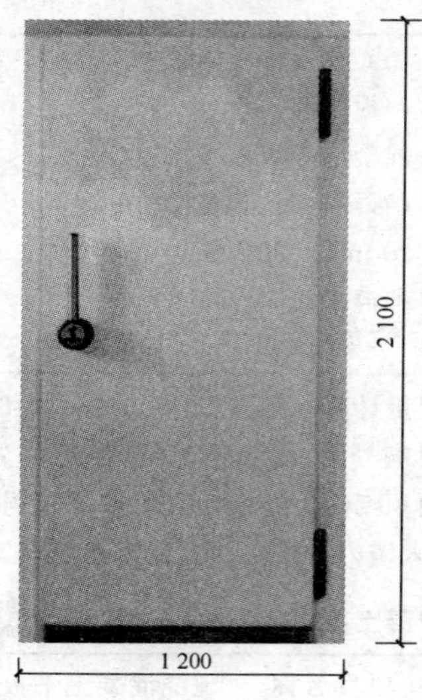

图 3-5-1 冷藏库门

(1)清单工程量:2 樘。

(2)定额工程量：

门扇制作、安装，$2.1\times1.2\times2=5.04\ m^2$

门配件=2 樘

(3)计算冷藏库门各项费用：

人工费=98.87×5.04=498.30 元

材料费=616.44×5.04=3 106.86 元

(4)综合单价：

直接工程费=498.30+3 106.86=3 605.16 元

管理费=3 605.16×35%=1 261.81 元

利润=3 605.16×5%=180.26 元

合价=3 605.16+1 261.81+180.26=5 047.23 元

综合单价=5 047.23/2=2 523.62 元

分部分项工程量清单计价表及工程量清单综合单价分析表，见表 3-5-1 和表 3-5-2。

表 3-5-1 冷藏库门分部分项工程量清单分析表

序号	项目编码	项目名称	项目特征描述	计量单位	工程数量	金额(元)		
						综合单价	合价	其中：直接费
1	010501004001	冷藏库门	开启方式：推拉式	樘/m^2	2	2 523.62	5 047.23	3 605.16

注：根据《房屋建筑与装饰工程工程量计算规范》(GB 50854—2013)规定，题中的冷藏库门属于“特种门”，其项目编号为 010804007，计量单位为樘或 m^2，工程量计算规则为“以樘计量时，按设计图示数量计算；以平方米计量时，按设计图示门框或扇以面积计算。”

表 3-5-2 冷藏库门分部分项工程量清单综合单价分析表

项目编码		010503004001		项目名称		冷藏库门	计量单位			樘/m²
清单综合单价组成明细										
定额编号	定额内容	定额单位	数量	单价(元)			合价(元)			
				人工费	材料费	机械费	人工费	材料费	机械费	管理费和利润
6-86	冷藏库门	樘/m²	2.52	98.87	616.44	—	249.15	1 553.43	—	721.04
人工单价		小计					249.15	1 553.43	—	721.04
28 元(工日)		未计价材料费					—			
清单项目综合单价(元)							2 523.62			

综合实例六

已知图 3-6-1～图 3-6-4 为某办公楼(非房地产工程),开工时间 2014 年 3 月,框架结构,三层,局部四层(1# 楼梯间四层)。混凝土为泵送商品混凝土,内外墙体均为加气混凝土砌块墙,外墙厚 250 mm,内墙厚 200 mm,M10 混合砂浆砌筑。

根据附图及已知条件采用工料单价法完成以下计算。

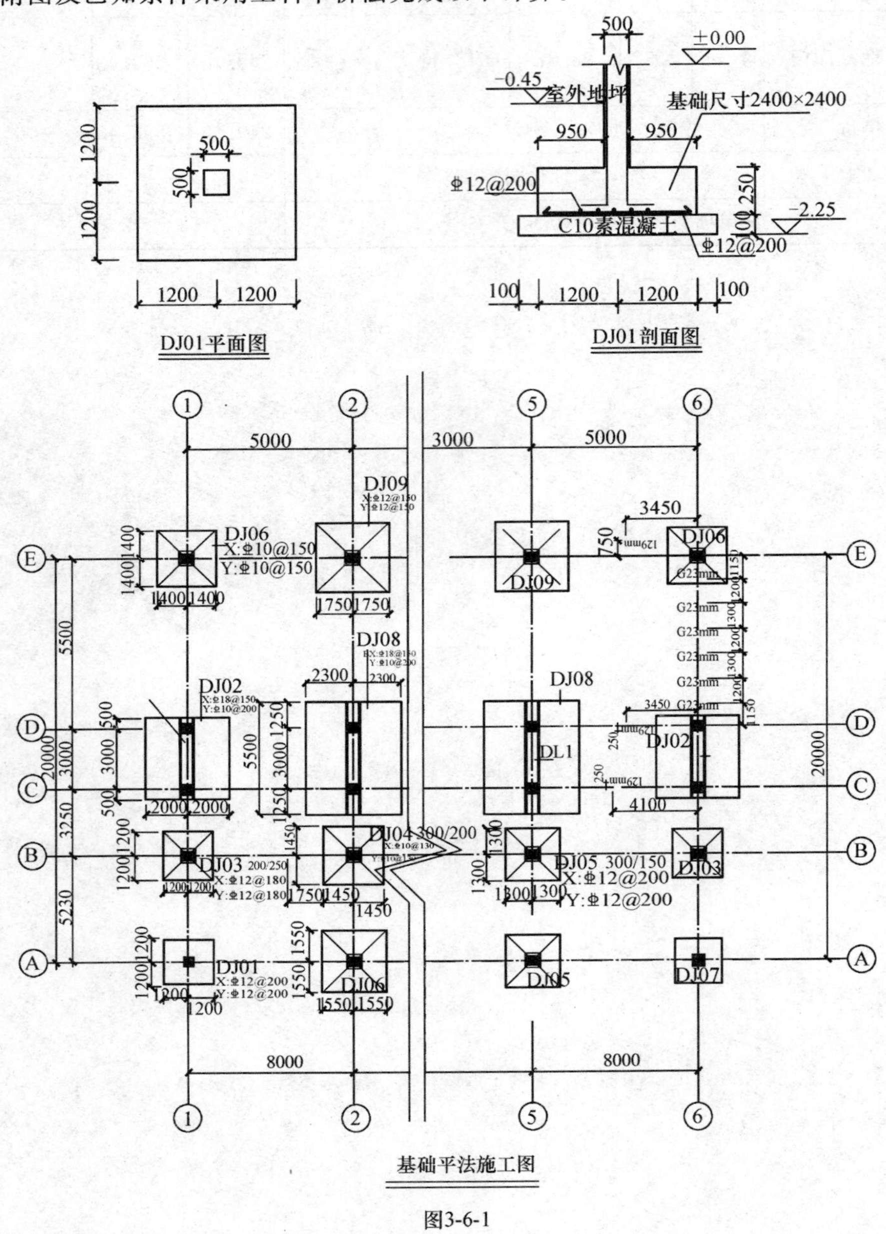

图3-6-1

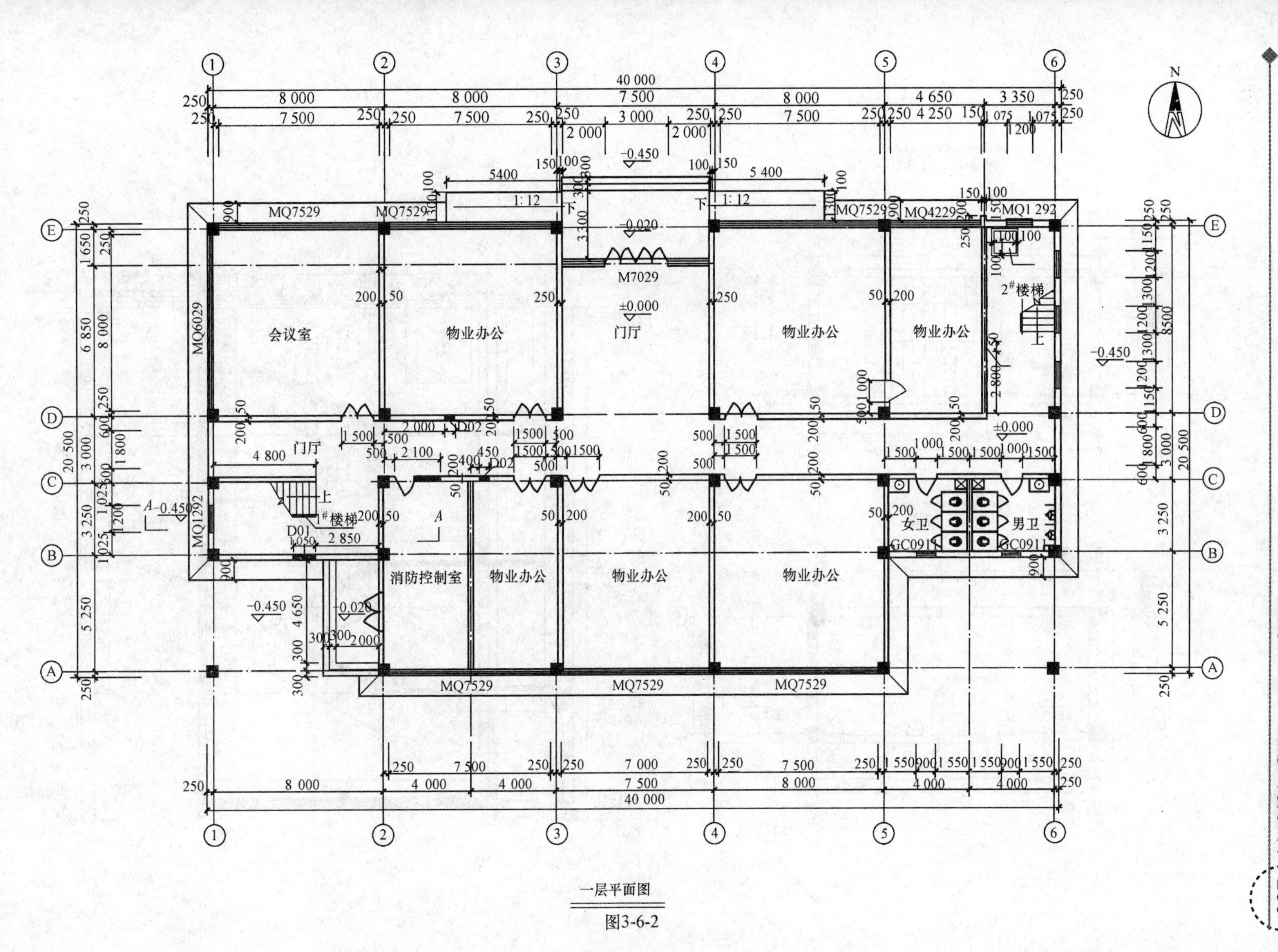

N
会议室
物业办公
门厅
物业办公
物业办公
门厅
消防控制室
物业办公
物业办公
物业办公
女卫
男卫
2#楼梯
1#楼梯
MQ7529
MQ6029
MQ1292
MQ4229
MQ1 292
M7029
GC0915
D01
D02
1:12
40 000
20 500

一层平面图

图3-6-2

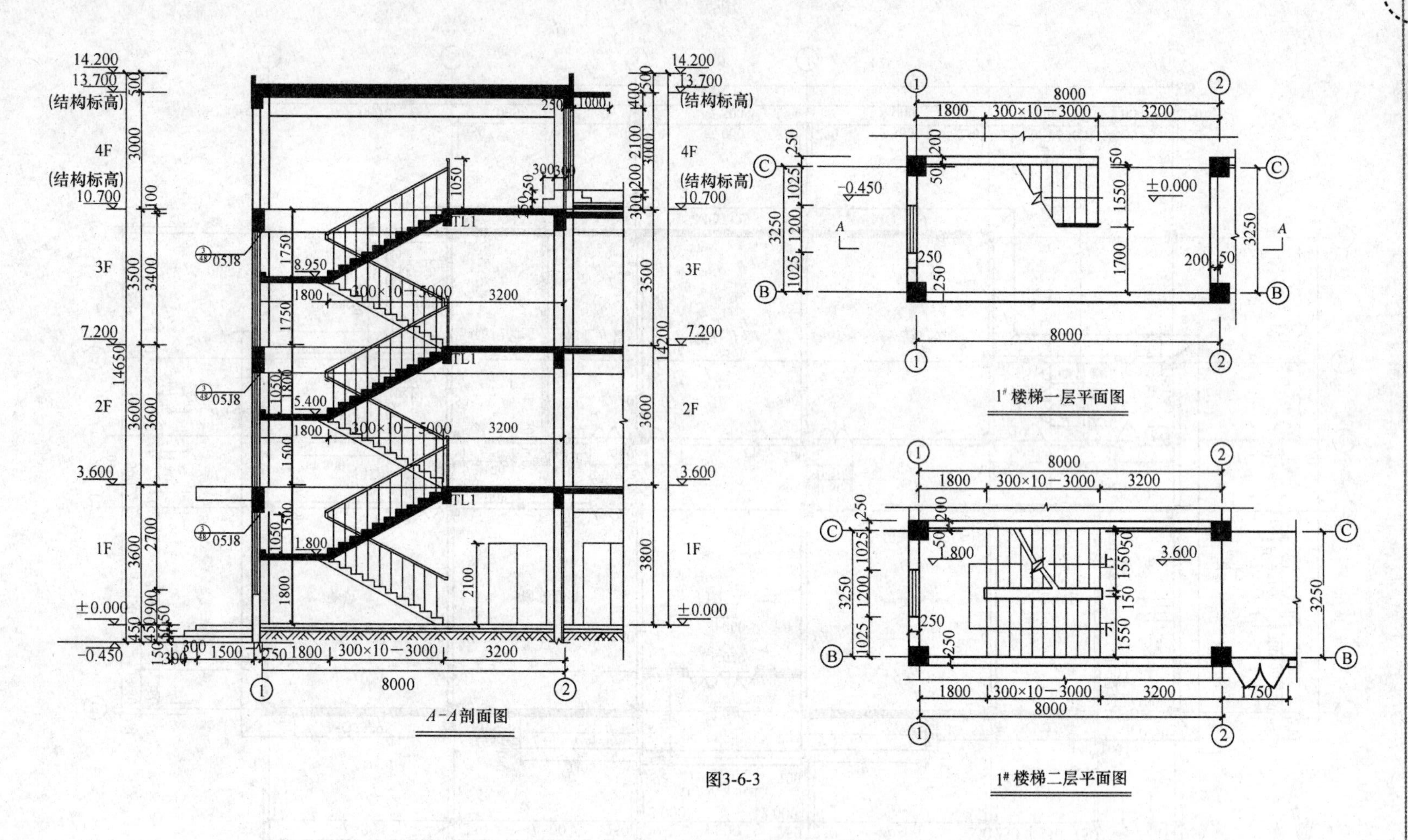

图3-6-3

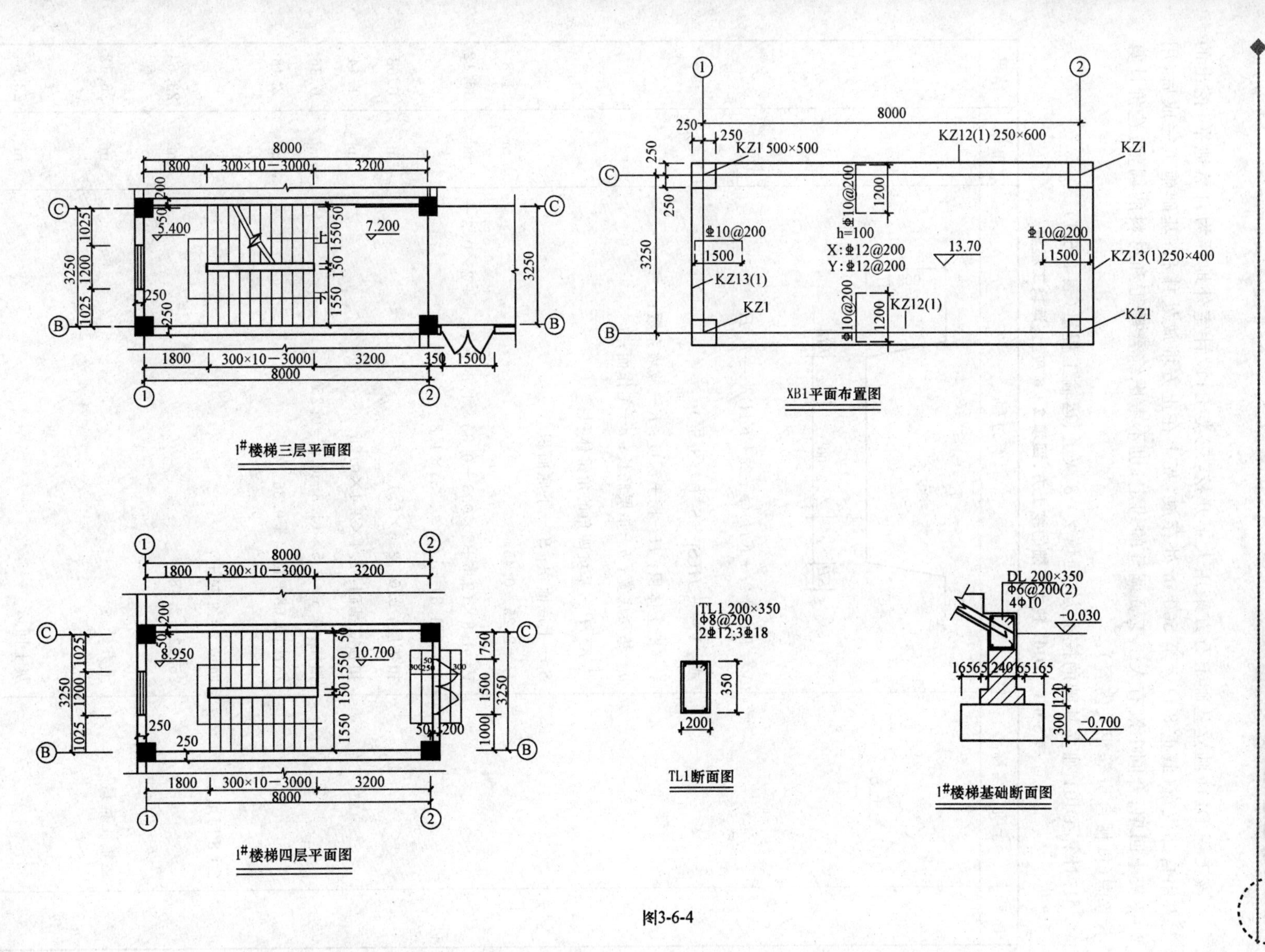
8000
1800
300×10=3000
3200
5.400
7.200
3250
1025
1200
250
350
1500
1#楼梯三层平面图
8000
KZ12(1) 250×600
KZ1 500×500
KZ1
Φ10@200
1200
h=100
X:Φ12@200
Y:Φ12@200
13.70
1500
KZ13(1)250×400
KZ13(1)
KZ12(1)
XB1平面布置图
8.950
10.700
750
1000
1#楼梯四层平面图
TL1 200×350
Φ8@200
2Φ12;3Φ18
350
200
TL1断面图
DL 200×350
Φ6@200(2)
4Φ10
-0.030
16565 240 65165
120
300
-0.700
1#楼梯基础断面图

图3-6-4

该工程 DJ01 独立基础土石方采用人工开挖，三类土；设计室外地坪为自然地平；挖出的土方用自卸汽车(载重 8 t)运至 500 m 处存放，灰土在土方堆放处拌和；基础施工完成后，用 2∶8灰土回填；合同中没有人工工资调整的约定；也不考虑综合用工和材料的调整；造价计算不考虑(机械台班等相关内容)。

1. 计算 DJ01 独立基础的挖土方、回填 2∶8 灰土、运输工程量(表 3-6-1)。

表 3-6-1　DJ01 独立基础的挖土方、回填 2∶8 灰土、运输工程量

序号	项目名称	计算过程	单位	结果
1	DJ01 挖土方	1 800 KH　c　2 600　c　KH		
		$V=H(a+2c+KH)(b+2c+KH)+\frac{1}{3}K^2H^3$		
		或　$V=\frac{1}{3}H(S_1+S_2+\sqrt{S_1S_2})$		
		V—挖土体积；H—挖土深度；K—放坡系数； a—垫层底宽；b—垫层底长；c—工作面； $\frac{1}{3}K^2H^3$—基坑四角的角锥体积； S_1—上底面积；S_2—下底面积		
		$H=2.25-0.45$	m	1.8
		$V=1.8\times(2.6+2\times0.3+0.33\times1.8)\times(2.6+2\times0.3+0.33\times1.8)+1/3\times0.33^2\times1.8^3$	m^2	36.12
		扣垫层：$2.6\times2.6\times0.1$	m^3	0.68
		扣独立基础：$2.4\times2.4\times0.25$	m^3	1.44
		扣柱：$0.5\times0.5\times(1.8-0.1-0.25)$	m^3	0.36
		小计：$0.68+1.44+0.36$	m^3	2.48
	2∶8 回填土	回填 2∶8 灰土： $26.12-2.48$	m^3	23.64
	运输工程量	土方外运	m^3	26.12
		灰土回运	m^3	23.64

2. 计算 DJ01 独立基础挖土方及其运输的工程造价(措施项目中只计算安全生产、文明施工费)(表 3-6-2)。

表 3-6-2 DJ01 独立基础挖土方及其运输的工程造价

序号	定额编号	项目名称	单位	数量	单价(元)			合价(元)		
					小计	人工费	机械费	合计	人工费	机械费
1	A1－4	DJ01 基础挖土方(三类土)	$100m^3$	0.26	1 620.09	1 620.09	—	421.22	421.22	—
2	A1－163	自卸汽车(载重 8 t)外运土方 500 m	$1\ 000m^3$	0.03	7 901.43	—	7 901.43	237.04	—	237.04
3		小计						658.26	421.22	237.04
4		直接费						658.26		
5		其中：人工费＋机械费						658.26		
6		安全生产、文明施工费		3.55％				23.37	—	—
7		合计						681.63		
8		其中：人工费＋机械费						658.26		
9		企业管理费		17％				111.90		
10		利润		10％				65.83		
11		规费		25％				164.57		
12		合计						1 023.93		
13		税金		3.48％				35.63		
14		工程造价						1 059.56		

3. 计算 DJ01 独立基础挖土方、回填 2∶8 灰土、运输的工程造价(不计算措施费)(表 3-6-3)。

表 3-6-3 DJ01 独立基础挖土方、回填 2∶8 灰土、运输的工程造价

序号	定额编号	项目名称	单位	数量	单价(元)			合价(元)		
					小计	人工费	机械费	合计	人工费	机械费
1	A1－4	基础挖土方(三类土)	$100m^3$	0.26	1 620.09	1 620.09	—	421.22	421.22	—
2	A1－42	2∶8 灰土回填	$100m^3$	0.24	7 619.09	2 434.60	250.64	1 828.58	584.30	60.15
3	A1－163	自卸汽车(载重 8 t)外运土方 500 m	$1\ 000m^3$	0.03	7 901.43	—	7 901.43	237.04	—	237.04
4		小计						2 486.84	1 005.52	297.19

续上表

序号	定额编号	项目名称	单位	数量	单价(元)			合价(元)		
					小计	人工费	机械费	合计	人工费	机械费
5		直接费						2 486.84		
6		其中：人工费＋机械费						1 302.71		
7		企业管理费		17%				221.46		
8		利润		10%				130.27		
9		规费		25%				325.68		
10		合计						3 164.25		
11		税金		3.48%				110.12		
12		工程造价						3 274.37		

参考文献

[1]中华人民共和国住房和城乡建设部.GB 50854—2013 房屋建筑与装饰工程工程量清单计价规范[S].北京:中国计划出版社,2013.

[2]中华人民共和国建设部.GB/T 50353—2005 建筑工程建筑面积计算规范[S].北京:中国计划出版社,2005.

[3]中华人民共和国住房和城乡建设部.建设工程工程量清单计价规范(GB 50500—2013)宣贯辅导教材[M].北京:中国计划出版社,2013.

[4]中华人民共和国住房和城乡建设部. GB/T 50104—2010 建筑制图标准[S].北京:中国计划出版社,2011.

[5]中华人民共和国住房和城乡建设部. GB/T 50001—2010 房屋建筑制图统一标准[S].北京:中国计划出版社,2011.

[6]李蕙.例解建筑工程工程量清单计价[M].武汉:华中科技大学出版社,2010.

[7]刘镇.工程造价控制[M].北京:中国建材工业出版社,2010.

[8]赵莹华.土建工程造价员速学手册(第二版)[M].北京:知识产权出版社,2009.

[9]翟丽旻,杨庆丰.建筑与装饰装修工程工程量清单[M].北京:北京大学出版社,2010.

[10]于榕庆.建筑工程计量与计价[M].北京:中国建材工业出版社,2010.